21世纪高等学校规划教材 | 计算机应用

计算机应用基础

马希荣 主编

刘元红 李骊 赵黎 刘岩恺 于美娟 编著

清华大学出版社
北 京

内 容 简 介

本书系统地介绍了计算机基础知识、中文 Windows XP、Word 2003、Excel 2003、PowerPoint 2003、计算机网络及 Internet 的知识及操作方法,书中注重计算机基础知识和基本操作的介绍,突出技能训练,强调计算机实践能力的培养。以 Windows XP 操作系统为基础,以 Microsoft Office 和网络应用为主线,精选了计算机技术在日常办公、数据处理、网络应用等方面的基本技术作为主要内容;通过列举大量实例,突出学习重点,更清晰地阐明知识点。

本书可作为高等院校非计算机专业计算机基础课程教材,也可以作为计算机爱好者的自学用书。

图书在版编目(CIP)数据

计算机应用基础/马希荣主编.—北京:清华大学出版社,2013

21 世纪高等学校规划教材·计算机应用

ISBN 978-7-302-32959-6

Ⅰ.①计…　Ⅱ.①马…　Ⅲ.①电子计算机-高等学校-教材　Ⅳ.①TP3

中国版本图书馆 CIP 数据核字(2013)第 146062 号

责任编辑:盛东亮
封面设计:傅瑞学
责任校对:白　蕾
责任印制:何　芊

出版发行:清华大学出版社
　　　　　网　　　址:http://www.tup.com.cn, http://www.wqbook.com
　　　　　地　　　址:北京清华大学学研大厦 A 座　　　邮　　编:100084
　　　　　社 总 机:010-62770175　　　　　　　　　邮　　购:010-62786544
　　　　　投稿与读者服务:010-62776969, c-service@tup.tsinghua.edu.cn
　　　　　质 量 反 馈:010-62772015, zhiliang@tup.tsinghua.edu.cn
　　　　　课 件 下 载:http://www.tup.com.cn, 010-62795954
印 装 者:北京国马印刷厂
经　　销:全国新华书店
开　　本:185mm×260mm　　　印　　张:19.5　　　字　　数:473 千字
版　　次:2013 年 8 月第 1 版　　　　　　　　　印　　次:2013 年 8 月第 1 次印刷
印　　数:1~4500
定　　价:35.00 元

产品编号:054420-01

前　言

随着计算机技术的迅速普及，计算机应用和计算机文化已经渗透到社会生产和生活的方方面面，正在改变着人们的工作、学习和生活方式，提高计算机应用能力已经成为培养高素质技能人才的重要组成部分。"大学计算机应用基础"课程是高等院校对非计算机专业学生开设的公共必修课，是继续学习计算机相关技术的前导课程。通过该课程的学习，培养学生计算机的应用能力，进一步提高学生的综合素质。

本书作为"大学计算机应用基础"课程的教材，注重计算机基础知识和基本操作的介绍，突出技能训练，强调计算机实践能力的培养。书中以 Windows XP 操作系统为基础，以 Microsoft Office 和网络应用为主线，精选了计算机技术在日常办公、数据处理、网络应用等方面的基本技术作为主要内容；通过列举大量实例，突出学习重点，更清晰地阐明知识点。

全书分三部分，共 7 章。第一部分为计算机基础知识与基本操作，包括第 1 章 计算机系统概述，第 2 章 Windows XP 操作系统及其应用；第二部分为 Office 2003 办公软件的使用，包括第 3 章 Word 2003 及其应用，第 4 章 Excel 2003 及其应用，第 5 章 PowerPoint 2003 及其应用；第三部分为计算机网络基础和 Internet 及其应用，包括第 6 章 计算机网络基础，第 7 章 Internet 及其应用。本书可作为高等院校非计算机专业计算机基础课程教材，也可以作为计算机爱好者的自学用书。

本书由马希荣教授担任主编；第 1 章由李骊编写；第 2 章由于美娟编写；第 3 章由赵黎编写；第 4 章由刘元红编写；第 5 章由于美娟编写；第 6 章和第 7 章由刘岩恺编写。本书在编写过程中，得到了计算机与信息工程学院的大力支持及帮助，谨在此表示深深的谢意。

由于作者水平有限，书中难免有疏误之处，恳请专家、教师及读者提出宝贵意见！

编　者

2013 年 6 月

教学建议

教学内容	学习要点及教学要求	课时安排	
		全部讲授	部分选讲
第1章 计算机系统概述	1. 了解计算机的发展史、计算机的应用领域及微型计算机的发展历程; 2. 了解计算机的特点与分类; 3. 掌握计算机常用数制和二进制运算的方法;掌握数值类型和非数值类型数据在计算机中的表示; 4. 掌握计算机系统组成及计算机的工作原理; 5. 了解计算机病毒的基本概念以及网络环境中信息安全的保护措施。	8~10	8
第2章 Windows XP 操作系统及其应用	1. 了解 Windows 的发展历程,了解 Windows XP 的功能、特点、界面组成;掌握 Windows XP 的安装方法; 2. 掌握 Windows XP 的基本操作; 3. 掌握 Windows XP 的资源管理方法; 4. 了解 Windows XP 中附件的使用方法; 5. 了解 Windows XP 的环境设置方法。	4~6	4
第3章 Word 2003 及其应用	1. 掌握 Word 2003 的基本功能、启动、退出的方法,掌握 Word 2003 窗口组成、视图方式以及文档的基本操作; 2. 掌握 Word 2003 中文档的输入、编辑以及文档格式化的基本操作; 3. 掌握 Word 2003 中表格的创建、表格的编辑、表格格式化以及表格中数据的排序与计算的基本操作; 4. 掌握 Word 2003 中图文混排的操作方法; 5. 了解 Word 2003 的高级排版操作; 6. 掌握 Word 2003 页面设置及打印输出的基本操作。	12	12
第4章 Excel 2003 及其应用	1. 掌握 Excel 2003 的基本功能、启动、退出的方法以及 Excel 2003 的窗口组成; 2. 掌握 Excel 2003 工作簿、工作表、单元格以及单元格区域的基本概念和基本操作;了解数据保护的方法; 3. 掌握 Excel 2003 中数据的输入、编辑以及数据格式化的基本操作; 4. 掌握 Excel 2003 中公式计算以及函数计算的方法; 5. 掌握 Excel 2003 中数据排序、数据筛选、数据分类汇总以及数据图表化的基本操作; 6. 掌握 Excel 2003 页面设置和打印输出的基本方法。	12	12

续表

教 学 内 容		学习要点及教学要求	课 时 安 排	
			全部讲授	部分选讲
第 5 章	PowerPoint 2003 及 其 应用	1. 掌握 PowerPoint 2003 的基本功能、启动、退出的方法，掌握 PowerPoint 2003 窗口组成、视图方式的切换以及文档管理的基本操作； 2. 掌握演示文稿的创建与编辑、格式化与美化的操作方法； 3. 掌握演示文稿的动画与超级链接的操作方法； 4. 掌握演示文稿的放映与输出的操作方法。	4	4
第 6 章	计 算 机 网 络基础	1. 了解计算机网络的概念、特点、功能及主要性能指标； 2. 掌握计算机局域网的构成； 3. 掌握 TCP/IP 协议及相关技术； 4. 了解常见组网标准。	4～5	4
第 7 章	Internet 及 其应用	1. 了解 Internet 的起源及概念； 2. 了解 Internet 的组成、功能及连接方法； 3. 掌握浏览器的启动、退出、窗口组成； 4. 掌握利用浏览器浏览资源、保存资源的方法； 5. 掌握搜索引擎的概念和使用方法； 6. 掌握电子邮件以及网络资源下载的操作方法。	4～5	4
教学总学时建议			48～54	48

说明：

（1）本教材为非计算机专业学生学习计算机基础知识和培养计算机应用能力的课程教材，总学时数为 48～54 学时（含 24 学时上机实验），不同专业根据不同的教学要求酌情对内容进行适当取舍。

（2）本教材理论授课学时数中包含课堂讲授、课堂实践等必要的课内教学环节。

目　录

第1章
计算机系统概述

1.1 计算机的发展及应用

计算机被认为是人类历史上最伟大的成就之一,正在改变着人们的思维和生活方式。计算机技术的应用已渗透到我们日常生活的各个领域,使我们的学习、工作和生活变得更加方便、舒适和高效。计算机的普及和应用已经对人类的生产和社会活动产生了极其重要的影响,并以其强大的生命力带动了全球范围的科技进步,引发了深刻的社会变革。

1.1.1 计算机发展史

在人类发展的进程中,人们依靠自己的智慧创造并使用了多种计算工具,从远古时代的结绳记数到我国发明的最便捷的计算工具——算盘,人们不断地探索最有效的计算技术。

1946年2月伴随着第一台电子数字计算机的诞生,人类探索计算技术的历程达到了新的高度。第一台电子计算机诞生于美国宾夕法尼亚大学,命名为 ENIAC(Electronic Numerical Integrator And Calculator)。它是由宾夕法尼亚大学莫尔电工系物理学家莫奇利(J. Mauchly)博士和他的学生埃克特(J. Eckert)博士组织了近百人,以电子管作为基本元件研制成功的。ENIAC 计算机使用了约 18 000 只电子管,占地面积 170 平方米,运行时耗电 140 千瓦,运算速度为 5000 次/秒,重量约 30 吨,如图 1.1 所示。

图 1.1　ENIAC 计算机

ENIAC是由美国军械部拨款支持的研制项目,主要用于第二次世界大战后期的弹道计算。它的存储器采用电子装置,数据处理按照十进制操作,并由最初的专用计算机变为通过改变接线方式来解决各种不同问题的通用计算机。ENIAC编程采用外部插入式,每完成一次新的计算任务,都要以重新连接线路的方式输入程序。

美籍匈牙利科学家冯·诺依曼在电子计算机的发明中起到至关重要的作用,被誉为"计算机之父"。他提出的计算机体系结构一直延续使用至今,此类计算机被称为冯·诺依曼结构计算机。EDVAC(Electronic Discrete Variable Automatic Computer)是第一台真正意义上采用该体系结构的计算机。与之前的世界上第一台电子计算机ENIAC不同,EDVAC首次使用二进制,其基本工作原理采用存储程序和程序控制。该机于1949年8月交付使用,是一台真正意义上的通用计算机。

在ENIAC诞生后的短短几十年的时间里,计算机技术的发展突飞猛进。它所采用的主要电子器件经历了电子管,晶体管,中、小规模集成电路和大规模、超大规模集成电路的发展阶段,引发了计算机的更新换代。而每一次的更新换代都使计算机的性能大大增强,耗电量和体积大大减小,性价比进一步提升,应用领域进一步拓宽。因此计算机发展中经典的年代划分标准就是根据组成计算机元器件的不同而定义的。按照计算机采用的主要电子器件可将计算机的发展过程分成以下几个阶段:

1. 第1代计算机:电子管数字计算机(1946—1958年)

第1代计算机硬件方面,采用真空电子管为主要逻辑元件,内存储器采用阴极射线示波管静电存储器、磁鼓、磁芯,容量仅为几千字节,外存储器采用磁带;软件方面采用机器语言、汇编语言。此时计算机的特点是体积大、功耗高、性能差、速度慢(每秒数千次至数万次)、价格昂贵,程序编写、修改、调试繁琐,工作量大。应用领域以军事和科学计算为主。

2. 第2代计算机:晶体管数字计算机(1958—1964年)

第2代计算机硬件方面,利用半导体锗和硅制作的晶体管开始用于计算机的制造上,成为主要逻辑元件,内存储器采用磁芯,外存储器采用磁盘。软件方面出现了操作系统、高级语言及编译程序。这一时期计算机的特点是体积缩小、功耗降低、可靠性提高、运算速度提高(每秒数十万次至百万次),整体性能比第1代计算机有很大的提升。应用领域从科学计算延展到数据管理、事务处理及过程控制。

3. 第3代计算机:中、小规模集成电路数字计算机(1964—1971年)

第3代计算机硬件方面,出现了"集成电路" —— IC(Integrated Circuit),即把多个晶体管和电路蚀刻在一块硅片上形成的半导体集合体,计算机采用中、小规模集成电路为逻辑元件,主存储器仍采用磁芯。软件方面出现了分时操作系统以及结构化、规模化程序设计方法。这一时期计算机的特点是速度更快(一般为每秒数百万次至数千万次),而且可靠性有了显著提高,价格进一步下降,产品向通用化、标准化和系列化方向发展。应用领域进一步拓展到语言文字处理和图形图像处理等领域。

4. 第 4 代计算机：大规模集成电路计算机（1972 年至今）

第 4 代计算机硬件方面，采用大规模集成电路（LSI）或超大规模集成电路（VLSI）为逻辑元件，主存储器以半导体存储器取代了磁芯存储，外存采用磁盘、光盘等。软件方面出现了数据库管理系统、网络管理系统和面向对象语言等。这一时期微处理器在美国硅谷诞生，开创了微型计算机的时代，使计算机进入家庭成为可能。应用范围已从尖端科学、航天技术等高科技领域延展到人类生活的方方面面。

5. 第 5 代计算机：未来智能化计算机

未来第 5 代计算机的发展将以智能化为重要特征，计算机本身能根据存储的知识库管理软件和推理机系统自动进行判断和推理，同时多媒体技术的应用使人们能用语音、图像、视频等更自然的方式与计算机进行信息交互。新型计算机主要有以下几个发展方向：

1）分子计算机

分子计算机由蛋白质分子构成生物芯片，在分子水平进行信息检测、处理、传输和存储，也称为生物计算机、基因计算机。由于脱氧核糖核酸（DNA）的双螺旋结构能容纳巨量信息，因此生物芯片存储量相当于半导体芯片的数百万倍；而且由有机分子组成的生物化学元件，是利用化学反应工作的，所以分子计算机只需要很少的能量就可以运行了，阻抗低、能耗小、发热量极低。另外，由于生物具有自我修复功能，分子计算机也有这种功能，当它的内部芯片出现故障时，不需要人工修理，能自我修复，所以，分子生物计算机具有永久性和很高的可靠性。分子计算机比硅晶片计算机在速度、性能上有质的飞跃，因此利用蛋白质分子制造出基因芯片，研制生物计算机已成为当今计算机技术的最前沿。

2）量子计算机

量子计算机是利用原子所具有的量子特性进行信息处理的一种全新概念的计算机。量子理论认为，非相互作用下，原子在任一时刻都处于两种状态，正好与电子计算机 0 与 1 完全吻合。如果把一群原子聚在一起，它们可同时进行所有可能的运算，相当于超级计算机的性能。量子计算机以处于量子状态的原子作为中央处理器和内存，其运算速度可为普通电脑的 10 亿倍，能在瞬间搜寻整个互联网，轻易破解安全密码。

3）光子计算机

光子计算机是一种由光信号进行数字运算、逻辑操作、信息存储和处理的新型计算机。它用不同波长的光表示不同的数据，由于光子比电子速度快，光子计算机的运行速度可高达一万亿次。它的存储量是现代计算机的几万倍，可以对语言、图形和手势进行识别与合成。随着现代光学与计算机技术、微电子技术相结合，光子计算机将成为人类普遍的工具。

4）神经计算机

神经计算机能在一定程度上模拟人类的学习功能，是一种有知识、会学习、能推理的计算机。它的特点是可以实现分布式联想记忆，具有能理解自然语言、声音、文字和图像的能力。它可以用自然语言与人直接对话，还可以不断学习新的知识，自动更新知识库；具有通过思维、联想、推理得出结论，解决复杂问题的能力。

随着科技的不断进步，各类新型元器件将被应用，智能型计算机的开发将为计算机的发展注入新的活力。

1.1.2　微型计算机的发展

伴随着大规模集成电路的应用,计算机的微型化成为可能。作为计算机家族的一员,微型计算机以其体积小、处理速度快捷、价格便宜、使用方便等特点迅速进入社会各个领域,成为人们日常学习、工作、生活必不可少的工具,并以惊人的速度迅猛发展。

微型计算机是以微处理器为核心,配以内存储器及输入输出(I/O)接口电路和相应外部设备构成的。微型计算机的性能主要体现在核心部件微处理器上,每一款新型微处理器出现时,都将带动微机系统的其他部件的发展,使微机体系结构进一步优化,存储器容量不断增加、存取速度不断提高。

微处理器的字长是指微处理器一次能处理二进制数据的位数,是衡量微处理器性能的重要指标。根据微处理器的字长和功能,可将微型计算机的发展划分为以下几个阶段:

1. 第 1 阶段(1971—1973 年):4 位和 8 位低档微处理器时代

第 1 代微处理器基本特点是采用 PMOS 工艺,集成度较低。微机系统结构和指令系统都比较简单,软件主要采用机器语言或简单的汇编语言。其典型产品是 1971 年美国 Intel 公司制造的世界上第一个微处理器 Intel 4004(4 位字长)和 1972 年制造的 Intel 8008 微处理器(8 位字长),此类微处理器应用于简单的控制场合。

2. 第 2 阶段(1974—1977 年):8 位中高档微处理器时代

第 2 代微处理器采用 NMOS 工艺,集成度提高约 4 倍,运算速度提高十几倍,指令系统比较完善,具有典型的计算机体系结构和中断、DMA 等控制功能。软件方面除了汇编语言外,还有 BASIC、FORTRAN 等高级语言和相应的解释程序和编译程序。其典型产品是 Intel 8080/8085、Zilog 公司的 Z80 等。

3. 第 3 阶段(1978——1984 年):16 位微处理器时代

第 3 代微处理器采用 HMOS 工艺,集成度和运算速度都比第 2 代提高了一个数量级。

图 1.2　IBM 第一代 PC 机

指令系统更加丰富、完善,采用多级中断、多种寻址方式、段式存储机构、硬件乘除部件,并配置了软件系统。其典型产品是 Intel 公司的 8086/8088,Motorola 公司的 M68000,Zilog 公司的 Z8000 等微处理器。1981 年,IBM 公司采用 Intel 公司的微处理器生产出第一代 PC(时钟频率为 10MHz),如图 1.2 所示。

1984 年,IBM 公司又推出了以 80286 处理器为核心的 16 位增强型个人计算机 IBM PC/AT。基于 IBM 公司采用成功的推广策略,使其在个人计算机市场占据了主导地位。

4. 第 4 阶段(1985—1992 年):32 位微处理器时代

第 4 代微处理器采用 HMOS 或 CMOS 工艺,集成度高达 100 万个晶体管/片,具有 32

位地址线和 32 位数据总线,每秒钟可完成 600 万条指令(Million Instructions Per Second, MIPS)。其性能已经达到甚至超过小型计算机,可以胜任多任务、多用户的作业。典型产品是 Intel 公司的 80386/80486,Motorola 公司的 M69030/68040、AMD 公司的 80386/80486 系列的芯片等。

5. 第 5 阶段(1993—2005 年):奔腾(Pentium)系列微处理器时代

第 5 代微处理器内部采用了超标量指令流水线结构,并具有相互独立的指令和数据高速缓存。随着 MMX(Multi Mediae Xtended)微处理器的出现,使微机的发展在网络化、多媒体化和智能化等方面跨上了更高的台阶。典型产品是 Intel 公司的奔腾系列芯片及与之兼容的 AMD 的 K6 系列微处理器芯片。

6. 第 6 阶段(2005 年至今):多核微处理器时代

第 6 代微处理器体系结构面向服务器、台式机和笔记本电脑等多种处理器进行了多核优化,其创新特性可带来更出色的性能、更强大的多任务处理能力和更高的能效水平。典型产品是 Intel 公司"酷睿"系列微处理器。

1.1.3　计算机的应用领域

计算机技术的发展深刻地影响着人们生产和生活。特别是随着微型计算机的出现,计算机的应用已渗透到社会的各个领域,正在日益改变着传统的工作、学习和生活的方式,推动着社会的发展。其主要应用领域如下:

1. 科学计算

科学计算是计算机最早的应用领域。由于计算机具有运算速度高、存储容量大,并且能够连续运算的特点,可以解决人工需要长时间才能完成的各种科学研究和工程技术中提出的数值计算问题。如火箭发射、地震预测、气象预报等都需要利用计算机来完成庞大而复杂的数据计算。

2. 信息管理

信息管理目前已成为计算机最大的应用领域,它是以数据库管理系统为基础的计算机技术。通过对数据的加工,完成对信息的分类、检索等一系列工作,辅助管理者提高管理水平,提高管理效率。如银行账户管理、古文物管理、图书管理、办公自动化、情报检索等。

3. 过程控制

过程控制是利用计算机对被控对象进行实时跟踪,并按最佳方案自动调节或控制被控对象。采用计算机进行过程控制,不仅提高了控制的自动化水平,而且可以节约能源、降低成本、减轻劳动强度、提高劳动生产率。如在军事指挥、交通运输、化工生产等部门计算机过程控制得到了广泛的应用。

4．计算机辅助技术

随着计算机技术的不断提升，其辅助系统所涉及的领域也越来越多，主要包括 CAD、CAM、CBE 等。

1) 计算机辅助设计 CAD(Computer Aided Design)

计算机辅助设计是利用计算机系统辅助设计人员进行产品设计的技术。应用 CAD 技术可提高设计质量，可缩短设计时间，提高工作效率，节省资源。目前已广泛应用于飞机、汽车、船舶设计，以及建筑设计、机械设计、集成电路设计等领域。

2) 计算机辅助制造 CAM(Computer Aided Manufacturing)

计算机辅助制造是利用计算机系统对产品制造过程进行控制的技术。将 CAM 与 CAD、CAT(计算机辅助测试 Computer Aided Test)及 CAE(计算机辅助工程 Computer Aided Engineering)技术结合，可以实现从设计、制造、测试到管理的高度自动化系统，即"无人工厂"。

3) 计算机辅助教育 CBE(Computer Based Education)

计算机辅助教育是计算机系统在教育领域的应用。包括计算机辅助教学 CAI(Computer Aided Instruction)等，该技术的应用不仅能减轻管理者、教师的负担，还能使教学管理规范化，教学内容生动、形象逼真，可激发学生的学习兴趣，提高教学质量。

5．人工智能

人工智能(Artificial Intelligence，AI)是指计算机模拟人类智力行为的技术，它是计算机应用中极具发展潜力的一个领域。由计算机实现人类的感知、判断、理解、学习、图像识别功能的研究和应用还在进一步发展中，目前在专家系统、机器人、智能检索等领域已取得了显著的成果。

6．计算机网络通信

计算机网络通信是将计算机技术与通信技术结合的产物，它可以将不同地理位置的有独立功能的多个计算机系统，通过通信设备和通信线路连接起来，以功能完善的网络软件(包括网络通信协议、数据交换方式及网络操作系统等)实现网络资源共享。其应用如网络教育、网上购物、网上信息检索等。

1.2　计算机的特点与分类

1.2.1　计算机的特点

当今计算机得以广泛应用于各个领域，得益于其突出的优势。

(1) 运算速度快、精确度高。目前超级计算机的运行速度已高达每秒万万亿次，微机的速度也可达每秒亿次以上，它使大量复杂的科学计算和数据处理得以快速解决。一般计算机可以有几十位(二进制)有效数字，计算精度可由千分之几到百万分之几，是其他计算工具无法比拟的。我国自主研制的"天河一号"超级计算机运算 1 小时的工作量，就相当于全国

13亿人同时计算340年。

（2）逻辑判断能力强。计算机具有逻辑运算功能，能对信息进行比较和判断。它可以根据数据的运算结果进行判断，自动执行下一条指令。

（3）存储容量大。计算机内部的存储器具有记忆功能，可存储大量信息。我国的"天河一号"计算机存储容量为2PB，即两千万亿个字节，相当于可以存储100万字的书籍10亿册。

（4）自动化程度高。由于计算机具有存储记忆和逻辑判断功能，所以可以将人们预先编好的程序存入计算机内存，在程序控制下，计算机可以连续、自动地工作，不需要人的干预。

（5）人机交互能力强。通过计算机的输入输出设备，人们可以方便地与计算机进行交流。输入设备（如键盘）可将程序和数据送入计算机进行处理，输出设备（如显示器）可将结果反馈给计算机操作者。

1.2.2 计算机的分类

依据不同的分类标准，计算机可以分为不同的种类。随着新机型的不断涌现，分类标准也在不断变化。按照计算机的规模速度和功能可将计算机分为以下几类：

1. 超级计算机（Supercomputers）

超级计算机是计算机家族中功能最强大、运算速度最快、存储容量最大的一类计算机，它的发展标志着一个国家科技发展和综合国力的水平。超级计算机拥有强大的并行计算能力，截至2012年11月，美国能源部Oak Ridge国家实验室（ORNL）发布了世界上排名第一的超级计算机——Titan。这个超级计算机大如篮球场，它的水冷式电路可以进行每秒20千万亿次浮点运算，是普通计算机的20万亿倍。现代超级计算机多采用集群系统，更注重浮点运算的性能，是一种用于科学计算的高性能服务器，价格非常昂贵。我国生产的超级计算机如天河系列计算机（图1.3）、曙光系列计算机等。

图1.3 天河一号超级计算机

2. 服务器（Server）

服务器是一类高性能计算机，它通过网络为客户端计算机提供各种服务。相对于普通计算机而言，服务器具有更高速的数据处理能力，更长时间的稳定性、可靠性、安全性，更强大的外部数据吞吐能力。其硬件结构是针对具体的网络应用特别制定的,在 CPU、芯片组、内存、磁盘系统等硬件配置上要求较高。服务器是网络的重要节点,负责存储、处理网络上约 80% 的数据,在网络工作中起着举足轻重的作用。

3. 工作站(Workstation)

工作站是一种以个人计算机和分布式网络计算为基础,主要面向专业应用领域,具备强大的数据运算与图形、图像处理能力,为满足工程设计、动画制作、科学研究、软件开发、金融管理、信息服务、模拟仿真等专业领域而设计开发的高性能计算机。工作站最突出的特点是具有很强的图形交换能力,因此在图形、图像领域特别是计算机辅助设计领域得到了迅速应用。

4. 个人计算机(Personal Computer)

个人计算机又称微机或 PC,包括台式机(Desktop)、笔记本、平板电脑等,是使用最为广泛的一类计算机。PC 自问世以来以其小巧、轻便、廉价、易于掌握等特点迅速普及,成为人们日常工作学习的必备之物。

台式计算机(如图 1.4 所示)由主机箱、显示器、鼠标、键盘等设备组成,是大多数办公自动化的首选机型,有着其他机器不可替代的优势。首先台式机的机箱设计预留部分插槽,方便用户进行硬件升级;其次台式机机箱空间大,有着良好的散热性;最后其面板按键明确,便于用户操作。缺点是不便携带。

笔记本电脑(如图 1.4 所示)是一种方便携带、重量较轻的个人计算机,它的出现使移动办公成为可能。除键盘外笔记本电脑还提供了触控板等输入方法,为人机交互提供了更加友好的界面。笔记本除了移动性强的特点外,还增加了较强的多媒体处理能力,以及移动上网等功能,其电池供电时间长、相关应用软件丰富、外形时尚,因此笔记本已成为商务人士和青年人的必备之选。

图 1.4　台式机、笔记本

平板电脑是一种没有键盘、形状更加小巧、足以放入手袋的便携式电脑。其主要硬件组件与笔记本电脑基本相同,它是以触屏书写替代键盘和鼠标,其移动性和便携性较笔记本电脑更胜一筹。随着软件运营商的加入,平板电脑的功能必将进一步提升,应用平台更加广阔。

5. 嵌入式计算机

嵌入式计算机系统(Embedded System)是一种以应用为中心、以微处理器为基础,软硬件可裁剪的,满足应用系统对功能、可靠性、成本、体积、功耗等严格要求的专用计算机系统。它将成为计算机市场中一个新的增长点。嵌入式计算机系统是以其服务的产品的形式出现,它的应用已渗入到人类生活的方方面面,如 3G 手机、汽车控制、流媒体播放器、智能家居、电梯、空调、医疗仪器、消费电子设备等。

1.3 数据在计算机中的表示

计算机本质上是对信息进行存储、加工处理的设备,而信息就是具有一定含义的数据,数据是信息的载体。那么数据是如何在计算机中存储和加工的呢?

1.3.1 计算机常用数制

计算机中的各种数据,通常都是用二进制编码形式来表示、存储、处理和传送的,即计算机的硬件只能识别和处理"0"和"1"两个基本数字。

自冯·诺依曼提出计算机体系结构开始至今,计算机内部一直采用二进制数,原因如下:

(1) 容易实现。二进制数表示仅需两个物理状态,如电路的通与断、晶体管的导通与截止、电压的高与低等都具有两个稳定状态且能方便地控制状态转换的物理器件,因此容易实现。

(2) 可靠性高。二进制数码符号少,实现电路简单清晰,因此出错可能性低,工作可靠性高。

(3) 运算简单。二进制数容易用开关电路实现,可提高计算机的运算速度,并能降低实现成本。

(4) 便于实现逻辑运算。二进制数能方便地与逻辑命题的"是"和"否",或称"真"和"假"相对应,为计算机中的逻辑运算和程序中的逻辑判断提供了便利条件。

日常生活中人们习惯使用十进制数,而计算机为运算简单、容易实现而采用二进制数,但由于二进制数读写和记忆较为困难,因此也常采用十六进制表示。无论何种进位记数制均可用"数码"和"位权"表示一个数据,形式如下:

$$N = \pm (d_{n-1} \times r^{n-1} + \cdots + d_1 \times r^1 + d_0 \times r^0 + d_{-1} \times r^{-1} + d_{-2} \times r^{-2} + \cdots + d_{-m} \times r^{-m})$$

其中: d_i 为系数, r 为基数, n 和 m 为整数位数和小数位数。

例如,十进制数 $(345.25)_{10} = 3 \times 10^2 + 4 \times 10^1 + 5 \times 10^0 + 2 \times 10^{-1} + 5 \times 10^{-2}$

下面就计算机常用的数制及相互转换关系做一介绍。

1. 十进制数(Decimal)

十进制数的特点是基数 $r = 10$,每一位的权值为 10^i;共有 $0 \sim 9$ 十个数码,系数 d_i 的取值范围为 0、1、$\cdots$、9;运算法则"逢十进一、借一当十"。十进制数常用字母 D 表示。

例如 123.65D 或 $(123.65)_{10}$ 均表示十进制数 123.65。

2. 二进制数(Binary)

二进制数的特点是基数 $r = 2$,每一位的权值为 2^i;仅有 0、1 两个数码,系数 d_i 的取值范围为 0 或 1；运算法则"逢二进一、借一当二"。二进制数常用字母 B 表示。

例如 1001.1011B 或 $(1001.1011)_2$ 均表示二进制数 1001.1011。

3. 十六进制数（Hex）

十六进制数的特点是基数 $r=16$，每一位的权值为 16^i；共有十六个数码，系数 d_i 的取值范围为 0、1、2、…、9、A、B、C、D、E、F。十六进制数常用字母 H 表示。

例如 365.4CH 或 $(365.4C)_{16}$ 均表示十六进制数 365.4C。

4. 各进制数之间的转换

各进制数码之间的关系如表 1.1 所示。

表 1.1　各进位计数制关系对应表

十进制	二进制	十六进制	十进制	二进制	十六进制
0	0000	0	8	1000	8
1	0001	1	9	1001	9
2	0010	2	10	1010	A
3	0011	3	11	1011	B
4	0100	4	12	1100	C
5	0101	5	13	1101	D
6	0110	6	14	1110	E
7	0111	7	15	1111	F

1）十进制数转换为二进制或十六进制数

将十进制数转换为二进制（$r=2$）或十六进制数（$r=16$）的运算规则为：

整数部分除 r 取余，小数部分乘 r 取整（$r=2$ 或 16）

【例 1.1】　将十进制数 132.6875 转换为二进制数。

依据转换规则将十进制数的整数部分除 2 取余，直至商为 0 时停止。注意最终结果取余数时要逆序排列，即运算中第一步的余数是最低位，最后一步的余数为最高位。十进制 132 转换为二进制数结果为 10000100。

```
除数  被除数  余数
2 ⌊ 132
2 ⌊ 66    0
2 ⌊ 33    0
2 ⌊ 16    1
2 ⌊ 8     0
2 ⌊ 4     0
2 ⌊ 2     0
2 ⌊ 1     0
    0     1
```

小数部分的转换按"乘 2 取整"的规则进行，每次仅将小数部分乘 2，直至小数部分为 0 或达到所要求的精度为止，最终结果按正序排列。因此十进制数 0.6875 转换成二进制数结果为 0.1011。

$$
\begin{array}{r}
\text{整数部分} \quad 0.6875 \\
\times \quad 2 \\
\hline
1 \qquad\quad 0.3750 \\
\times \quad 2 \\
\hline
0 \qquad\quad 0.750 \\
\times \quad 2 \\
\hline
1 \qquad\quad 0.5 \\
\times \quad 2 \\
\hline
1 \qquad\quad 0.0
\end{array}
$$

故 $(132.6875)_{10} = (10000100.1011)_2$

【例 1.2】 将十进制数 132.6875 转换为十六进制数。

依据转换规则将十进制数的整数部分除 16 取余,直至商为 0 时停止。结果取余数时逆序排列。十进制 132 转换为十六进制数结果为 84H。

$$
\begin{array}{lll}
\text{除数} & \text{被除数} & \text{余数} \\
16 & \lfloor 132 \\
& \lfloor 8 & 4 \\
& 0 & 8
\end{array}
$$

小数部分的转换按"乘 16 取整"的规则进行,直至小数部分为 0 或达到所要求的精度为止,最终结果按正序排列。因此十进制数 0.6825 转换成十六进制数结果为 0.BH。

$$
\begin{array}{r}
0.6875 \\
\times \quad 16 \\
\hline
11.0000
\end{array}
$$
取整数部分:11,用十六进制表示为 B

故 $(132.6875)_{10} = (84.B)_{16}$

2) 二进制或十六进制数转换为十进制数

将二进制或十六进制数转换为十进制数的规则是以小数点为中心,按照位权值展开相加。即以小数点为界,左侧依次为 r^0、r^1、r^2、$\cdots$、r^n,右侧依次为 r^{-1}、$r^{-2}\cdots$、r^{-m}($r=2$ 或 $r=16$)。

【例 1.3】 将二进制数 10000100.1011 转换为十进制数。

$$
\begin{aligned}
(10000100.1011)_2 &= 1 \times 2^7 + 0 \times 2^6 + 0 \times 2^5 + 0 \times 2^4 + 0 \times 2^3 + 1 \times 2^2 \\
&\quad + 0 \times 2^1 + 0 \times 2^0 + 1 \times 2^{-1} + 0 \times 2^{-2} + 1 \times 2^{-3} + 1 \times 2^{-4} \\
&= 132.6875
\end{aligned}
$$

【例 1.4】 将十六进制数 $84.B_{16}$ 转换为十进制数。

$$
(84.B)_{16} = 8 \times 16^1 + 4 \times 16^0 + 11 \times 16^{-1} = 132.6875
$$

3) 二进制数与十六进制数相互转换

十六进制数是二进制数的简化表示,每四位二进制数对应一位十六进制数。二进制数转换为十六进制数的规则:以小数点为界,整数向左每四位一组转换为十六进制数,小数向右每四位一组转换为十六进制数,位数不足补 0。

【**例 1.5**】 将二进制数 110110101.1101101 转换为十六进制数。

先将 110110101.1101101 分组为 0001 1011 0101. 1101 1010

然后对应转换为： 　　　1　　B　　5　.　D　A　 （参见表 1.1）

故 110110101.1101101B=1B5.DAH

【**例 1.6**】 将十六进制数 1B5.DA 转换为二进制数。

转换规则：分别将每一位十六进制数转换成 4 位二进制数

　　　　　　　　　1　　B　　5　.　D　　A

　　　　　　　0001 1011 0101 . 1101 1010

故 1B5.DAH＝110110101.1101101B

1.3.2　二进制基本运算

计算机中二进制数的基本运算包括算术运算和逻辑运算两类。

1. 算术运算

与十进制运算类似,二进制的算术运算包括加、减、乘、除,运算结果为数值。运算规则如下：

加法运算规则：0＋0＝0,0＋1＝1,1＋0＝1,1＋1＝0(有进位)

减法运算规则：0－0＝0,0－1＝1(有借位),1－0＝1,1－1＝0

乘法运算规则：0×0＝0,0×1＝0,1×0＝0,1×1＝1

除法运算规则：0÷1＝0,1÷1＝1

例如：10111＋10011＝101010　　　　10111－10011＝00100

$$
\begin{array}{r} 10111 \\ +\ 10011 \\ \hline 101010 \end{array}
\qquad
\begin{array}{r} 10111 \\ -\ 10011 \\ \hline 00100 \end{array}
$$

2. 逻辑运算

计算机中基本逻辑运算包括：逻辑"与"、逻辑"或"、逻辑"非"运算。逻辑运算的特点是按位进行运算,不产生进位,运算结果为逻辑值"真"或"假"。

1) 逻辑"与"运算 AND

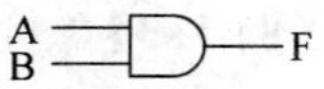

逻辑"与"的电路符号如图 1.5 所示,可有两个(A、B)或两个以上输入端,一个输出端(F)。其逻辑表达式为 F＝A · B 或 F＝A AND B,运算规则如下：

图 1.5　逻辑与门

　　　　　0 AND 0＝0; 0 AND 1＝0; 1 AND 0＝0; 1 AND 1＝1

【**例 1.7**】 X＝11001,Y＝10011,计算 X AND Y。

$$
\begin{array}{r} 11001 \\ \text{AND}\ 10011 \\ \hline 10001 \end{array}
$$

故 X AND Y＝ 10001

2）逻辑"或"运算 OR

逻辑"或"的电路符号如图 1.6 所示，可有两个（A、B）或两个以上输入端，一个输出端（F）。其逻辑表达式为 F＝A＋B 或 F＝A OR B，运算规则如下：

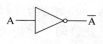

图 1.6　逻辑或门

$$0 \text{ OR } 0=0; \ 0 \text{ OR } 1=1; \ 1 \text{ OR } 0=1; \ 1 \text{ OR } 1=1$$

【例 1.8】　X＝11001，Y＝10011，计算 X OR Y。

$$
\begin{array}{r}
11001 \\
\text{OR} \quad 10011 \\
\hline
11011
\end{array}
$$

故 X OR Y＝11011

3）逻辑"非"运算 NOT

逻辑"非"的电路符号如图 1.7 所示，可有一个（A）输入端，一个输出端（F）。其逻辑表达式为 F＝NOT A，运算规则如下：

图 1.7　逻辑非门

NOT 0＝1；NOT 1＝0

【例 1.9】　X ＝10011，计算 NOT X。

$$
\begin{array}{r}
\text{NOT} \quad 10011 \\
\hline
01100
\end{array}
$$

故 NOT X＝01100

由基本逻辑门电路适当组合可生成其他逻辑电路。例如，与非门（逻辑与门与逻辑非门结合）、或非门、同或逻辑、异或逻辑等。这些逻辑电路用于完成多种逻辑运算，进而可组成加法器等计算机内部器件。

1.3.3　数值型数据在计算机中的表示

科学计算是计算机最初的应用领域，其中数据都是以二进制的形式储存和处理的，那么计算机是如何处理正、负数和小数点的呢？

1. 无符号数与有符号数

计算机中对数据的定义可以采取无符号数和有符号数两种类型。其中，无符号数的所有二进制位均表示具体数值；而有符号数则有一个二进制位代表符号：1 代表负号、0 代表正号，一般位于数据的最高位。以 8 位二进制数为例，若定义为无符号数则最小的一个数是00000000B，而最大的一个数为 11111111B，对应的十进制数范围为 0～255；若定义为有符号数，其最高一个二进制位是符号位，因此最大数是 01111111B，即＋127，最小数为11111111，即－127。计算机中无符号数一般用于表示存储器或外围设备的地址信息，有符号用于数学计算。

2. 有符号数的编码

为运算方便，计算机中对有符号数设置了不同的编码，常用的编码有原码、反码、补码和移码。

1) 原码

原码的编码规则为：二进制数的最高位为符号位（0 代表正,1 代表负）,其余数值位代表该数据的绝对值。例如,X=+73,Y=-73,则 X、Y 的 8 位二进制原码分别表示为：

$$[X]_原=[+73]_原=01001001$$
$$[Y]_原=[-73]_原=11001001$$

由原码的定义可知,"0"的原码有两种表示方法：

$$[+0]_原 = 00000000$$
$$[-0]_原 = 10000000$$

8 位二进制原码的表示范围为-127～+127。

原码是一种符号位加绝对值的表示方法,编码方式简单明确,但原码的加减法运算较为复杂。以加法为例,如果两个加数同号,则绝对值相加,符号位不变；如果两个加数异号,则先要比较两个加数绝对值的大小,以大数的绝对值减小数的绝对值,符号位由大数的符号位决定。因此计算机在加减法运算中不适用原码。

2) 反码

反码的编码规则为：正数的反码与原码相同,负数的反码是原码的绝对值部分按位取反。例如,X=+73,Y=-73,则 X、Y 的 8 位二进制原码分别表示为：

$$[X]_反=[+73]_反 = 01001001（与原码相同）$$
$$[Y]_反=[-73]_反 = 10110110$$

由反码的定义可知,"0"的反码有两种表示方法：

$$[+0]_反 = 00000000$$
$$[-0]_反 = 11111111$$

8 位二进制反码的表示范围为-127～+127。

3) 补码

补码的编码规则为：正数的补码与原码相同,负数的补码是其反码最低位加 1（或原码取反加 1）。例如,X=+73,Y=-73,则 X、Y 的 8 位二进制补码分别表示为：

$$[X]_补=[+73]_补 = 01001001（与原码相同）$$
$$[Y]_补=[-73]_补 = 10110111$$

由补码的定义可知,"0"的补码仅有一种表示方法：

$$[+0]_补 = [-0]_补 = 00000000$$

由于补码中"0"的表示方法只有一种,故 1000000B 被定义为-128 的补码。8 位二进制补码的表示范围为-128～+127。

补码常用于加减运算中,其优势在于不必单独处理符号位,而是在计算中带着符号位一起运算,结果中也含有正确的符号位。运算法则为：

$$[X+Y]_补=[X]_补+[Y]_补$$
$$[X-Y]_补=[X]_补+[-Y]_补$$

由此可见,计算机硬件电路只需一个加法器和一个求补电路即可完成加减运算,电路设计简单,可靠性高。

【例 1.10】 设 $X=46, Y=20$, 利用补码计算 $X+Y$ 和 $X-Y$。

解: $[X]_{补}=[46]_{补}=00101110, [Y]_{补}=[20]_{补}=00010100, [-Y]_{补}=[-20]_{补}=$
11101100

$[X+Y]_{补}=[X]_{补}+[Y]_{补}$　　　　　　$[X-Y]_{补}=[X]_{补}+[-Y]_{补}$

$\quad\quad [X]_{补}\ 00101110$　　　　　　　　　$\quad\quad [X]_{补}\ 00101110$

$+\ \ [Y]_{补}\ 00010100$　　　　　　　　$+\ \ [-Y]_{补}\ 11101100$

$\quad\quad [X+Y]_{补}\ 01000010$　　　　　　　$\quad\quad [X-Y]_{补}\ 00011010$

$[X+Y]_{补}=01000010=+66$　　　　$[X-Y]_{补}=00011010=+26$

4) 移码

由于负数的补码表示很难直接判断其真值的大小,而移码则弥补了这一缺点。移码的定义是: $[X]_{移}=2^n+X(2^n>X\geqslant-2^n)$。由定义可知,移码是将真值在数轴上右移了 2^n,即将负端的数据全部移到正端,因此使用移码可以方便地比较两个数的大小。无论正负,只要从符号位开始,逐位比较,即可方便地判断出数的大小。移码常用来表示浮点数中的阶码,它可以使浮点数加减运算计算更为便捷。如: $X=+1001, Y=-1001$,则 X、Y 的移码分别表示为:

$$[X]_{移}=[+1001]_{移}=2^4+1001=11001$$

$$[Y]_{移}=[-1001]_{移}=2^4-1001=00111$$

3. 定点数与浮点数

计算机中对小数点问题的处理方案是采用定点数与浮点数两种数据类型。

1) 定点数

定点数的含义是小数点位置固定,一般用于表示纯整数或纯小数。定义为纯整数时小数点的位置固定于最低位之后,定义为纯小数时小数点的位置固定于最高位之前。因数据定义后小数点的位置不能改变,所以计算机中并不存储小数点,而是采用默认的方式。由于小数点位置固定,因此定点数运算相对简单,易于实现。如例 1.10 中 X、Y 均为定点整数,因此不需要考虑小数点的位置,可以直接进行加减运算。但是在某个固定长度的存储空间内定点数表示的范围有很大的局限性,表示的数据范围较小;相反,浮点数则可表示较大的数据范围。

2) 浮点数

浮点数顾名思义小数点浮动、不固定,因此它需要两部分内容来记录一个数据,一部分反映数值的大小,另一部分反映小数点的位置。在计算机中表示一个浮点数由两部分组成:尾数和阶码。其中尾数部分是定点小数,用于描述具体的数字;阶码部分是定点整数,用于描述小数点的位置。浮点数是计算机中对于实数存储、运算时采用的表示方法。这种表示方法类似于十进制的科学记数法,即将一个十进制数可以描述为: $N=m\times10^e$。

同样一个浮点数 N 可以定义为: $N=m\times R^e$,其中:

m: 尾数。为定点小数,尾数的位数决定了浮点数有效数值的精度,尾数的符号代表了浮点数的正负,因此又称为数符。尾数一般采用原码和补码表示。

e: 阶码(或指数)。为定点整数,阶码的数值大小决定了该浮点数实际小数点的位置。阶码的位数多少决定了浮点数的表示范围。阶码的符号叫阶符。阶码一般采用移码表示。

R：基数。对二进计数制的机器而言，是一个常数，一般 R＝2,8,16。

为统一浮点数的表示形式，1985 年 IEEE（Institute of Electrical and Electronics Engineers，电气与电子工程师学会）提出了 IEEE 754 标准。根据这一国际标准，常用的浮点数格式定义有 3 种类型，如表 1.2 所示。

表 1.2　IEEE 754 浮点数标准

类　　　　型	总　位　数	尾数位数（含一位符号）	阶码位数（含一位符号）
短实型	32	24	8
长实型	64	53	11
临时实型	80	65	15

由于浮点数的底（基数）隐含定义为 2。所以浮点数只要记录尾数 m 和阶码 e 的值即可。

与定点数相比，在某个固定长度的存储空间，浮点数表示的范围更大。但由于浮点数的小数点位置不固定，相关运算较为复杂。以加减运算为例，浮点数运算首先要比较阶码的大小，若相同，则尾数相加减；若不同，需先进行对阶，即将小数点对齐后，方可尾数相加减。计算机中多采用专用的浮点运算器。

定点数表示方法简单、方便计算，浮点数表示数据的范围大，它们以各自的优势在计算机对数值型数据的存储、处理中占据一席之地，同时发挥着重要的作用。

1.3.4　非数值型数据在计算机中的表示

随着计算机应用领域由最初的科学计算延伸到人类生活的方方面面，计算机中需要处理的各类非数值型数据越来越多，如各种文字、符号、图形、图像、声音等信息，这些信息在计算机中应如何存在呢？由于计算机的硬件只能处理二进制数据，因此解决方案是将这些信息转换成相应的数据编码。

编码是用预先规定的方法将文字、符号等对象，采用基于 0、1 不同组合的二进制代码来表示，使其成为计算机可处理和分析的数据。编码具有唯一性、公共性、规律性、记忆性的特点。常用的非数值型数据的编码有 ASCII 码、汉字编码、图形编码、图像编码、语音编码等。

1. 西文字符的表示

ASCII（American Standard Code for Information Interchange）码是目前国际上普遍采用的一种字符编码，是由美国国家标准化协会制定的"美国信息交换标准代码"。它收录了包括 10 个十进制数字、英文 26 个字母大小写、各种符号和控制码在内的 128 种字符的编码，每个编码用 7 位二进制数字表示，如大写字母"A"的 ASCII 码为 1000001，小写字母 s 的 ASCII 码为 1110011。计算机中用 8 位二进制编码表示一个 ASCII 码，最高位为 0，存储时占用一个字节。ASCII 码表的内容详见表 1.3。

表 1.3 ASCII 码表

	000	001	010	011	100	101	110	111
0000	NUL	DLE	SP	0	@	P	`	p
0001	SOH	DC1	!	1	A	Q	a	q
0010	STX	DC2	"	2	B	R	b	r
0011	ETX	DC3	#	3	C	S	c	s
0100	EOT	DC4	￥	4	D	T	d	t
0101	ENQ	NAK	%	5	E	U	e	u
0110	ACK	SYN	&	6	F	V	f	v
0111	BEL	ETB	'	7	G	W	g	w
1000	BS	CAN	(	8	H	X	h	x
1001	HT	EM	)	9	I	Y	i	y
1010	LF	SUB	*	:	J	Z	j	z
1011	VT	ESC	+	;	K	[	k	{
1100	FF	FS	,	〈	L	、	l	|
1101	CR	GS	—	=	M	]	m	}
1110	SO	RS	.	〉	N	^	n	~
1111	SI	US	/	?	O	_	o	DEL

ASCII 码的编码可以分为两类：

（1）95 个可打印或显示的字符。称为图形字符（ASCII 值从 32 到 126），有确定的结构形状，可在打印机和显示器等输出设备上输出；而且这些字符均可在计算机键盘上找到相应的键，按键后就可以将相应字符的二进制编码送入计算机内。

（2）33 个控制字符。不可打印或显示，可分成 5 类：10 个传输类控制字符，用于数据传输控制；6 个格式类控制字符，用于控制数据的位置；4 个设备类控制字符，用于控制辅助设备；4 个信息分隔类控制字符，用于分隔或限定数据；9 个其他控制字符、空格字符和删除字符。

2. 汉字的表示

汉字与西文字符不同，西文是拼音文字，字符数量较少，计算机处理难度较低；而中国的汉字数量多，笔画复杂多变，计算机处理难度大。汉字信息处理涉及汉字的编码、输入、存储、显示、打印及传输等方面的问题。计算机的处理汉字技术必须解决三个问题：汉字输入、汉字储存与交换、汉字输出，它们分别对应着汉字输入码、交换码、内码、字形码的概念。

1）汉字输入码

汉字输入码也称外码，是为了将汉字输入计算机而编制的代码，是代表某一汉字的一串键盘符号。汉字输入码种类较多，有数字编码，如区位码、国标码、电报码等；拼音编码，如全拼、双拼、微软拼音等；字形编码：如五笔字型、郑码等。

2011 年搜狐搜索技术联合实验室公布了中国首份《汉字输入发展报告》。报告中指出，中文汉字输入法历经四个发展阶段：

（1）输入萌芽阶段（1983—1992 年），主要解决用户能输入汉字的问题，如五笔输入法、拼音输入法等。

（2）输入初级发展阶段(1992—2005 年)，解决用户更容易输入的问题，如智能 ABC。

（3）输入智能化和互联网化阶段(2006—2010 年)，识别用户输入需要，解决用户输入更快速准确的问题，如搜狗拼音等。

（4）输入个性化阶段(2010 年至今)，在输入快速准确基础上，解决用户和群体组输入个性化问题。如云输入、智能纠错、Flash 皮肤等。

2）汉字交换码

汉字交换码是指不同的具有汉字处理功能的计算机系统之间在交换汉字信息时所使用的代码标准。目前国内计算机系统所采用的标准信息处理交换码，是基于 1980 年制定的国家标准《信息交换用汉字编码字符集·基本集》(GB 2312—1980)的国标码。该字符集共收录了 6763 个汉字和 682 个图形符号。6763 个汉字按其使用频率和用途，又可分为一级常用汉字 3755 个，二级次常用汉字 3008 个。其中一级汉字按拼音字母顺序排列，二级汉字按偏旁部首排列。计算机采用两个字节对每个汉字进行编码，每个字节各取七位，这样可对 $128 \times 128 = 16\,384$ 个字符进行编码。

3）汉字内码

汉字内码是用于汉字信息的存储、交换、检索等操作的机内代码，一般采用两个字节表示。汉字可以通过不同的输入法输入，但其内码在计算机中是唯一的。英文字符的机内代码是七位的 ASCII 码，当用一个字节表示时，最高位为"0"。为了与英文字符能相互区别，汉字机内代码中两个字节的最高位均规定为"1"。汉字机内码等于汉字国标码加上 8080H。例如"中"字的国标码 5650H，其机内码为 5650H ＋8080H ＝D6D0H。

4）汉字字形码

汉字字形码是将汉字字形经过点阵数字化后形成的一串二进制数，用于汉字的显示和打印。如"大"字的 16×16 点阵编码如图 1.8 所示。

0	0	0	0	0	0	0	1	1	0	0	0	0	0	0	0
0	0	0	0	0	0	0	1	1	0	0	0	0	0	0	0
0	0	0	0	0	0	0	1	1	0	0	0	0	0	0	0
0	0	0	0	0	0	0	1	1	0	0	0	0	0	0	0
1	1	1	1	1	1	1	1	1	1	1	1	1	1	1	1
0	0	0	0	0	0	0	1	1	0	0	0	0	0	0	0
0	0	0	0	0	0	0	1	1	0	0	0	0	0	0	0
0	0	0	0	0	0	1	1	1	1	0	0	0	0	0	0
0	0	0	0	0	0	1	1	0	1	0	0	0	0	0	0
0	0	0	0	0	1	1	0	0	1	0	0	0	0	0	0
0	0	0	0	0	1	1	0	0	1	0	0	0	0	0	0
0	0	0	0	1	1	0	0	0	0	1	0	0	0	0	0
0	0	0	1	1	0	0	0	0	0	1	1	0	0	0	0
0	0	1	1	0	0	0	0	0	0	0	1	1	0	0	0
0	1	1	0	0	0	0	0	0	0	0	0	1	1	1	0
1	1	0	0	0	0	0	0	0	0	0	0	0	1	1	1

图 1.8 "大"字点阵编码

根据汉字输出的要求不同，点阵有以下几种：①简易型汉字，采用 16×16 点阵，每个汉字点阵字型存储时占 32 个字节；②普通型汉字，采用 24×24 点阵，每个汉字点阵字型存储时占 72 个字节；③提高型汉字，采用 32×32 点阵，每个汉字点阵字型存储时占 128 字节。

点阵的点数越多,汉字的表达质量也就越高、越美观。将所有汉字的字模点阵代码按内码顺序集中起来,构成了汉字字库。

汉字编码的处理过程可简单描述为:键盘输入(输入码)→编码转换(内码)→显示或打印(字型码)。

3. 图像的编码

图像的编码就是将图像描述的信息转换二进制编码的方式在计算机中存储和处理。图像常用的两种编码方法是位图方法和矢量方法。两种方法中图像的质量、图像存储空间的大小、图像传送的时间和图像修改的难易程度等方面存在着较大差别。

1) 位图图像

将图像划分成均匀的网格,每个单元格称为像素,图像即可视为这些像素的集合,对每个像素进行编码,即可得到整个图像的编码。

(1) 单色图像的编码方案

单色图像的像素颜色只有两种:黑色和白色,因此用 1 表示白色、用 0 表示黑色即可对其进行编码,每个像素的编码只用一位二进制数。

灰度图像像素的颜色从黑到白及介于二者之间的不同程度的灰色,通常用 256 级灰度来描述灰度图像。白色编码为 11111111,黑色编码为 00000000,按灰度由深到浅,依次用 00000001~11111110 来表示其余 254 种颜色,每个灰度图像像素的编码用 8 位二进制数,存储时占用一个字节。

(2) 彩色图像

彩色图像像素的颜色显示丰富,常用的显示方法有 16 色、256 色、24 位真彩色和 32 位真彩色。其中 16 色以红、绿、蓝三种主色调合成 16 种颜色,用 4 位二进制编码加以区分;256 色以红、绿、蓝三种主色调合成 256 种颜色,需 8 位像素编码。24 位真彩色是每个像素使用 3 个字节编码,每个字节的值分别代表像素中红、绿、蓝颜色的强度。24 位二进制编码可表达 $2^{24}=16\,777\,216$ 种颜色,人的肉眼无法识别临近颜色的差别,故称真彩色。32 位真彩色有 32 位颜色编码,每个像素可达 2^{32} 种颜色。如表 1.4 所示。

表 1.4　图像的颜色数量

颜色深度/位	数　值	颜色数量	颜色评价
1	2^1	2	黑白二色图像
4	2^4	16	简单色图像
8	2^8	256	基本色图像
16	2^{16}	65 536	增强色图像
24	2^{24}	16 777 216	真彩色图像
32	2^{32}	4 294 967 296	真彩色图像

2) 矢量图像

把图像分解为曲线和直线的组合,用数学公式定义这些曲线和直线,这些数学公式是重构图像的指令,计算机存储这些指令,需要生成图像的时候,只要输入图像的尺寸,计算机就按照这些指令,根据新的尺寸形成图像。

两种图像的比较,位图图像的图像质量高,但占用存储空间大,放缩时易失真,图像变模糊;矢量图像看起来没有位图图像真实,但放缩能够保持原来的清晰度不失真,占用存储空间小。

3) 图像文件格式

Windows 中常用的位图图像文件格式有:

(1) BMP(BitMap):基本图像文件格式,使用 256 种调色板颜色。其特点是图像颜色鲜艳、细腻,但占存储空间较大,采用非压缩格式。

(2) JPEG(Joint Photographic Expert Group):可用较小的空间存储彩色图像,普遍用于网络传输 WWW 页面以及照片和其他高分辨率的图像。

(3) GIF(Graphic Interchange Format):使用 256 种或更少的颜色,多用于 WWW 页面,图像文件短小,下载速度快。

(4) TIFF(Tagged Image File Format):通用位图图像文件,支持从单色到 32 位真彩色的所有图像,适用于多种操作平台,常用于用于扫描仪、OCR 系统。

(5) PSD(Photoshop Document):Photoshop 专用格式,图像细腻,文件存取速度较快,提供图像压缩功能。

4. 声音编码

声音的物理描述为声波,它是连续的波形,可以按照固定的时间间隔对声波的振幅进行采样,记录所得到的值序列,把这些值序列转化成二进制序列,便得到了声波的数字化表示。采样时间间隔越小,或者采样频率越高,数字化表示就越接近连续的声波。

1) 声波采样与数字化

将音频信号每隔一定时间捕捉采样点的振幅值,并将其用二进制表示既完成数字化。每秒钟存储声音容量的公式为:存储量(字节/ 秒)=(采样频率×量化位数×声道数)/ 8。其中:

采样频率 f——$1/T$,每秒钟的采样次数;

采样点精度——存放采样点振幅值的二进制位数;

声道数——声音通道的个数,立体声为双声道。

2) 声音文件格式

常用的声音文件的格式有 WAV、MP3 和 WMA 等。

(1) WAV 文件:通用的音频数据文件,记录了真实声音的二进制采样数据,无压缩,无失真,还原性好,表现力强,但文件较大,占用存储空间多。

(2) MP3 文件:采用 MPEG 音频压缩标准进行压缩的文件。MP3 是国际标准化组织运动图像专家组(Moving Picture Experts Group)制定的标准格式。属于有损压缩,压缩率大,可以实现用较小的空间存储高质量的声音。

(3) RA 文件:压缩文件,压缩比高达到 96∶1,可实现网上边下载边播放。

(4) WMA 文件:采用 Windows Media 格式,它可以在保证与 MP3 相同音质的情况下,存储文件的大小仅占 MP3 的一半,可用 MP3 播放器播放。

1.4　计算机系统组成

完整的计算机系统由硬件系统和软件系统两部分组成(如图1.9所示)。计算机是依靠硬件和软件的协同工作来执行一个具体任务,硬件是计算机系统的物质基础,而软件又是硬件功能的扩充和完善。二者的有机结合成就了计算机的高性能。

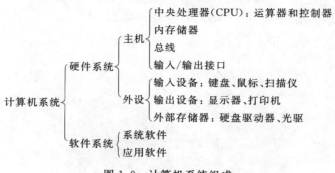

图1.9　计算机系统组成

1.4.1　硬件系统

1946年由美籍匈牙利科学家冯·诺依曼提出的计算机体系结构中,将计算机的硬件组成分为:运算器、控制器、存储器、输入设备、输出设备。其中运算器的功能是实现算术运算和逻辑运算,其性能的高低直接影响着计算机的运算速度和整机性能;控制器的功能是对当前指令进行译码,分析其所需要完成的操作,产生并发送各部件所需要的控制信号,从而使整个计算机自动、协调地工作,它是计算机的控制指挥部件,也是整个计算机的控制中心;存储器用于存放指令和数据;输入设备将外界的信息转换为计算机能识别的二进制代码;输出设备将计算机处理结果转换成人们或其他设备所能接收的形式。计算机硬件五个组成部分协调工作,使计算机能连续、自动、高速地执行一条条指令,从而自动完成预定的任务。

随着计算机的飞速发展,其硬件结构也随之发生着变化。现代计算机将运算器和控制器结合在一起组成了中央处理器CPU,存储器也依据其性能分为内部存储器和外部存储器,输入、输出设备也因多媒体技术的引入而愈加丰富多彩。以日常工作学习最常用的微型计算机为例,硬件基本配置包括主机及显示器、音箱、键盘、鼠标等外部设备。实际使用中,可再添加打印机、扫描仪、Modem等其他外设,以满足用户不同层次的需求。一台具有基本配置的微机硬件系统如图1.10所示。

1. 主机

主机是微机硬件系统的核心,主要包括:主板、机箱、电源、各类辅存驱动器(硬盘、光盘驱动器)等。

1) 主板

主板是主机箱中最大的一块印刷线路板,放置有CPU,内存条及各种I/O接口卡如显卡等。主板是主机中各重要部件工作的一个平台,各个部件通过主板进行数据传输。主板的性能直接决定主机的性能。常见主板结构如图 1.11 所示。

图 1.10　微型计算机

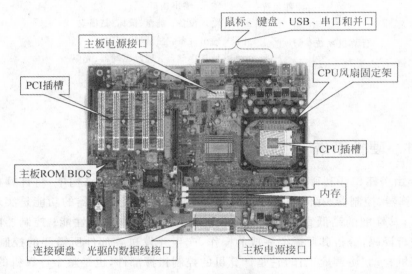

图 1.11　主板示意图

2) CPU(Central Processing Unit)

　　CPU 即中央处理器,微机中也称为微处理器。它是主板上的核心部件,在主板中插在 CPU 的插座上。CPU 是一台计算机的运算和控制中心,其功能主要是运行用户设置的程序,控制其他器件协调工作。CPU 主要由运算器、控制器组成,是整个系统最高的执行单元,因此 CPU 已成为决定微机性能的核心部件,其品质的高低直接决定了微机的档次(见图 1.12)。

图 1.12　CPU 芯片

判断 CPU 性能高低的指标是主频和字长。主频是 CPU 内核工作的时钟频率,对于同系列的微处理器,主频越高,速度越快。字长是 CPU 可以同时处理二进制数据的位数,它决定了 CPU 的计算能力,字长越长,计算机处理数据速度越快。著名的 CPU 生产厂家有 Intel、AMD、Cyrix 和 TI 等公司。

3) 内存储器

计算机常用的存储器可分为内存和外存两类,外存一般使用硬盘、光盘、U 盘等,而内存则采用半导体存储器,以芯片和内存条的形式出现,插于主板之上。内存储器也叫主存储器,是 CPU 能直接访问的存储器,用于临时保留 CPU 正在使用的程序和数据,它和 CPU 的关系最为密切。

常用的半导体存储器分为随机读写存储器(RAM)和只读存储器(ROM)。其中 RAM 又分为静态随机存储器(SRAM)和动态随机存储器(DRAM),由于它们存储的内容断电则消失,故称为易失性存储器。DRAM 靠电容存储电荷来保存信息,其结构简单、集成度高、功耗小、价格低,因此常被选做用于大容量的内存条使用;而 SRAM 由双稳态触发器构成,结构复杂、集成度小、价格高,但存取数据的速度快,因此常被选做用于小容量的高速缓冲存储器使用。只读存储器(ROM)可分为掩膜型 ROM、EPROM、EEPROM 等,由于其内容断电也不消失,故称为非易失性存储器,在主机中用于固化存储小容量的固定不变的系统程序。

计算机中的内存被分成若干个存储单元,每个存储单元一般可存放 8 位二进制数(一个字节)。为了能有效地存取存储单元内的数据,系统为每个单元分配了一个唯一的编号来加以区别,这个编号称为地址。CPU 通过使用 AR(地址寄存器)、DR(数据寄存器)和总线与主存进行信息交换。为了从存储器中取一个信息字,CPU 需要把信息所在的地址送到 AR,经地址总线送往主存储器;同时,CPU 应用控制线(read)发一个"读"请求;此后,CPU 等待从主存储器发来的回答信号通知 CPU"读"操作完成。主存储器通过 ready 信号做出回答,若 ready=1,说明存储字的内容已经读出,并放在数据总线上,将其送入 DR,此时取数操作完成。为了存一个字到主存,CPU 先将信息存储在主存中的地址经 AR 送地址总线,并将需存储的信息字送 DR,同时发出"写"命令。此后,CPU 等待写操作完成信号。主存储器从数据总线接收到信息字并按地址总线指定的地址存储,以此完成存数操作。

微机配置的内存条芯片有 DDR2、DDR3 等。内存条由电路板和芯片组成(见图 1.13)。与外存相比,内存的特点是体积小、速度快。内存工作时必须加电,断电后信息丢失,即计算机在开机状态时内存中可存储数据,关机后将自动清空其中的所有数据。因此关机前要进行存盘操作,将数据转存到硬盘保存,以免数据丢失。

图 1.13　DDR3 内存条

衡量内存优劣的性能指标包括存储容量和存储速度等。描述存储器容量的基本单位是字节(Byte 或 B),每一个字节由八位二进制数组成。计算机中常用于描述存储器容量的单位有 KB、MB、GB、TB。其中 1KB=1024Byte=2^{10}B,1MB=1024KB=2^{20}B,1GB=1024MB=2^{30}B,

$1TB=1024GB=2^{40}B$。微机中内存容量一般为 $1\sim64GB$。在合理的价格范围内,选择容量大、速度快的内存条,可提升整机的性能。

4）总线

微型计算机系统多采用总线结构。总线是一组公共的信号传输线,是微型计算机各部件之间的连接桥梁,承担着信息传输的任务。按传送数据类型划分,总线可分为地址总线、数据总线和控制总线。主机的各个部件如 CPU、内存等都通过总线相互连接,并通过总线完成信息的传递。

微机主板上常用的系统总线标准有 ISA、EISA、VESA、PCI 等,可用于连接各种外设接口卡(也称适配器)如显示适配器(显卡)等。微机常用的外部总线包括通用串行总线 USB (Universal Serial Bus)、RS-232C 等,可用于连接外存或其他计算机系统。面向总线的微型计算机设计时只要按照相关总线的标准制作 CPU 插件、存储器插件以及 I/O 接口插件等,并将它们连入总线就可工作,因此采用总线结构设计方便快捷。

CPU、存储器、I/O 接口由总线连接形成了完整的计算机硬件系统,因此总线的性能直接影响到主机的性能。总线性能指标包括总线宽度、总线带宽、总线工作频率、总线复用技术、总线控制方式、总线负载能力等。其中,总线带宽是指总线本身所能达到的最高传输速率,是衡量总线性能的主要指标,带宽高传输速度快的总线是设计者的首选。

5）声卡、显卡、网卡

随着多媒体技术引入计算机,声卡成为微机必不可少的一个硬件接口设备,是主机与多媒体音响设备连接的桥梁。它的作用是将微机中存储声音的数字文件转换成音箱等外部设备需要的模拟信号,并使其发声;同时也可以将麦克风等语音装置采集的声音信息转换为相关格式的数据文件存入计算机中。

显卡是微机中连接主机与显示器的接口设备,显卡的作用是将计算机需要显示的信息进行转换,驱动显示器输出图形、文字,控制显示器的正确工作,是连接显示器和微机主板的重要元件。

网卡是局域网中连接计算机和传输线路的接口,它是工作在网络数据链路层的组件,用于实现与局域网传输介质之间的物理连接和电信号匹配,负责帧数据的发送与接收、帧的封装与拆封、介质访问控制、数据的编码与解码以及数据缓存等。网卡是微机与网线之间的桥梁,它是用来建立局域网并连接到 Internet 的重要设备之一。

在一体化主板中也常把声卡、显卡、网卡部分或全部集成在主板上。

6）硬盘

硬盘位于主机箱内,但属于外部存储器。普通硬盘的存储介质由金属磁片制成,由于磁片具有记忆功能,且断电后信息不会丢失,所以不论开机还是关机后,保存在硬盘中的数据都不会丢失。主机中硬盘是容量最大的存储器,已高达 TB 级,尺寸有 3.5、2.5、1.8、1.0 英寸等,接口有 IDE、SATA、SCSI 等。它的特点是可靠性高,存储容量大,读写速度快,对环境要求不高,存储性价比较高,因此硬盘被广泛应用于微机系统之中。

普通硬盘主要由盘片组、磁头和相关硬盘驱动电路组成,硬盘结构如图 1.14 所示。硬盘是将盘片和驱动器密封在一个外壳内,在盘片飞速旋转时,磁头靠空气垫浮在盘片上进行读写操作。每个盘片被划分为一个个同心圆即磁道,每个磁道又被划分为固定长度的扇区。硬盘容量的计算公式为:硬盘容量＝磁头数(盘面数)×柱面数×每磁道扇区数×512(字

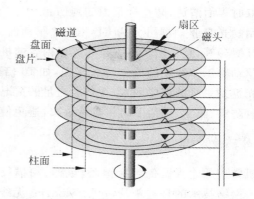

图 1.14　硬盘驱动器及盘片结构

节）。其中柱面是由一组盘片的同一磁道在纵向上所形成的同心圆面构成,它是不同盘片半径相同的同心圆组,磁道数和柱面数相同。每一个盘片(最上面和最下面一个除外)有两个记录面,每个记录面均有一个磁头与之对应。所有磁头均固定在步进电机上,由电机带动磁头移动以寻找磁道读取信息。硬盘容量的大小和转速是衡量硬盘优劣的主要性能指标。硬盘的盘符通常为"C:",若系统配有多个硬盘或将一个物理硬盘划分为多个逻辑硬盘,则盘符可依次为"C:"、"D:"、"E:"、"F:"等。

　　另一种硬盘为固态硬盘,它是由固态电子存储芯片阵列而制成的硬盘,由控制单元和存储单元(如 FLASH 芯片)组成。固态硬盘在产品外形和尺寸上也完全与普通硬盘一致,但是固态硬盘比普通硬盘速度更快,但读写次数有限,常用于笔记本等移动存储中。

　　硬盘的安装、操作与维护应注意以下几点:

　　(1) 物理安装时,用螺丝将硬盘安装到硬盘托架上,连接电源线、信号线。硬盘要注意防震,安装时注意身体先释放静电,以免静电损伤芯片。

　　(2) 软件安装包括低、高级格式化,逻辑分区及各种软件安装。

　　(3) 操作时注意,机器工作时不要搬动硬盘;防止突然断电,以免损伤硬盘;定期查毒,防止病毒破坏硬盘信息。

　　(4) 硬盘维护需定期运行磁盘扫描程序、定期运行磁盘碎片整理程序,保证硬盘使用效率。

　　7) 光盘及光盘驱动器(Disk driver)

　　随着多媒体技术的应用越来越广泛,光盘驱动器在微型计算机中已经成为标准配置,如图 1.15 所示。光盘是通过激光数字影像技术存储信息,它的特点是存储容量大,存储成本低、可靠性高、使用方便,因此成为存储大容量信息的首选。光驱位于主机箱内,也属于外部存储器设备。

　　光盘的存储媒介光道呈平面螺旋状,从中心开始旋向外侧。每个光盘仅有一条大的螺旋光道,可分为 27～33 万个扇区。每个扇区除有效数据信息外,其开始位置设有同步信号和扇区地址,在最后位置上还有校验、纠错信息。光盘的主要技术指标有存储容量、平均读取时间、数据传输速率等。光盘的日常维护应避免高温、日晒和寒冷;防止盘片受压折;保持

图 1.15　光盘驱动器

信息读取时表面清洁,防止标记面的划伤。

常用的光盘驱动器可分为 CD-ROM 驱动器、DVD 光驱(DVD-ROM)和 DVD 刻录机(DVD-RAM)等,它是微机用来读写光盘内容的机器,其读写的能力和速度正日益提升。描述光盘驱动器工作速度的单位是 X 倍速,如 16 倍速、32 倍速、48 倍速等。光驱的刻录速度是购买光盘刻录机的首要因素,在资金充足的情况下,尽可能选择高倍速的光驱。光驱的维护应注意防震、防尘,用后及时将盘片取出,避免使用劣质盘片。

2. 外部输入/输出设备

微机常用的输入设备包括键盘、鼠标、扫描仪等;输出设备包括显示器、打印机、音箱等。随着网络技术的日益普及,包括 Modem、无线路由器等设备也逐渐加入微机所需外部设备的行列。

1) 显示器(Display)

显示器是微型计算机必不可少的外部设备,可分为 CRT(阴极射线管)显示器、LCD(液晶)显示器、LED(发光二极管)显示器、PDP(等离子)显示器等几大类。显示器是微机的输出设备,其作用是把计算机对数据处理后的结果显示出来。

图 1.16　液晶显示器

目前与微机配套应用最多的是 LCD 液晶显示器(见图 1.16)。LCD 显示器以其机身薄、占地面积小、辐射小、能耗低等优点被广泛使用。LCD 显示器工作时,显示器内部的很多液晶粒子有规律地排列成一定的形状,并且它们每一面的颜色都不同,分为红、绿、蓝三原色。当显示器收到微机发出的显示指令时,会在电场作用下控制每个液晶粒子转动到不同颜色的面,由此组合成不同的颜色和图像。液晶显示屏的缺点是色彩不够艳丽,可视角度较窄等。液晶屏幕表面比较脆弱,最好选择专门的擦屏布和专用清洁剂进行安全清洁;同时尽量避免在潮湿的环境中使用 LCD 显示器;注意不要使液晶显示器长时间处于开机状态,不用时要及时关掉显示器,以延长其使用寿命,节能减排。

显示器的性能指标主要包括显示分辨率、显示器尺寸等。显示分辨率通常用水平像素点与垂直像素点的乘积来表示,像素数越多,其分辨率就越高。因此,分辨率通常是以像素数来计量的,如:640×480 的分辨率,其像素数为 307 200。显示器尺寸是指显像管的对角线尺寸,以英寸为单位(1 英寸＝2.54cm),如 19 英寸、24 英寸等。显示面积一般会小于显示管的大小。如 17 英寸显示器的可视区域大多在 15～16 英寸之间,19 英寸显示器可视区域达到 18 寸英寸左右。

2) 键盘、鼠标

键盘、鼠标是微机输入设备的基本配置,负责将人的指令或输入的数据发送到计算机中。

键盘(Keyboard)是最常见的计算机输入设备,它广泛应用于微型计算机和各种终端设备上,微机使用者通过键盘向计算机输入各种指令、数据,指挥微机的工作,而微机的运行情况反馈到显示器,使用者可以很方便地利用键盘和显示器与微机交流,对程序进行修改、编辑,控制和观察计算机的运行。常用的键盘分为有线和无线两类,人体工程学键盘输入设备通常为 104 键或 105 键。

鼠标(Mouse)是 Windows 操作系统出现后的产物,因形似老鼠而得名。当鼠标移动时,微机屏幕上就会出现可移动的箭头指针,用户可以很准确单击指定的位置,实现屏幕上的快速定位。鼠标是微机不可缺少的输入部件之一,目前常用的鼠标为光电鼠标,通过引入光学技术来提高鼠标的定位精度,减少磨损。

键盘、鼠标与主机的接口有 PS/2 和 USB 两种,目前无线鼠标和键盘已广泛应用,无线技术的应用使得使用者摆脱了键盘线和鼠标线的限制和束缚,更加自由地操作。

3) 音箱(Loudspeaker)

随着多媒体技术在计算机信息处理中的普遍应用,音箱也随之成为微机外设的基本配置之一,主机通过声卡将声音文件经转换后输出,通过音频线连接到功率放大器,再通过晶体管把声音放大,输出到喇叭上,从而使喇叭发出声音。一般的电脑音箱可分为 2、2.1、3.1、4、4.1、5.1、7.1 等多种,音质也各有差异。

4) 打印机(Printer)

打印机是办公自动化系统中微机经常配备的输出设备,通过它可以将微机处理过的文档输出打印到纸上,将电子文档转为纸质文档。在打印机领域市场占有率较高的有喷墨打印机、激光打印机等主流产品,各自发挥其优势,满足各界用户不同的需求。

5) 调制解调器(Modem)

调制解调器俗称"猫",是计算机通过电话线上网时必不可少的设备。随着网络应用日益普及,在家中通过上网学习、娱乐、购物已成为都市生活的缩影。调制解调器也随之成为微机外设之一。调制解调器的作用是将微机中的数字信号转换成电话线传输的模拟信号发送至网络,并将网络传回的模拟信号转换为微机能够识别的数字信号输入计算机中存储处理。

6) U 盘

U 盘也被称作闪盘(Flash Card),是一个通过串行总线 USB 接口与主机连接的移动存储产品。它采用的存储介质为闪存存储介质(Flash Memory)。U 盘具有可多次擦写、速度快而且防磁、防震、防潮的优点,无须物理驱动器,采用流行的 USB 接口,体积小,重量轻,无须外接电源,即插即用,可在不同的电脑之间进行文件交流,存储容量较大,便于携带,可满足不同用户的需求,因此被广泛应用。

随着计算机技术的进一步发展,微机的外部设备也将日益丰富,新技术、新设备将不断涌现。

1.4.2 软件系统

所谓软件,是指按照预先设计的算法编制出来的指挥计算机硬件完成任务的以电子格式存储的指令序列和相关数据以及文档。计算机的软件系统可分为系统软件和应用软件两大类。

1. 系统软件(System Software)

系统软件是用于对计算机进行管理、控制、维护,或者编辑、制作、加工用户程序的一类软件,由一组控制计算机系统并管理其资源的程序组成。系统软件是用户与计算机的接口,它为应用软件和用户提供了控制、访问硬件的手段。系统软件主要包括操作系统、数据库管理系统、辅助性工具软件等。

1) 操作系统(Operating System,OS)

操作系统是系统软件的核心,它直接管理和控制计算机的一切硬件和软件资源,使它们能有效地配合、自动协调地工作。它的主要任务有两个:一是方便用户使用计算机,是用户和计算机的接口;二是统一管理计算机系统的全部资源,合理组织计算机工作进程,以便充分、合理地发挥计算机的效率。操作系统通常包括下列五大功能模块:

(1) 处理器管理:当多个程序同时运行时,解决处理器(CPU)时间的分配问题。

(2) 作业管理:作业管理的主要任务是为用户提供一个使用计算机的界面,可方便地运行自己的作业;同时对所有进入系统的作业进行调度和控制,尽可能高效地利用整个系统的资源。

(3) 存储器管理:为各个程序及其使用的数据合理地分配存储空间,保证它们可以正常运行。

(4) 设备管理:根据用户提出使用设备的请求进行设备分配,同时还能随时接收设备的请求,做出中断处理。

(5) 文件管理:主要负责文件的存储、检索、共享和保护,为用户的文件操作提供方便。

典型的操作系统有:DOS 操作系统、Windows 操作系统、UNIX/Linux 操作系统、Novell NetWare 网络操作系统、Mac OS 操作系统等。

2) 计算机语言处理系统

人机交流使用的语言称为计算机语言或称程序设计语言。其中结构化程序设计语言有Basic、Pascal、C 等,面向对象程序设计语言有 VB、VC、C++、PB、Java 等。然而,计算机硬件所能识别的语言仅有机器语言,其他程序设计语言必须经过语言翻译程序转换为机器语言后方可在计算机硬件上运行。翻译的方法有以下两种:

(1) "解释":在运行源程序时,使用解释程序逐条把源程序语句进行解释和执行,它不保留目标程序代码,即不产生可执行文件。这种方式速度较慢,每次运行都要边解释边执行。

(2) "编译":首先调用相应语言的编译程序,把源程序变成目标代码程序,然后再用连接程序,把目标程序与库文件相连形成可执行文件。这一过程中生成可执行文件(以.exe为扩展名),对可执行文件的重复运行,速度较快。

计算机语言处理系统中的编译程序和解释程序,负责将各种计算机硬件不能直接识别的程序设计语言翻译成机器可识别的代码,保证应用程序顺畅执行。

3) 数据库管理系统(Data Base Management System,DBMS)

数据库是指按照一定顺序存储的数据集合,可为多种应用共享。数据库管理系统则是能够对数据库进行加工、管理的系统软件。数据库系统主要由数据库(DB)、数据库管理系统(DBMS)以及相应的应用程序组成。数据库系统不但能够存放大量的数据,更重要的是能迅速、自动地对数据进行检索、修改、统计、排序等操作,以满足用户对相关信息的需求。数据库技术是计算机技术中发展最快、应用最广的一个分支。如人事管理、设备管理、财务管理、图书资料管理、生产管理、销售管理、学生学籍管理、学生成绩统计、各类数据汇总等。典型的关系数据库管理系统有 VFP、SQL Server、Oracle、Access 等。

4）辅助性工具软件

辅助性工具软件是指增强或扩展操作系统功能的一类软件，为用户开发程序和使用计算机提供方便。常用的实用工具软件有数据备份软件、磁盘整理软件、计算机病毒检测与解毒软件、数据压缩软件、文件加密软件、系统性能检测程序、CPU 速度测试程序、硬盘测试程序、故障检查与诊断程序、磁盘管理程序、网络下载工具软件、防火墙软件等。

2. 应用软件（Application Software）

为解决各类实际问题而设计的程序系统称为应用软件。例如，各种人事管理程序、游戏软件、音乐播放软件，以及各类软件包如办公自动化软件 Office、计算机辅助设计软件 CAD、建筑设计软件包等。本书后续介绍的文字处理软件 Word、电子表格 Excel、幻灯片制作软件 PowerPoint 等均属于应用软件的范畴。

1.5 计算机的工作原理

1.5.1 冯·诺依曼型计算机原理

计算机的基本工作原理源于冯·诺依曼在其计算机体系结构中提出的"程序存储和程序控制"（简称"存储程序控制"）的理论，这一理论一直被沿用至今。存储程序控制是指程序设计人员将编好的程序和原始数据预先存入计算机主存中，计算机工作时能连续、自动、高速地从存储器中取出一条条指令并执行，从而自动完成预定的任务。

计算机的基本工作原理就是计算机根据人们预先安排的工作方案（即程序），自动地进行数据的快速计算和加工处理。而程序是人们预先设定的、按一定顺序排列的一连串指令序列，其中每一个指令规定计算机执行一个基本操作，而一个程序设定计算机完成一个完整的任务。程序的每一条指令中明确规定了计算机从什么地址取数，进行何种操作，然后将结果送到什么地址去等。通常指令是按照在存储器中存放的顺序一条一条连续执行的，遇到特殊需求可由分支指令改变程序的执行顺序。指令的执行可分为五个阶段：

1. 取指

将要运行的程序被预先存放在存储器中，取指是将程序逐条取到 CPU 中，以便 CPU 的控制器分析执行，具体步骤如下：

（1）将第一条指令的地址置入 PC。PC 为 CPU 内部的程序计数器，它存放的是 CPU 将要执行的指令的地址，具有自动加 1 的功能。

（2）PC 将当前指令的地址送到地址寄存器 AR 中，同时程序计数器 PC 的内容递增以指向下一条指令的地址。

（3）AR 输出通过地址总线送到存储器的地址端，选中指令所在的内存单元，控制器发出读控制信号，控制从存储器中读出这条指令。

（4）该指令通过数据总线送到指令寄存器 IR 中。

2. 指令译码

指令取到指令寄存器 IR 后,控制器内的指令译码器对该指令进行译码,确定指令应完成的操作,并形成操作数的地址。

3. 执行指令

控制器中操作控制信号形成部件,根据指令译码信息和时序周期信号,发出该指令所需的有一定时序关系的控制信号序列,以驱动硬件其他部分工作,完成指令的执行。

4. 控制数据的输入和结果输出

指令执行过程中由控制器控制从内存中取指令执行所需的操作数据,经计算处理后,再将结果存入内存或输出至输出设备。

5. 对异常情况进行处理

指令执行过程中若出现异常,如除数为 0、运算结果溢出、外设请求中断等,CPU 将视情况予以处理,保证机器正常运行。

总之,指令的执行过程是计算机各部件协调工作的结果。机器各部件在 CPU 的统一控制下执行预置的程序,从而完成用户规定的任务。

1.5.2　计算机语言

程序是计算机语言的具体体现,是用某种计算机程序设计语言按问题的要求编写而成的,它是指令的有序集合。

1. 指令和指令系统

指令是使计算机执行某种基本操作的二进制代码串,它是由 0 和 1 按一定规则排列组成,也称为机器语言代码。每条指令可以完成一个独立的操作,如算术运算或逻辑运算等。指令由操作码和地址码两部分组成。

操作码	地址码

操作码用来指明该指令所要完成的操作,如加法、减法、传送、移位、转移等。操作码所占二进制的位数反映了机器的操作种类,即机器允许的指令条数,如果操作码有 n 位二进制数,则最多可表示 2^n 种指令。

地址码:用来寻找本次操作所需要的数据。地址码可包括:源操作数地址、目的操作数地址和下一条指令的地址。

指令系统是指一台计算机能直接理解与执行的全部指令的集合,也称为机器语言。指令系统是进行计算机逻辑设计和编制程序的基本依据。它直接说明了这台计算机的功能,不同类型 CPU 的指令系统是不能混用的,但同一系列的 CPU 一般升级后指令都有扩充,并可兼容。计算机指令一般包括以下类型:数据处理指令(加、减、乘、除等)、数据传送指令、程序控制指令、状态管理指令等。机器语言的优点是执行效率高、速度快。但缺点是直观性差、可读性不强，使用二进制代码编程繁琐，出错率高。

随着计算机的不断升级扩充，同时又考虑兼容过去产品，因而指令系统日趋复杂，形成了"复杂指令系统计算机（CISC）"。复杂指令系统增加硬件复杂性，降低机器运行速度。但实践中人们发现，复杂指令系统中各指令使用频率相差悬殊，80%的指令使用很少；同时指令系统的复杂性带来系统结构的复杂性，增加了设计时间和售价，也增加了超大规模集成电路（VLSI）设计负担，不利于微机向高档机器发展，指令的复杂导致操作复杂、运行速度慢。

鉴于上述原因，计算机工作者提出"精简指令系统计算机（RISC）"的概念。RISC 不是简单地简化指令系统，而是通过简化指令使计算机的结构更加简单合理，从而提高运算速度、降低成本。RISC 系统的主要特点如下：

（1）仅选使用频率高的一些简单指令，指令条数少。

（2）指令长度固定，指令格式少，寻址方式少。

（3）只有取数/存数指令访问存储器，其余指令都在寄存器中进行，即限制内存访问次数。

（4）CPU 中通用寄存器数量相当多，大部分指令都在一个机器周期内完成。

（5）以硬布线逻辑为主，不用或少用微程序控制。

（6）特别重视编译工作，以简单有效的方式支持高级语言，减少程序执行时间。

基于上述优点精简指令系统计算机（RISC）技术被广泛应用于微机系统的设计之中。

2．汇编语言

由于机器语言使用二进制代码编程，程序设计繁琐，出错率高。人们试图用更方便记忆的符号来替代机器代码，于是出现了汇编语言。汇编语言是一种符号式程序设计语言，它是用助记符来表示机器指令中的操作码和地址码的指令系统。如 ADD AX,BX 表示一个加法指令，用于将 AX 中内容加 BX 中内容相加，再将和存入 AX 中；MOV A,B 表示将 B 中内容传送（复制）入 A 中。

汇编语言的优点是可读性增强，执行速度快，效率高，且能准确发挥计算机硬件的功能和特长，程序精练而质量高。缺点是汇编语言属于一种面向机器的语言，依赖于机器硬件，不同类型的 CPU 支持不同的汇编语言，因此移植性不好；汇编语言程序设计难度较大，维护较困难，汇编源程序一般比较冗长、复杂、容易出错；而且使用汇编语言编程需要有更多的计算机专业知识，它属低级语言。

汇编语言设计的源程序不能由计算机硬件直接执行，需经汇编程序翻译成机器语言即目标代码程序后，方可由计算机识别和执行（如图 1.17 所示）。源程序经汇编生成的可执行文件不仅比较小，而且执行速度很快，因此汇编语言适合编写一些对速度和代码长度要求高的程序和直接控制硬件的程序，所以汇编语言仍是目前使用的开发工具之一。

图 1.17　汇编过程

3. 高级语言

高级语言一种更接近于人类自然语言和数学语言的语言,不依赖于硬件。用高级语言编写程序可以大大减少编程人员的劳动,且具有较好的可移植性。其优点如下:

(1) 简单性:高级语言提供最基本的方法来完成指定的任务,只需理解一些基本的概念,就可以用它编写出适合于各种情况的应用程序。

(2) 面向对象:目前较流行的编程语言多是面向对象的程序设计语言,它提供简单的类机制以及动态的接口模型,实现了模块化设计;同时提供了一类对象的原型,并且通过继承机制,子类可以使用父类所提供的方法,实现了代码的复用。

(3) 平台无关性:与平台无关的特性使程序可以方便地被移植到不同机器、不同平台上运行,避免了重复劳动。

缺点是高级语言编译生成的程序代码一般比用汇编程序语言设计的程序代码要长,执行的速度也慢。

1.5.3　计算机的启动引导

计算机开机加电后便可按照事先安排的程序工作,启动引导的过程如下:

1. 加电

用户按下计算机电源开关按钮,此时电源指示灯变亮,开始给主板供电,内部风扇启动降温。此时若无反应,应检查电源线是否插好。

2. 启动引导程序

微机开始执行固化存储在 BIOS 中的引导程序。

3. 开机自检

计算机对系统的重要部件(常规内存、显卡、CPU 类型和频率、RAM、键盘、驱动器)进行诊断检测,如发现问题将在显示器上看到提示信息。

4. 加载操作系统

计算机按照 BIOS 中预定方案加载操作系统,操作系统一般存于硬盘中,此时计算机将从硬盘处加载操作系统文件。

5. 操作系统定制

CPU 读取配置文件,检查配置文件并根据用户的设置对操作系统进行定制。

6. 等待用户命令

引导过程结束后,计算机屏幕显示操作系统桌面,等待用户输入命令。

1.6 信息安全

1.6.1 计算机病毒

国务院颁布的《中华人民共和国计算机信息系统安全保护条例》中对计算机病毒的定义是："编制者在计算机程序中插入的破坏计算机功能或者破坏数据,影响计算机使用并且能够自我复制的一组计算机指令或者程序代码"。从计算机病毒的定义可知,计算机病毒是某些人利用计算机软件或硬件上的设计缺陷,攻击计算机系统引发计算机故障、破坏计算机数据而编制的一组程序代码。它能通过某种途径潜伏在计算机的存储器内部,当满足某种条件时可以被激活,如"黑色星期五"病毒在系统时间适当时就会启动。计算机病毒通过修改其他程序的方法将自己复制隐身于其他程序中,从而感染软件系统,对计算机资源进行破坏。早期的计算机病毒多为恶作剧式,而随着网络技术的发展,网民数量的不断增长,计算机病毒多通过网络传播,以窃取用户个人信息为目的,并以此非法获取高额经济利益。网络病毒的传播方式较之前更加隐蔽,甚至有些已形成了一整套的产业链,对被感染用户将产生更大的危害。

1. 病毒的特征

计算机病毒的主要特征包括:传染性、隐蔽性、潜伏性、破坏性、可繁殖性等。

1)传染性

传染性是病毒的基本特征。与医学上的"病毒"类似,计算机病毒的基本特征是可以复制或产生变种,它通过各种渠道从已被感染的计算机扩散到未被感染的计算机上,造成与其"接触"过的计算机工作失常甚至瘫痪。计算机病毒是一段人为编制的计算机程序代码,这段程序代码一旦进入计算机并得以执行,它就会搜寻其他符合其传染条件的程序或存储介质,确定目标后再将自身代码插入其中,达到自我繁殖的目的。若一台计算机染毒,没有得到及时处理,那么病毒会在这台计算机上迅速扩散,与该计算机接触过的移动硬盘、U盘等就会被同一病毒感染。同时该染毒的计算机还可通过上网,经过网络传输病毒去传染其他上网的计算机。因此是否具有传染性是判别一个程序是否为计算机病毒的最重要条件。

2)隐蔽性

计算机病毒具有很强的隐蔽性,用户通常无法直观看到它的存在,有的可以通过杀毒软件检查出来,有的根本无法发现。计算机病毒在它未发作之前是隐形的,用户可能毫无察觉,在某种条件满足时再爆发,它变化无常的特性使其处理起来很困难。

3)潜伏性

一个设计精巧的计算机病毒程序进入系统后一般不会马上发作,但一旦时机成熟,得到运行机会,就会四处繁殖、扩散,造成系统损坏。有些病毒如"黑色星期五"像定时炸弹一样,什么时间发作是预先设计好的,不到预定时间不会发作。计算机病毒的内部往往有一种触发机制,不满足触发条件时,计算机病毒除了自身复制传染外不做破坏活动。然而触发条件一旦得到满足,它就会发作,如格式化磁盘、删除磁盘文件、对数据文件做加密、封锁键盘以及使系统死锁等。

4）破坏性

计算机中毒后，可能会导致正常的程序无法运行，计算机内的文件被删除或受到不同程度的损坏，除此之外还可能造成计算机硬件的损伤。网络时代病毒的破坏力愈加强大，如"蠕虫"病毒曾因造成网络的瘫痪，而震惊世界。

5）可繁殖性

计算机病毒可以像生物病毒一样进行繁殖，当正常程序运行的时候，它也进行自身复制，具有较强的繁殖能力，可繁殖性的特征是判断某段程序为计算机病毒的必要条件。

6）可触发性

病毒因某个事件或数值的出现，诱使病毒实施感染或进行攻击的特性称为可触发性。为了自身的生存，病毒既要隐蔽又要维持杀伤力，它必须具有可触发性。病毒的触发机制就是用来控制感染和破坏动作的频率。病毒具有预定的触发条件，这些条件可能是时间、日期、文件类型或某些特定数据等。病毒运行时，触发机制检查预定条件是否满足，如果满足，启动感染或破坏动作，使病毒进行感染或攻击；如果不满足，病毒将继续潜伏。

2．计算机病毒的分类

依据不同的分类标准计算机病毒可分为不同的种类，计算机病毒常见分类标准如下：

1）按病毒的传染方式划分

按病毒的传染方式划分，病毒可以划分为网络型病毒、文件型病毒、引导型病毒、混合型病毒。网络型病毒通过计算机网络传播，感染网络中的可执行文件，文件型病毒感染计算机中的文件（如.EXE，.DOC等），引导型病毒感染启动扇区（Boot）和硬盘的系统引导扇区（MBR），混合型如多型病毒（文件和引导型）感染文件和引导扇区两种目标，这样的病毒通常都具有复杂的算法，以非常规的办法侵入计算机系统。

2）按病毒入侵的方式划分

按病毒入侵的方式划分，可分为源码型、入侵型、操作系统型等。源码型是攻击高级语言源程序，在其编译之前插入，与源程序一起编译，生成可执行文件，使可执行文件带毒。入侵型是用病毒程序替代正常程序中部分模块，已插入的方式连接。操作系统型是病毒用自身程序代码加入或取代操作系统进行工作，危害极大可导致系统瘫痪。

3）按病毒破坏的能力划分

按病毒破坏的能力划分可分为：无害型、无危险型、危险型、超危险型。无害型病毒除了传染时减少磁盘的可用空间外，对系统没有其他影响。无危险型病毒仅仅是减少内存、显示图像、发出声音等。危险型病毒可在计算机系统操作中造成严重的错误。超危险型病毒删除程序、破坏数据、清除系统内存区和操作系统中重要的信息。这些病毒传染时会引起无法预料、灾难性的破坏。

3．计算机病毒的中毒表现

计算机受到病毒感染后，会表现出不同的症状，以下列举一些常见表现形式：

1）机器不能正常启动

加电后机器根本不能启动，或者可以启动，但所需要的时间比原来的启动时间变长了，有时会突然出现黑屏现象。

2）运行速度降低

如果发现在运行某个程序时，读取数据的时间比原来长，存储文件或调用文件的时间都增加了，那就可能是由于病毒造成的。

3）磁盘空间迅速变小

由于病毒程序要进驻内存，而且又能繁殖，因此使内存空间变小甚至变为"0"，用户无法存入信息。

4）文件内容和长度有所改变

一个文件存入磁盘后，本来它的长度和其内容都不会改变，可是由于病毒的干扰，文件长度可能变大，文件内容也可能出现乱码。有时文件内容无法显示或显示后又消失了。

5）经常出现"死机"现象

正常的操作是不会造成死机现象的，即使是初学者，命令输入不对也不会死机。如果机器经常死机，那可能是由于系统被病毒感染了。

6）外部设备工作异常

因为外部设备受系统的控制，如果机器中有病毒，外部设备在工作时可能会出现一些异常情况，出现一些用理论或经验无法解释的现象。

4. 计算机病毒的防治

在计算机使用过程中的任何环节，如交换文件，上网冲浪，收发邮件都有可能感染病毒。应遵循以下原则，防患于未然。

（1）及时下载补丁程序，提高系统自身免疫力。病毒多攻击软件的缺陷，因此要及时跟踪软件发展，及时完善系统程序，提高对计算机病毒的抵抗力。

（2）使用反病毒软件，并及时升级反病毒软件的病毒库，开启病毒实时监控。

（3）不使用盗版软件。

（4）不随便使用别人的 U 盘等移动存储器。

（5）在正规网站下载软件。不要下载来自无名网站的免费软件，因为这些软件无法保证没有被病毒感染。

（6）有规律地制作备份，要养成备份重要文件的习惯。

病毒防治最重要的是提高自身的防毒意识，跟踪病毒防治技术的发展，尽可能采用行之有效的新技术、新手段，建立"防杀结合、以防为主、以杀为辅、软硬互补、标本兼治"的最佳防病毒安全模式。

1.6.2 网络数据传输安全

1. 网络数据传输安全概述

随着网络应用的日益普及，网络数据传输安全问题变得尤为重要。其核心是通过对数据发送、网络传输、数据接收各个环节中的数据进行加密处理，以达到实现数据安全的目的。这样可以保护在公用网络信息系统中传输、交换和存储的数据，使其具有保密性、完整性、真实性、可靠性、可用性和不可抵赖性等。

加密技术是数据传输安全的核心。它通过加密算法将数据从明文加密为密文，并进行通信,密文即使被黑客截取也很难被破译,然后通过对应解码技术解码密文还原明文。

目前国际上通用的加密方法主要有对称加密和不对称加密,不同的加密方法有不同的特点,加密技术在数据传输安全性要求比较高的网络系统中得到了普遍采用,例如电子商务、邮件传输等方面。

2. 网络数据传输安全的保护措施

1)数据加密技术

数据加密技术就是利用加密算法把要加密的信息译成密文或密码的代码形式。例如,将"天津师范大学计算机与信息工程学院"加密发送。加密方法为每 6 个字一组重新排序,不足补"好",发文时按列发送。即:

天津师范大学

计算机与信息

工程学院好好

发送时为:天计工津算程师机学范与院大信好学息好。接收方按同样的方法还原即可。

2)数字签名

数字签名现已广泛应用于电子政务,如电子银行、电子证券、网上购物、安全邮件、电子订票等签名认证。通过帮助接收方确认发送方的真实身份,从而达到使发送方事后无法否认发送报文的事实,同时接受方无法伪造、篡改报文的目的。

数字签名通常通过发送方使用私钥加密送达的报文,接收方使用公钥解开报文的方式进行。

3)数字证书

数字证书相当于网上的身份证,其中包含用户的身份信息、公钥信息以及身份验证机构的数字签名数据。

3. 防火墙技术

防火墙是设置在被保护的内部网络和外部网络之间的安全防范系统。其作用是:保护内部网络的重要信息不被非授权访问、非法窃取或破坏,并记载某些通信信息。

防火墙包括:安全操作系统、过滤器、网关、域名管理器和电子邮件处理。

防火墙主要有以下作用:过滤作用,如对不安全服务、非法用户的过滤;设置安全和审计作用,如对所有访问操作进行安全管理;数据源控制技术,如检查数据包的来源和目的;协调 IP 地址分配作用,如对动态和静态地址分配;设置隔离区作用,如设置独立的网段进行物理分隔;反欺骗和入侵检测作用,如检测可疑活动等。

同时,防火墙技术也存在一定的局限性,如无法实现内防(单纯外防),防备效果不全面,难于管理和配置等。

1.7　本章小结

本章主要介绍了计算机的发展史及应用领域,计算机的特点与类型,数据在计算机中的表示方法,计算机系统组成,计算机的工作原理,计算机病毒的防治及信息安全的相关知识。

重点掌握：计算机发展的 5 个阶段；计算机的主要特点及性能指标；二进制、十进制、十六进制的表示方法及相互转换；定点数的原码、反码、补码的表示方法；浮点数在计算机中的存储方案；汉字的编码方式；计算机系统的组成；冯·诺依曼型计算机的工作原理；计算机病毒的概念及防治方案。

思考题

1. 简述计算机发展的五个阶段。

2. 简述第一台计算机名称含义，产生时间、地点及奠基人。

3. 简述计算机应用领域。

4. 简述微机的主要性能指标。

5. 将下列十进制数转换为二进制、十六进制：

(1) 235.75；　　　　(2) 36.125；　　　　(3) 129.25。

6. 找出下列数中的最大值：

(1) 1000110.01B；　　(2) 136D；　　　　(3) 56H。

7. 试计算十进制数（—36）的原码、反码、补码。

8. 简述计算机系统的组成。

9. 简述计算机信息存储方式。

10. 计算机常用的存储单位有哪些？它们是如何换算的？

11. 简述信息编码的作用。

12. 存储 100 个 24×24 点阵的汉字字型码需要占用多少内存单元？

13. 简述冯·诺依曼机的工作原理。

14. 简述 ASCII 码的含义。

15. 简述计算机病毒的含义及特征。

第2章
Windows XP操作系统及其应用

Windows XP 操作系统中文全称为视窗操作系统,是微软公司于 2001 年发行的一款系统,与 Windows 2000 相比,它拥有一个新的用户图形界面,是目前我国使用用户最多的操作系统。

2.1 Windows XP 概述

Windows XP 包括了简化了的 Windows 2000 的用户安全特性,并整合了防火墙,以用来确保长期以来一直困扰微软的安全问题。微软最初发行了两个版本,家庭版(Home)和专业版(Professional)。家庭版的消费对象是家庭用户,专业版则在家庭版的基础上添加了新的为面向商业设计的网络认证、双处理器等特性。且家庭版只支持一个处理器,专业版则支持两个。字母 XP 表示英文单词的"体验"(experience)。

2.1.1 Windows 发展历程

Windows 是基于图形接口的多任务磁盘操作系统,Windows 的出现彻底改变了磁盘操作系统的命令操作方式,Windows 在计算机与用户之间建立了良好的沟通桥梁,用户可以方便地对计算机进行直接管理、控制及使用。

1985 年最早的 1.01 版本 Windows 登录界面,之前的 MS-DOS 系统给微软带来第一桶金,该版本基于 MS-DOS 系统开发。

1987 年,第二代 Windows 系统登场,界面十分整洁,该版本为第一代的改进版本,但许多人还是认为它远比不上 OS/2,也就是 IBM 和微软同时开发的强大的商用操作系统。

1995 年,微软公司推出了 Windows 95,它可以独立运行而无须 DOS 支持,该系统采用 32 位处理技术兼容之前 16 位的应用程序,在 Windows 发展史上起到承前启后的作用。

1998 年推出了 Windows 98,为专为个人消费者设计的第一个 Windows 操作系统,并在 1999 年推出 Windows 98 的第二版,即 Windows 98 SE,新版新增了许多设备驱动程序,增强了系统的安全性,并修正了原程序的 Bug。

2000 年,Microsoft 公司推出 Windows Me,该系统的主要特点是加强了多媒体、互联网、游戏、系统还原等性能,同样也是面向家庭用户的操作系统。

Windows NT 是由 Microsoft 公司和 IBM 公司联合开发的,该系统在真正意义上实现了支持多任务、运行在 PC 上的网络操作系统,Windows NT 包括 Server 和 Workstation 两个产品。

随后，微软公司专门为信息设备、移动应用、嵌入式应用等设计了一种具有强大通信功能的操作系统，即 Windows CE 操作系统。

Windows 2000 是微软公司又一个划时代的产品，该平台建立于 NT 技术之上，具有强可靠性、高可用时间，并通过简化系统管理降低了操作耗费，是一种适从最小移动设备到最大商务服务器新硬件的操作系统。Windows 2000 有 4 个版本：Windows 2000 Professional、Windows 2000 Server、Windows 2000 Advanced Server 和 Windows 2000 Datacenter Server，分别应用于不同场合。

2001 年，微软公司发布 Windows XP 系统，Windows XP 是一个把消费型操作系统和商业型操作系统融合为统一代码的 Windows，它结束了 Windows 两条腿走路的历史，它既是第一个既适合家庭用户，同时也适合商业用户使用的新型 Windows。XP 版本系统分为两个版本，即主要面向企业的 Windows XP Professional 和面向普通家庭的 Windows XP Home 版。Windows XP 系统具有更强的通信功能，支持音频视频功能。

2.1.2　Windows XP 功能及特点

Windows XP 彻底抛弃 DOS，是完全基于 Windows NT 内核的纯 32 位桌面操作系统。它提供了更多的通信方式，支持音频和视频功能。

新一代的 Windows XP 集成了更为强大的功能，增加了许多新的特性。

（1）全新的用户界面：新的用户界面体现了个性化设置，桌面设计简洁、图案悦目、体现立体效果，用户通过单击鼠标就可以完成各种基本工作。

（2）便捷地实现多用户之间的切换：从 Windows 2000 开始就已经实现各用户通过自己的账号进入自己的应用空间，彼此空间分离。Windows XP 则进一步优化，切换用户时不必关掉当前正在运行的程序；能够将个人设置和数据文件从一台计算机移动到另一台计算机，而不必重新设置与旧计算机相同的设置。

（3）扩充文件和文件夹的原有操作：文件和文件夹操作命令都集成起来，统一到文件和文件夹任务窗格中；文件列表和分组方式增多；鼠标停留在某文件或文件夹图标上就会显示其属性等提示信息；提供了更多的选项将特定文件类型与特定程序相关联；能够方便快速地压缩和解压缩文件和文件夹。

（4）多媒体功能扩充：Windows XP 除具有 Windows 2000 集成的多媒体功能外，还具有较好的兼容性，一些在 Windows 2000 中不能运行的工具软件在 Windows XP 中都可以运行。音乐歌曲可以存储在"我的音乐"文件夹中，图片可以存储在"图片收藏"文件夹里，并与他人共享音乐图片。

（5）网络功能增强：Windows XP 可以快速建立或设置家庭或小型办公网络，网络内的计算机能共享文件、打印机、扫描仪等硬件。

（6）数据安全和系统还原：Windows XP 中可以对文件数据进行安全保护，即通过设置系统还原的方式，在系统出现问题时，可以进行系统还原，以防止重要文件的丢失。

（7）帮助和支持的新功能：Windows XP 中提供了强大的帮助和支持功能，其中包括各种文章、教程和演示，用户可以在操作上遇到困难时，使用搜索、索引或者目录，广泛访问各种联机帮助系统。

2.1.3 Windows XP 桌面组成

Windows XP 启动后,进入功能界面,出现在桌面上的整个区域为桌面,如图 2.1 所示。桌面是 Windows 用户操作计算机的工作平台,Windows 的所有操作都是基于桌面的。Windows XP 桌面包括图标区、开始按钮、任务栏及通知区。图标区中主要包括文件夹图标、文件图标、快捷方式图标等。

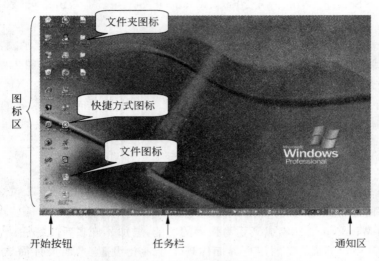

图 2.1 Windows XP 界面

1. 图标区

桌面上放置文件和文件夹图标的区域为图标区,图标区中的图标主要有三类,即文件图标、文件夹图标和左下角带 标志的快捷方式图标,用户可以对图标区中的图标进行排列、添加、删除等操作。

2. 任务栏

桌面最底部长条形的是任务栏,左端为开始按钮,右端为通知区,另外还有快速启动栏中列出常用的程序图标,用户可以通过单击图标,快速启动相应程序,任务栏的中间列出了当前计算机中运行的应用程序的图标,可以通过单击任务栏图标按钮实现各程序窗口间的切换。另外可以通过在任务栏上单击右键,在快捷菜单中或 Ctrl＋Alt＋Del 组合键打开任务管理器,如图 2.2 所示。任务管理器是提供当前计算机上所运行的程序和进程信息的 Windows 实用程序,利用任务管理器中的操作可以查看或终止运行程序以及监视计算机性能,了解当前计算机的运行情况。

在任务管理器最下端的任务栏上可以查看当前进程数、CPU 和内存使用情况等信息;另外,任务管理器中共有五个选项卡,其中"应用程序"选项卡中列出了当前计算机上运行的程序,在此可结束任务、切换至某任务或打开新任务。在"进程"选项卡中可查看当前计算机中的程序占用的 CPU 和内存实用情况,在此也可以结束相关进程,在"性能"选项卡和"联网"选项卡下分别可以查看计算机当前的运行性能和联网情况,在"用户"选项卡下可以查看

(a) "应用程序" 选项卡

(b) "进程" 选项卡

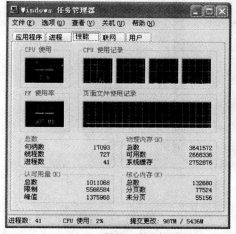

(c) "性能" 选项卡

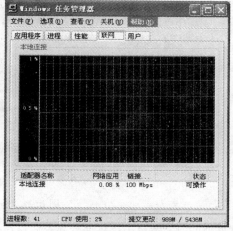

(d) "联网" 选项卡

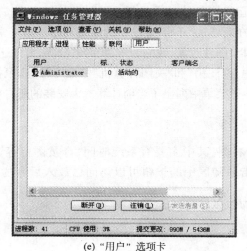

(e) "用户" 选项卡

图 2.2　Windows 任务管理器

当前活动用户，并断开或注销用户。

3. 开始按钮

开始按钮位于屏幕的左下角，单击"开始"按钮，可打开"开始"菜单，计算机中所有操作都可以在开始菜单中完成，在 Windows XP 中有两种开始菜单样式可供选择，一种为系统提供的新样式"开始"菜单，如图 2.3(a)所示，另一种为经典"开始"菜单，如图 2.3(b)所示。

(a) 新样式"开始"菜单　　　　　(b) 经典"开始"菜单

图 2.3　"开始"菜单界面

在经典"开始"菜单中将最近打开文档和我的文档、图片收藏集成在文档命令的子菜单中，另外列出了程序、设置、搜索、运行等命令，以及注销和关闭计算机命令按钮。新样式"开始"菜单与经典"开始"菜单有些差别，在新样式"开始"菜单中的左侧列出了最近常用应用程序列表，右侧为系统文件夹列表，如我的文档、图片收藏、我的音乐、我的电脑等，另外还有搜索、运行等操作命令，在开始菜单的下方蓝色栏中有"注销"和"关闭计算机"等命令按钮，鼠标移动在"所有程序"命令上，可以打开下一级菜单，该子菜单中列出了当前计算机中安装的所有应用程序。

4. 通知区

通知区在任务栏的最右侧，其中主要有系统时间、音量图标等，Windows 在发生某事件时显示通知图标，通过单击通知区中的按钮可以访问已放入后台的图标。

2.1.4　Windows XP 的安装

1. 安装环境

1) 硬件的要求

安装 Windows XP 的计算机至少应具备的硬件条件为：

（1）Intel PⅡ：450MHz CPU。

（2）内存：128MB。

（3）硬盘空间：4GB。

（4）显卡：8MB 以上的 PCI 或 AGP 显卡。

（5）声卡：最新的 PCI 声卡。

（6）CD-ROM：8x 以上 CD-ROM 或 DVD。

2）安装方式

Windows 系统的安装方式主要有两种：

（1）升级安装：即在现有系统的基础上安装新的版本的 Windows 系统，以替换现有的操作系统。如果正在使用的 Windows 早期版本支持升级方式，希望使用 Windows XP 替代旧版本的系统，并保留现有的硬盘上的现有资料和数据，可以使用系统文件对系统进行升级安装。

（2）重新安装：如果硬盘中当前没有安装任何操作系统，或者当期的操作系统版本不能升级到 Windows XP，并且不用保存当前的应用程序及系统参数设置等，或者想安装双系统，则可以选择重新安装，将 Windows XP 安装到一个新的文件夹中。

2. 安装 Windows XP

安装 Windows XP 的具体步骤如下。

（1）在光驱中插入 Windows XP 安装盘；

（2）在现有系统下重新启动计算机；

（3）运行安装程序，选择安装 Windows XP，根据智能安装向导完成安装。

2.2 Windows XP 基本操作

Windows XP 与 Windows 2000 操作类似，另外还增加了一些新的功能，操作简单，更接近于用户的操作习惯。

2.2.1 鼠标操作

在 Windows XP 环境中，用户可以通过鼠标和键盘进行控制和输入操作。

1. 鼠标形状及其含义

在 Windows XP 中，鼠标指针的形状会随当前所指的对象及进行的操作的不同而变化，不同的鼠标形状表示不同的含义和功能，如图 2.4 中所示为常见的鼠标指针形状及含义。

2. 鼠标操作

鼠标操作为 Windows 使用中最简单的操作，主要包括以下五种基本操作，即移动、单击、双击、右击及拖动等。

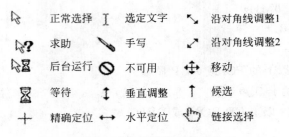

图 2.4　鼠标指针形状及含义

1）移动

在屏幕上通过移动鼠标指针指向选定对象。鼠标移动带动指针的移动,主要完成的操作就是指向相应对象。另外,当指针指向某一对象不动时,会出现该对象的相关信息。

2）单击

将鼠标指针对准要选取的对象,快速按下鼠标左键,即为单击,利用鼠标的单击主要可以实现对象的选择。

3）双击

将鼠标指针对准要选取的对象,快速按下鼠标左键两下,双击的特点在于连续、轻快。双击主要能实现的操作有通过双击应用程序图标运行应用程序,双击文件夹可以打开文件夹,双击窗口标题栏可以实现窗口的最大化或还原。

4）右击

快速按下鼠标右键,单击右键主要可以完成的操作是调出对象相应的快捷菜单。

5）拖动

将鼠标指针指向一个对象,按住鼠标左键的同时移动鼠标,通常用来移动、复制文件或改变对象的位置。

2.2.2　图标操作

计算机中的数据都是以图标的形式来显示的,图标是具有明确指代含义的计算机图形,其中桌面图标是软件标识,界面中的图标是功能标识。计算机中的大部分操作都始于对图标的操作。对图标的基本操作主要包括以下 7 中,即选择、打开、移动、排列、创建桌面图标、更名及删除等。

1.选择

要对图标进行操作,首先要对图标进行选择。主要可以通过鼠标单击的方式实现图标的选择,通过在空白处拖放鼠标画框实现对框内连续图标的选择,另外按住辅助键 Ctrl 同时用鼠标进行单击,可以实现对不连续图标的挑选。

2.打开

在计算机操作中,可以通过打开图标以打开图标代表的程序或文件。打开图标主要有三种方式,第一种为鼠标双击;第二种在图标上单击右键,然后在弹出的快捷菜单中单击打开命令；第三种打开图标的方式为在选中图标后，按键盘上的回车（Enter）键完成图标的打开操作。

3. 移动

使用鼠标操作可实现图标的移动，将鼠标移动到相应图标上，按住鼠标左键进行拖放即可实现图标的移动操作。

4. 排列

当图标排列较乱时，可以对图标进行排列。以桌面图标的排列为例，首先在桌面空白处单击鼠标右键，然后鼠标移动到弹出的桌面快捷菜单中的排列图标，根据自己的需要单击相应的排列方式。Windows XP 中主要提供了 4 种基本图标排列方式，分别为按名称、按大小、按类型及按修改时间。

其中按名称排列是指按图标名称的字母顺序排列图标。按大小排列是指按文件大小顺序排列图标。如果图标是某个程序的快捷方式，文件大小指的是快捷方式文件的大小。按类型排列是指按图标类型顺序排列图标。例如，桌面上有几个 PowerPoint 图标，它们将排列在一起。按修改时间排列是指按快捷方式最后所做修改的时间排列图标。另外还有三种辅助图标排列方式，自动排列指图标在屏幕上从左边以列排列。对齐到网格指在屏幕上由不可视的网格将图标固定在指派的位置。网格使图标相互对齐。显示桌面指图标隐藏或显示所有桌面图标。当此命令被选中时，桌面图标都显示在桌面上。

5. 创建桌面快捷方式

桌面上除了有我的电脑、我的文档、网上邻居等图标外，还有代表文件夹、应用程序、文档等的快捷方式，其图标左下角有小箭头标志，快捷方式图标表示桌面到原文件的链接，用户可以通过双击快捷方式直接打开其链接的文件或应用程序。在 Windows XP 中，主要有 4 种创建桌面快捷方式的方法。

（1）右键单击桌面空白处，在弹出的桌面快捷菜单中单击"新建→快捷方式"，然后通过创建快捷方式的对话框向导，浏览创建与创建桌面快捷方式的应用程序，确定创建。

（2）浏览程序的原始图标，左键拖曳程序图标到桌面。

（3）浏览程序的原始图标，右键拖曳程序图标到桌面，松开鼠标在弹出的快捷菜单中选择在当前位置创建快捷方式。

（4）浏览程序的原始图标，右键单击程序图标，在弹出的快捷菜单中选择"发送到→桌面快捷方式"。

6. 重命名

可以对图标进行重命名操作，具体方式为将鼠标移到图标上单击右键，在弹出的快捷菜单中选择重命名，输入图标名称后，单击鼠标或按回车键确定。

7. 删除

对无用的图标可以进行删除，具体方式为将鼠标移到图标上单击右键，在弹出的快捷菜单中选择删除,在删除对话框中单击"是"按钮完成删除图标操作。

2.2.3 窗口操作

窗口是 Windows XP 系统重要的组成部分,是 Windows 用户界面中最重要的部分。它是屏幕上与一个应用程序相对应的矩形区域,是用户与产生该窗口的应用程序之间的可用界面。每当用户开始运行一个应用程序时,应用程序就创建并显示一个窗口;当用户操作窗口中的对象时,程序会作出相应反应。用户通过关闭一个窗口来终止一个程序的运行;通过选择相应的应用程序窗口来选择相应的应用程序。

1. 窗口组成

一个标准的窗口界面如图 2.5 所示。

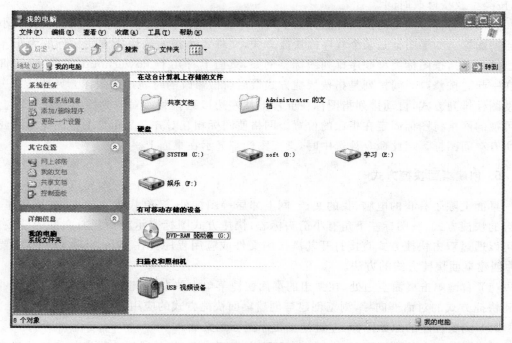

图 2.5 窗口界面

1) 标题栏

窗口顶部的蓝色长条形区域为标题栏,每个应用窗口都有一个标题栏,标题栏上显示了当前打开的文件、文件夹或应用程序的名称,当同时打开多个窗口时,当前活动窗口的标题栏为蓝色,其他窗口标题栏为灰色。标题栏的最左端是窗口的控制按钮图标 ,最右端为控制按钮 。

2) 菜单栏

菜单栏是按照程序的功能分组排列的按钮集合,位于标题栏的下方,不同窗口的菜单栏组成不同,如我的电脑窗口主要包含文件、编辑、查看、收藏、工具及帮助 6 个功能菜单,Microsoft Word 2003 菜单栏包括文件、编辑、视图、插入、格式、工具、表格、窗口及帮助 9 个功能菜单。单击菜单可以打开下拉菜单,菜单内是各个命令,可以是内置或自定义菜单栏,其内容根据窗口的不同,差别很大。

3) 工具栏

工具栏位于菜单栏的下方,Windows 中将常用的菜单命令以图标的形式显示在工具栏中,以方便用户可以通过单击工具栏中的按钮图标直接执行相应命令。工具栏的种类随应用程序的不同而不同,但相同功能的工具栏命令图标是一样的,常用的几个功能按钮及功能如图 2.6 所示。

4) 地址栏

地址栏位于工具栏下方,是文件夹窗口特有的组成部分。地址栏的主要功能是可以实现本地资源和 Internet 资源的快速访问,可以在地址

图 2.6　工具栏

栏中直接输入访问地址或在下拉列表中选择曾访问过的资源或站点,单击即可打开访问相应资源或地址。

5) 工作区域

窗口的中间组成部分为工作区域,对于不同的类型的窗口工作区域的功能不同,例如文件夹的窗口中工作区域主要用于资源的浏览,对于 Microsoft Word 等应用程序窗口,工作区域主要用于输入或编辑操作。

6) 状态栏

状态栏位于窗口的最下面一栏,显示当前所打开窗口的状态,如果打开的是文件夹窗口,则状态栏上显示的内容有当前目录下包含几个对象,文件大小及当前浏览位置,如果打开的是一个应用程序,如 Word,则状态栏上显示的是页数、节数、行数、列数、当前光标位置及当前文档的编辑状态等。

7) 滚动条

滚动条有垂直滚动条和水平滚动条,分别位于窗口的最右侧和状态栏,当浏览文件夹窗口或应用程序窗口中的内容不能在一页中显示的时候,可以通过滚动滚动条进行浏览。

2. 窗口操作

首先通过双击或右键单击打开文件、文件夹或应用程序图标窗口,然后可以对窗口进行以下各类操作。

1) 最大化窗口

最大化窗口即将窗口扩展至整个屏幕,常用方法有以下三种:

(1) 单击标题栏右侧的最大化控制按钮▣。

(2) 单击按标题栏左侧的控制菜单图标,在弹出的控制菜单中单击“最大化”。

(3) 双击窗口标题栏。

2) 最小化窗口

最小化窗口即使窗口在屏幕上消失,并以图标的形式显示在任务栏上,但此时窗口并没有关闭,可以通过单击任务栏上的图标按钮还原窗口界面。最小化窗口的方法主要有以下两种:

(1) 单击标题栏右侧的最小化控制按钮▪。

（2）单击按标题栏左侧的控制菜单图标，在弹出的控制菜单中单击"最小化"。

3）还原窗口

当窗口在最大化状态时，可以对窗口进行还原操作，即将窗口还原为最大化以前的状态，还原窗口的主要方法有两种：

（1）单击标题栏右侧的还原控制按钮 ⬜ 。

（2）单击按标题栏左侧的控制菜单图标，在弹出的控制菜单中单击"还原"。

4）改变窗口大小

改变窗口大小是指根据需要调整窗口在屏幕上的显示大小。以上讲述的"最大化"、"最小化"、"还原"操作都是对窗口大小的调整，另外还可以通过鼠标拖动窗口边框或窗角调整窗口大小，但当窗口处于最大化状态时，不能使用该方法对其大小进行调整。

5）移动窗口位置

移动窗口位置是指将窗口从屏幕上的一个位置移动到另一个位置，当窗口处于最大化状态时不能移动其位置，主要方法是通过鼠标拖动窗口的标题栏或使用控制菜单里的移动命令。

6）关闭窗口

关闭窗口包括关闭文档窗口和关闭应用程序，当打开的窗口为文件夹窗口时，关闭窗口即表示关闭文件夹窗口，当打开的窗口为应用程序时，如 Microsoft Word，关闭窗口是指关闭当前文档窗口，另外可以指退出当前应用程序。

主要方法有以下 6 种：

（1）单击标题栏右侧的关闭按钮 ⬜ 。

（2）单击标题栏左侧的控制图标，在弹出的控制菜单中单击关闭。

（3）双击控制图标。

（4）单击文件菜单下的"关闭"命令关闭当前文档窗口，单击文件菜单下的"退出"指退出当前应用程序。

（5）在任务栏图标上单击右键，在快捷菜单中单击关闭。

（6）使用快捷组合键 Alt＋F4。

7）排列窗口

当用户打开的窗口较多时，可以根据需要选择不同的窗口排列方式，具体操作方法为在任务栏上单击鼠标右键，在弹出的快捷菜单中选择相应的窗口排列方式，Windows XP 主要提供了三种窗口排列方式，即层叠窗口、横向平铺窗口、纵向平铺窗口。

8）窗口的切换

窗口的切换是指将后台运行的程序窗口切换为当前活动窗口，主要方法有以下 4 种：

（1）鼠标单击窗口可见处。

（2）单击任务栏上窗口图标。

（3）使用快捷组合键 Alt＋Esc，实现前后窗口间的轮换。

（4）使用快捷组合键 Alt＋Tab，实现逐个窗口间的切换。

2.2.4　菜单操作

菜单是应用程序的命令集合。每个应用程序都包含一些命令，Windows 将这些命令集成在一个菜单中,以方便用户使用。Windows 中常用的菜单主要包括控制菜单、命令菜单及快捷菜单。

1. 控制菜单

单击位于窗口左上角图标弹出,实现对窗口的控制。打开控制菜单的方法主要有以下4 种:

（1）单击窗口标题栏左侧的控制图标。

（2）右击标题栏。

（3）右击任务栏上的窗口按钮。

（4）使用快捷键:Alt＋Space(空格)。

2. 命令菜单

一般出现在应用程序窗口标题栏下方,多个命令菜单构成了窗口的菜单栏。

1）命令菜单的打开

打开命令菜单的方法主要有以下两种:

（1）鼠标单击菜单项。

（2）使用快捷组合键 Alt＋对应菜单字母。

2）菜单显示方式

菜单显示方式如图 2.7 所示。菜单中命令的明亮显示与灰色显示分别表示可执行的命令与不具备条件执行的命令;组分隔线用于对同类命令的分组;命令前的图标或标志代表该命令在工具栏上的显示按钮或选中该命令的标志;命令后的符号主要有两种,三角符号表示该菜单命令有下级菜单(或称为子菜单或级联菜单),鼠标移到该命令处,会自动弹出子菜单,省略号表示执行命令后弹出对话框;命令后的字母表示可以在打开菜单后通过键入字母执行命令;命令后的组合键表示常用命令的快捷组合键。

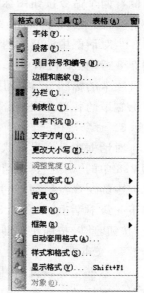

3）菜单命令的执行

对于菜单命令的执行主要有以下 5 种方式:

（1）打开菜单后鼠标单击命令。

（2）打开菜单后,键入命令后的字母执行命令。

（3）打开菜单后通过键盘的上下移动键选择指定命令后,按回车键执行命令。

（4）有快捷组合键的命令,可以通过使用快捷键执行命令。

（5）单击工具栏上的相应按钮图标。

3. 快捷菜单

当鼠标在桌面、窗口空白处或移动到某对象上时单击鼠标右键弹出的菜单为快捷菜单,快捷菜单集合了与当前选中的对象密切相关的命令,其内容因选中对象的不同而不同。打开快捷菜单的方式,除在对象上单击右键外,还可以在选中对象后按 Shift＋F10 键打开。

图 2.7　菜单显示

2.2.5　对话框操作

对话框是实现人与计算机对话的一种窗口界面,由带"…"的菜单命令打开,如图 2.8 所示。通过对话框的操作,可以完成特定命令或任务。对话框与窗口的区别在于窗口可以调整大小,而对话框只能改变在屏幕上的位置,不能调整大小,也没有最大化、最小化等操作。对话框主要由以下几部分组成。

图 2.8　"字体"对话框

1）标题栏

对话框最上面的蓝色长条形区域为对话框的标题栏,显示了对话框的名称,在对话框最右侧有两个命令按钮图标,即帮助按钮和关闭按钮。

2）选项卡和标签

当对话框中涉及的内容较多时,根据内容功能类别的不同将其分为若干个选项卡,如图 2.8"字体"对话框中有三个选项卡,分别为"字体"、"字符间距"及"文字效果",标签相当于选项卡的标题,可以使用鼠标单击选项卡的名称完成不同选项卡间的切换。标签为将同一标签下的各部分内容分组。

3）命令按钮

对话框中呈矩形形状的按钮为命令按钮,每个命令按钮代表一个立即执行的命令,如图 2.8 中的"确定"、"取消"、"默认"均为命令按钮,通过鼠标单击可选择执行相应操作。对话框中的命令按钮的不同显示的含义与菜单类似,当按钮名称后有"…"时,表示单击按钮弹出下一级对话框,如图 2.8 中的"默认"按钮,框线加粗表示当前默认按钮,如图 2.8 中的"确定"按钮,此时按回车键即可执行该命令。

4）文本框

文本框也称编辑框,是用户输入文本信息的区域。用户可根据文本框左边或上边的标签对文本框的内容进行输入,首先通过鼠标单击文本框,将输入图标定位到文本框内,然后输入相应内容即可,有些文本框会提供给用户一些默认内容或列表候选内容,用户直接使用其默认内容,或对其进行相应选择或修改。

5) 列表框

以列表形式给出一些供用户选择的选项。下拉列表一般有三种显示形式,第一种为将列表内容全部显示出来,用户可以直接通过鼠标单击进行选择,选中的选项由蓝色底纹标出;当列表内容较多时,列表右侧将出现垂直滚动条,用户通过调整滚动条以选择相应选项,这是第二种显示方式;为节省列表内容的显示空间,可使用第三种方式,即设计成下拉列表的形式,一般只显示一项内容,用户单击下拉列表右端的箭头按钮即可弹出下拉列表,选中某项后隐藏列表,并只显示当前选中内容。

6) 单选框

单选按钮呈圆形,是一组互相排斥的功能选项,即同一组的单选按钮必须有一个并且只能有一个被选中。单选按钮左边显示的时圆形按钮,右边显示的是命令具体说明。单击命令项前的单选按钮,圆形按钮中出现黑点即表示选中该项,当本组的其他项被选中时,原选中按钮前的黑点消失。

7) 复选框

复选框为方形框,用户可以根据需要同时选择同一组的多个复选框,复选按钮左边显示的时方形按钮,右边显示的时命令项的具体说明。单击方形按钮,当框内出现"√"时,表示该项被选中,若想取消该项的选择,直接单击复选框按钮前的方形框即可。

8) 数值框

数值框即为数值增减按钮。可以通过单击其右侧的上下按钮增减数值,也可在其中直接输入数据。

2.3 Windows 资源管理

在 Windows 系统中,所有应用程序和其他数据都是以文件的形式存放在磁盘的文件夹中,所有文件和数据都是以文件夹的形式进行管理的。

2.3.1 资源浏览

Windows XP 中有两个对资源进行管理的应用程序,即"我的电脑"和"资源管理器"。在桌面上双击"我的电脑"图标可以通过"我的电脑"浏览磁盘资源,另外可以通过"资源管理器"对磁盘资源进行浏览。

1. 资源管理器的打开

打开资源管理器主要有以下 4 种方式:

(1) 打开"开始"菜单,在附件的子菜单中单击"资源管理器"。

(2) 右键单击开始按钮,在弹出的快捷菜单中单击"资源管理器"。

(3) 右键单击我的电脑桌面图标,在弹出的快捷菜单中单击"资源管理器"。

(4) 单击文件夹窗口工具栏上文件夹按钮 文件夹 ,进入资源管理器浏览窗口。

2. 资源显示结构

资源管理器窗口的显示如图 2.9 所示。资源管理器窗口组成与文件夹窗口类似,包括标题栏、菜单栏、工具栏、地址栏、工作区及状态栏,其中工作区左侧窗格以树形目录结构显示,右侧窗格显示当前选定目录下的资源,当当前窗口大小不足以显示所有资源时,右侧出现滚动条,用户可以通过鼠标拖动滚动条浏览资源。窗格宽度可由鼠标拖动两窗格间的分割线进行调整。

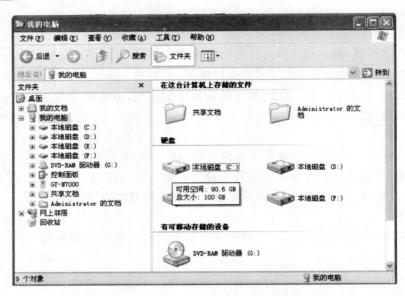

图 2.9   资源管理器窗口

3. 资源显示方式

Windows XP 中提供了 5 种资源显示方式,分别为缩略图、平铺、图标、列表及详细信息,设置资源显示方式主要有以下三种方式:

(1) 在窗口空白处单击鼠标右键,鼠标移动到快捷菜单中的查看按钮,单击子菜单中的相应查看方式。

(2) 在窗口菜单栏的查看菜单中单击相应的查看方式。

(3) 在窗口工具栏上单击查看图标 ▦· 右侧的下拉三角,在列表中选择相应的查看方式。

4. 资源排列方式

Windows XP 中提供了 8 种排列方式,其中包括名称、大小、类型、修改时间及备注 5 种基本的排列方式,以及按组排列、自动排列、对齐到网格 3 种排列方式。改变资源排列方式的方法主要有以下两种:

(1) 窗口空白处单击右键,鼠标移动到快捷菜单中排列图标命令,在子菜单中单击相应的排列方式。

（2）在窗口菜单栏中打开查看菜单，鼠标移动到"排列图标"命令，在子菜单中单击相应的排列方式。

2.3.2　文件及文件夹管理

Windows 中对于文件与文件夹的管理是通过资源管理器窗口实现的。

1．选择对象

在 Windows 中对文件或文件夹的管理首先需要选中相应的对象，然后再根据需要对其进行下一步的操作。文件或文件夹被选中后图标背景呈蓝色，对于对象的选择，主要有以下6 种方法：

（1）通过鼠标单击对象图标的方式，选择一个对象。

（2）先选择一个对象，然后按住 Shift 键单击另外一个对象，可以选择首尾连续的多个对象。

（3）通过鼠标拖动的方式，划定一个矩形区域，可以对该区域内的对象进行选择。

（4）先选择一个对象，然后按住 Ctrl 键单击其他对象，可选择不连续的多个文件。

（5）使用快捷组合键 Ctrl＋A 或在编辑菜单下单击全部选定，可以实现当前窗口下的对象的全部选择。

（6）先选择一个或几个对象，在编辑菜单下单击反向选择，则取消对原来对象的选择，原来未被选中对象均被选择。

若取消某个文件或文件夹的选择，取消所有已选中对象的选择可直接单击除选中对象图标外的其他区域，若取消多个选中对象中某个文件或文件夹的选择，可以按住 Ctrl 键，单击该对象图标即可。

2．文件及文件夹的创建

用户可以在桌面、我的电脑或资源管理器等窗口建立文件或文件夹，创建步骤主要分为以下 4 步：

（1）选择创建位置。

（2）使用新建文件夹命令，可以在文件菜单下选择新建→文件夹/其他应用程序，另外也可以在创建窗口处单击鼠标右键，在快捷菜单中选择新建→文件夹/其他应用程序。在文件夹窗口下，在工作区左侧的快捷菜单中直接单击"创建一个新文件夹"命令，同样可以完成文件夹的创建。

（3）输入文件或文件夹名称。

（4）直接回车或鼠标单击其他处以确认创建。

3．移动复制文件或文件夹

Windows 中主要通过剪贴板实现计算机资源的复制或移动，剪贴板是内存的一块区域，用于存储临时的信息。相关的操作主要有以下 5 种：

（1）剪切：将剪切对象移动到剪贴板。

（2）复制：将对象复制到剪贴板。

（3）粘贴：将剪贴板的内容复制到当前位置。

（4）复制屏幕：按键盘上的 PrintScreen 键，实现将当前屏幕内容复制到剪贴板。

（5）复制活动窗口：按键盘上的 Alt＋ PrintScreen，实现将当前活动窗口的内容复制到剪贴板。

移动或复制文件或文件夹的步骤如下：

（1）选择移动或复制的文件或文件夹。

（2）对选中对象执行剪切或复制命令：①打开编辑菜单，执行剪切或复制命令；②在选中对象图标上单击右键，在弹出的快捷菜单中单击执行剪切或复制命令；③使用工具栏上的剪切或复制按钮；④使用快捷组合键，剪切的组合键为 Ctrl＋X，复制的组合键为 Ctrl＋C。

（3）选择目标文件夹。

（4）粘贴：①打开编辑菜单，执行粘贴命令；②在选中对象图标上单击右键，在弹出的快捷菜单中单击执行粘贴命令；③使用工具栏上的粘贴按钮；④使用快捷键 Ctrl＋V。

另外，可以通过鼠标拖动的方式，实现文件或文件夹的移动或复制。首先选中要进行操作的文件或文件夹，如果对象所在原文件夹和目标文件夹在同一个磁盘区域下，则直接使用鼠标拖动，实现的是对象的移动，此时，按住 Ctrl 键进行拖动，实现的是复制操作，如果对象所在的源文件夹和目标文件夹不在同一个磁盘区域下，则直接使用鼠标拖动，实现的是对象的复制，此时按住 Shift 键进行拖动，实现的是移动操作。

4. 更名文件或文件夹

用户可以根据需要对文件或文件夹重新命名，具体操作步骤如下：

（1）选择进行操作的文件或文件夹。

（2）使用重命名命令：①打开文件菜单，执行"重命名"命令；②在选中对象图标上单击右键，在弹出的快捷菜单中单击执行重命名命令；③单击选中文件或文件夹名。

（3）输入新名。

（4）确定：①直接回车；②鼠标单击其他处。

在输入文件或文件夹名称时，要遵循一定的命名规则。

Windows 中的文件或文件夹都由名称标识，文件名一般应有扩展名，扩展名一般由创建文件的程序自动添加，表示该文件的类型，因此在进行文件命名时，注意不能修改或删除文件的扩展名，否则将导致文件不可读或数据丢失。文件夹一般不用扩展名。其格式为：

文件名.扩展名

文件夹名［.扩展名］

Windows 中文件或文件夹命名要遵循以下几条规则：

（1）支持长文件名，和目录名一起的"全路径"最多可使用 255 个字符，例如 C 盘的 windows 目录下有个叫"notepad.exe"的，它的全路径为 C：\windows\notepad.exe，总共长 22 个字节。

（2）文件夹中可包含多个空格或小数点，最后一个点之后的字符被认为是文件的扩展名。

（3）文件名不能使用操作系统中有特殊含义的符号。如：/、\、?、<、>等。

（4）文件名中的大小写字符在确认文件时不区分。

5. 设置文件或文件夹属性

属性是用来表征对象的应用特征,用户可以根据需要设置或修改文件和文件夹的属性。具体操作步骤如下:

(1) 选择预设置属性的文件或文件夹。

(2) 使用属性命令。①打开文件菜单,执行属性命令;②单击鼠标右键,在弹出的快捷菜单中执行属性命令。

(3) 勾选相应属性。

① 只读:设置"只读"属性的文件或文件夹不能被修改或删除。

② 隐藏:设置"隐藏"属性的文件或文件夹不可见。

另外在文件的高级属性中,可以设置如下。

① 存档:"存档"属性表示该文件或文件夹是否应该备份,当该属性"可以存档文件"被选中时,表示该文件已经"备份过",可以不用再备份了。

② 索引:"为了快速搜索,允许索引服务编制该文件的索引"。选中该项后,用户可以搜索该对象的文本,也可以搜索诸如日期、属性等。

③ 压缩:对象被压缩后可以节省磁盘空间。

④ 加密:对文档内容加密后,只有加密用户可以访问该文件,以对文档数据进行保护。

(4) 在设置属性对话框中单击"确定"按钮,完成文件或文件夹属性的设置。

对于设置隐藏属性的文件或文件夹为不可见,如果想查看文件或修改文件的属性。可以使用搜索功能搜索出来,进行下一步操作,或者在"工具"菜单下选择"文件夹选项",然后在"查看"标签下选择"显示所有文件和文件夹",确定退出后,隐藏属性的文件将变为可见文件,但其图标呈浅灰色显示,用户可以根据需要对其进行下一步操作。如果用户想将隐藏文件设为不可见,可按照相同的方法在文件夹选项下选择"不显示隐藏的文件和文件夹"。

6. 删除文件或文件夹

用户可以对文件或文件夹执行删除操作,删除文件的具体步骤如下。

(1) 选择要删除的文件或文件夹。

(2) 执行删除命令:

① 打开文件菜单,执行删除命令。

② 在文件上单击鼠标右键,在弹出的快捷菜单中执行删除命令。

③ 使用快捷键 Del 或 Shift+Del。

④ 直接拖到回收站。

采用不同的删除方法删除的文件去向不同。

① 使用删除命令或 Del 键删除硬盘的文件进入回收站。

② 删除移动盘上的文件、使用 Shift+Del 键删除的文件、使用 DOS 命令删除的文件不进入回收站,直接彻底删除。

回收站是硬盘的一块空间,用来存放使用 Windows 删除命令删除的硬盘上的文件或文件夹,可以在回收站中进行的操作有以下 4 种:

① 还原:将回收站中的文件或文件夹还原到删除前的位置。

② 删除：将回收站中的文件或文件夹彻底删除。

③ 清空：将回收站中的所有文件或文件夹彻底删除。

④ 剪切：对回收站中的文件或文件夹执行剪切操作后，在另一位置执行粘贴命令。

7. 查找文件或文件夹

在不知道文件或文件夹的存储位置时，可以使用搜索功能对其进行查找，可以通过以下4 种方法调出"搜索"对话框：

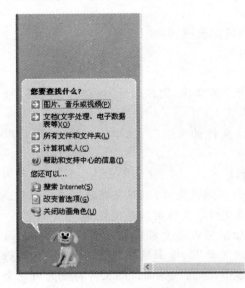

图 2.10 "搜索"窗口

（1）打开开始菜单→搜索；

（2）右键单击开始→搜索；

（3）右键单击我的电脑→搜索；

（4）在窗口工具栏单击搜索按钮 搜索。

执行搜索命令后，窗口如图 2.10 所示。用户根据需要单击查找的文件类型和查找范围，在相应的文本框中输入相应搜索文件，另外还可以对搜索条件进行高级设置，设置完成后单击"立即搜索"按钮，系统开始查找，并将搜索出的符合条件的文件或文件夹在右侧的工作区内显示出来。

8. 压缩文件或文件夹

由于图形、图像、视频、音频等文件占用空间较大，为了节省磁盘空间、快速传输文件，常常需要对其进行压缩，另外压缩可以对多个文件进行打包，方便用户对文件进行管理。要对文件进行使用时，需要对其进行解压操作。对文件或文件夹进行压缩，首先需要选中相应的操作对象，然后打开文件菜单，执行相应的压缩命令，或者在选中对象上单击鼠标右键，在弹出的快捷菜单中执行相应的压缩命令，压缩分为四种方式，如图 2.11（a）所示。如果单击"添加到压缩文件…"或"压缩并 E-mail…"，系统将调出压缩文件对话框，如图 2.11（b）所示，用户对压缩相关属性进行设置后，单击"确定"按钮，系统开始对文件进行压缩，压缩完成后生成压缩包，格式为 RAR 格式或 ZIP 格式。如果单击"添加到'文件名.rar'"或"压缩到'文件名.rar'并 E-mail"，系统之间根据默认属性对文件进行压缩，并生成相应的压缩包。

2.3.3　磁盘管理

磁盘管理是一项计算机使用时的常规任务，它是以一组磁盘管理应用程序的形式提供给用户的，具体操作主要包括查看磁盘信息、磁盘格式化、磁盘备份、磁盘清理及磁盘碎片整理等。在 Windows XP 中可以利用"资源管理器"、"我的电脑"和附件中的"系统工具"的相关操作对磁盘进行管理。

1. 查看磁盘信息

在使用计算机过程中，用户可以了解相应磁盘的空间信息，具体操作方法为：首先打开

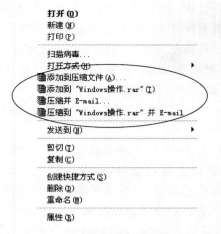

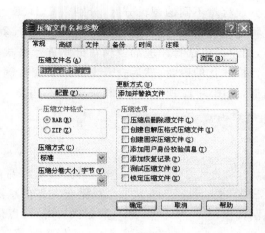

(a) 执行压缩文件命令　　　　　　　　　(b) 压缩文件对话框

图 2.11　压缩文件

我的电脑窗口,鼠标移动到相应的磁盘图标上,在鼠标右下角将显示该磁盘的基本信息,如磁盘总大小和可用空间,鼠标单击磁盘图标,在窗口状态栏上显示该磁盘的基本信息,另外在窗口左侧将显示该磁盘的具体信息,如磁盘名称、文件系统、可用空间及磁盘总大小,如图 2.12 所示。

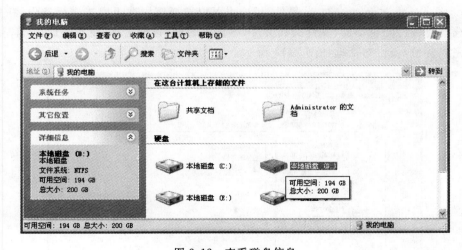

图 2.12　查看磁盘信息

2. 磁盘格式化

磁盘格式化(Format)是在物理驱动器(磁盘)的所有数据区上写零的操作过程,格式化是一种纯物理操作,同时对硬盘介质做一致性检测,并且标记出不可读和坏的扇区。由于大部分硬盘在出厂时已经格式化过,所以只有在硬盘介质产生错误时才需要进行格式化。磁盘格式化的主要功能是对磁盘进行格式化,划分磁道和扇区,同时检查出整个磁盘上有无带缺陷的磁道,对环道加注标记,建立目录区和文件分配表,使磁盘作好接收 DOS 的准备。

硬盘的容量比较大,用户一般根据需要使用 DOS 命令对磁盘进行分区,即将一个物理磁盘分成容量不同的逻辑分区，分别以 C、D、E 进行标识。然后可以使用 Format 命令对各个逻辑盘进行格式化，一般情况下，C 盘存放计算机系统文件，其他盘符存放软件或用户数据等，用户可以选择相应的逻辑盘分别进行格式化，首先打开我的电脑或资源管理器，选择预进行格式化的磁盘，然后打开文件菜单或右键快捷菜单，执行"格式化"命令，打开格式化对话框，如图 2.13 所示，设定相关属性后，单击"开始"命令，开始格式化。

图 2.13　"格式化"对话框

3．备份

为避免由于硬件或存储介质故障引起的磁盘空间破坏或数据丢失，可以对磁盘信息进行备份，备份内容包括系统设置、系统文件信息及用户数据等，这样当系统出现问题而引起数据丢失时，可以使用备份数据还原系统磁盘，降低损失。

备份磁盘信息的具体方法为：执行"开始→所有程序→附件→系统工具→备份"菜单，在打开的备份还原对话框中，可以选择使用备份或还原向导完成备份，具体步骤为：

（1）选择"备份文件和设置"。

（2）选择要备份的内容。

（3）选择备份类型、保存备份的位置和备份的名称。

（4）核对备份的基本信息，完成备份。

另外，用户也可以选择使用高级模式进行备份，在备份对话框中选择要备份的驱动器、文件夹和文件、备份目的地、备份名称，设置完成后，单击"开始备份"，完成备份，备份对话框如图 2.14 所示。

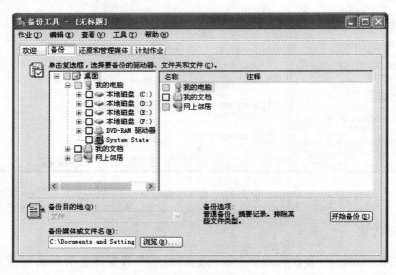

图 2.14　"备份"对话框

还原是备份的逆操作，当系统数据被损坏或丢失时，可以执行磁盘还原操作，将以前备份到磁盘上的数据还原，操作步骤与备份操作步骤类似，首先打开还原向导，选择想要还原的驱动器、文件或文件夹，并选择原备份的数据，确认完成数据还原，另外也可以在高级模式下进行还原,同样选择还原文件、原备份文件及将文件还原到的位置,单击"开始还原"按钮,完成还原操作,如图 2.15 所示。

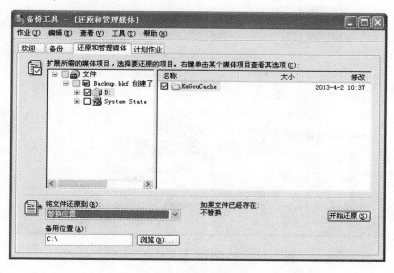

图 2.15 "还原"对话框

4. 磁盘清理

磁盘清理是将磁盘中一些废弃文件或文件夹删除,例如系统临时文件、Internet 缓存文件等,具体操作步骤为:开始→所有程序→附件→系统工具→磁盘清理,选择要清理的驱动器,确定后,系统将在指定磁盘内搜索并列出可能需删除的文件,用户根据需要选择相应文件后,确定删除,如图 2.16 所示。

5. 磁盘碎片整理

磁盘碎片整理程序是 Windows XP 提供的磁盘管理工具之一,用户对文件和文件夹的多次创建、修改、删除等操作,会导致一个文件的存储空间不连续,从而形成碎片文件,磁盘空间的不连续又将导致新存入的文件存储不连续,这将导致读写文件的速度减慢,因此需对磁盘碎片进行定期整理。磁盘碎片整理的具体步骤为:开始→所有程序→附件→系统工具→磁盘碎片整理程序,打开磁盘碎片整理程序,如图 2.17 所示。首先选择需进行碎片整理的磁盘,然后单击"分析"按钮,对该盘磁盘占用情况进行分析,分析完成后对话框中将显示进行碎片整理前预计磁盘使用量情况,

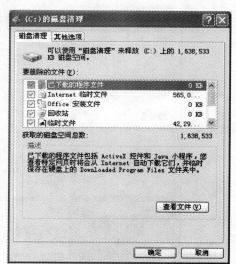

图 2.16 "磁盘清理"对话框

如果该磁盘需要进行整理,则单击"碎片整理"按钮,开始碎片整理,整理完成后,对话窗将显示进行碎片整理后预计磁盘使用量。

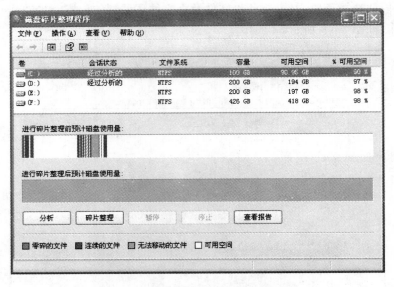

图 2.17　"磁盘碎片整理程序"对话框

2.3.4　回收站管理

　　"回收站"是硬盘中的一块区域,以文件夹的形式存放在桌面上,用于存在用户暂时不用的文件或文件夹。在桌面上双击"回收站"可打开回收站窗口,如图 2.18 所示。回收站文件夹中存放了用户删除的文件、文件夹或快捷图标,这些文件或文件夹并没有从计算机中彻底删除,只是从原来的位置移动到了回收站文件夹中。

图 2.18　"回收站"窗口

用户可以根据需要对回收站中的文件执行相关操作,具体操作在"文件及文件夹管理"中已由详细讲述。

2.4　Windows XP 附件的使用

Windows XP 系统为用户提供了一些常用的工具软件,并将其集中在"开始→所有程序→附件"中,其中记事本、写字板、通讯簿主要用于文本的编辑,计算器用于数值计算,画图用于对图形图像进行处理,娱乐为用户提供了丰富的娱乐软件,系统工具用于对磁盘和系统进行管理。本节中对最常用的几种工具软件进行介绍。

2.4.1　记事本

记事本主要用于对文本进行编辑,可以通过开始→所有程序→附件→记事本打开,也可以在桌面或文件夹窗口快捷菜单中新建文本文档,记事本文件的扩展名为.txt,记事本窗口如图 2.19 所示,包括标题栏、菜单栏、工作区和状态栏,在记事本的文件菜单下可以执行新建、打开、保存、另存为、页面设置、打印、退出操作,在编辑菜单下可以对文本执行剪切、粘贴、查找、替换等操作,在格式菜单下可以设置自动换行和字体,在查看菜单下可以调出状态栏,但是当格式下自动换行被勾选时,查看状态栏功能不可用,在帮助菜单下显示记事本的帮助信息。

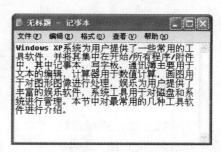

图 2.19　"记事本"窗口

2.4.2　写字板

写字板同样用于对文本进行编辑,可以通过"开始→所有程序→附件→写字板"打开,写字板文件的扩展名为.rtf,写字板窗口包括标题栏、菜单栏、工具栏、标尺、工作区及状态栏,如图 2.20 所示。写字板的功能比记事本的功能强一些,文件菜单和编辑菜单的功能基本相同,但在查看菜单下可以设置工具栏、格式栏、标尺、状态栏是否显示,在插入菜单下,可以插入时间及其他对象,包括图片、Excel 工作表、Word 文档等多种形式的对象,因此可以用写

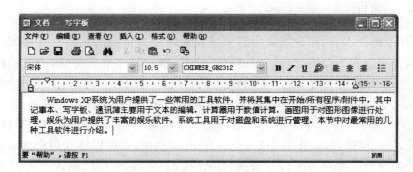

图 2.20　"写字板"窗口

字板编辑图文并茂的文档,在格式菜单下除了可以编辑文字格式外,还可以设置项目符号样式、段落格式、跳格键,在帮助菜单下查看写字板帮助信息。

2.4.3 计算器

Windows 中提供了两种计算器类型,通过"开始→所有程序→附件→计算器"打开计算器,然后再查看菜单下可以选择使用标准型的计算器还是科学型的计算器,如图 2.21 所示。

(a) 标准型计算器

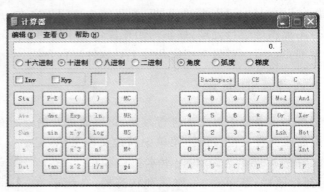

(b) 科学型计算器

图 2.21 计算器

计算机主要包括标题栏、菜单栏、文本框、数字符号键,文本框用于显示用户输入的数字或运算结果,用户输入数字或符号的方式主要有两种,一种是通过鼠标单击计算器数字符号区的相应按钮,另一种可以通过使用键盘上的数字键进行输入。

标准型计算器和科学型计算器的查看菜单差别很大,标准型中查看菜单下只有标准型、科学型和数字分组三个命令,而科学型计算器中除与标准型相同的三个命令外,还可以设置计算进制和角度弧度等。

标准型计算器只能进行加、减、乘、除等简单操作,而在科学型计算器中可进行指数、对数、三角函数运算、统计分析,各种进制的数字运算以及各种进制间的转换等操作。在两种计算器中可以使用编辑菜单下的复制,将运算结果复制到剪贴板中,以便将结果粘贴到其他文档中使用。

2.4.4 画图

"画图"是个画图工具,用户可以用它来创建简单或者精美的图画。这些图画可以是黑白或彩色的,并可以存为位图文件。可以打印绘图,将它作为桌面背景,或者粘贴到另一个文档中。甚至还可以用"画图"程序查看和编辑扫描好的照片。可以用"画图"程序处理图片,例如 .jpg、.gif 或 .bmp 文件,画图工具的默认格式为 24 位 bmp 位图格式,图片扩展名为 .bmp;另外,还可以将图片存储为单色位图、16 色位图、256 色位图、JPEG、GIF、TIFF、PNG 等格式。可以将"画图"图片粘贴到其他已有文档中,也可以将其用作桌面背景。

通过"开始→所有程序→附件→画图"打开"画图"窗口,窗口组成如图 2.22 所示。

画图窗口由标题栏、菜单栏、工具箱、调色板、画面编辑区(或称画布)和状态栏组成。

1. 画图菜单栏

在文件菜单下,可以执行新建、打开、保存、打印、从扫描仪或照相机获得图片、将图片设置为墙纸等操作。在编辑菜单下可执行复制、粘贴、撤销(清除刚进行的操作,最多可连续使用3次)或重做操作、清除选定区(清除当前选定区),还可以使用"粘贴来源"命令直接选择本地的图片粘贴到当前画布,使用"复制到…"命令将当前图片复制到某地。在查看菜单下可设置工具栏、燃料盒、状态栏、文字工具栏是否显示,查看当前位图,另外还可以对当前画布进行缩放,可缩放为常规尺寸、按比例缩放到最大尺寸或根据需要自定义尺寸。在图像菜单可执行的

图 2.22 "画图"窗口

操作有对图片进行翻转或旋转、拉伸或扭曲、反色、设置属性(调整画布大小和单位,以及设定图片颜色为黑白或彩色)、不透明处理,也可以使用"清除图像"命令直接清除当前全部图像。在颜色菜单下,可编辑颜色。在帮助菜单下可以查看画图工具帮助信息。

2. 工具箱

工具箱位于窗口左侧,其中包含一整套绘图工具。工具箱下部为当前选定的具体工具的属性设置,工具箱中的工具按钮具体功能如表2.1所示。

表 2.1 画图工具箱工具按钮功能

工具图标	名称	功　能	工具图标	名称	功　能
✶	裁剪	选定任意不规则形状的封闭区域	⬚	选定	选定一个矩形区域
✐	橡皮	用背景色擦出其他色	◤	填充	用前景色或背景色填充封闭图形
✐	取色	在图画中取前景色或背景色	🔍	放大镜	局部图形放大
✐	铅笔	用前景色画任意曲线	🖌	刷子	用前景色或背景色画任意图形
✒	喷枪	用前景色或背景色雾状喷涂	A	文字	书写文字
╲	直线	用前景色或背景色画不同角度直线	∿	曲线	用前景色或背景色画任意曲线
▭	矩形	用前景色或背景色画矩形	◿	多边形	用前景色或背景色画多边形
⬭	椭圆	用前景色或背景色画椭圆	▢	圆角矩形	用前景色或背景色画圆角矩形

3. 调色板

调色板位于窗口的最下方,调色板左侧为当前前景色和背景色,鼠标单击调色板中的色块可设置前景色,鼠标右击调色板中的色块可设置背景色,调色板中只是列出了当前基本的颜色色块,用户可以通过颜色菜单下的编辑颜色对话框自定义颜色,将其添加到调色板中,并设置为前景色或背景色。

2.4.5 娱乐

Windows 操作系统为用户提供了常用的娱乐软件,丰富用户的娱乐生活。Windows XP 中提供了两种娱乐工具,即录音机和主音量控制,打开方式为"开始→所有程序→附件→娱乐→录音机或音量控制",打开相应的对话框。

1. 录音机

打开录音机界面后,界面下方的四个按钮依次表示后退、前进、播放、停止、录音,当前没有录制文件,因此只有录音按钮是可用的,单击圆形红色按钮即可开始录音,录音机把从麦克风获得的音频信号记录下来,并在界面的左右两侧分别显示当前录制时间和音频文件最大长度,用户可以单击停止,停止录音或等录完 60 秒后自动停止,如图 2.23 所示。录制完成后可以在文件菜单下对文件进行保存。

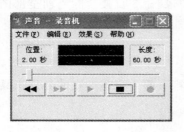

图 2.23 "录音机"对话框

用户可以通过使用编辑菜单和效果菜单对录制文件进行一些高级设置,在编辑菜单下可以进行复制、插入文件、和文件混音、删除当前位置以前的内容或删除当前以后的内容等。在效果菜单中,可以使用的功能有:加大音量、降低音量、加速、减速、添加回音或反转等操作,这些效果可以辅助制作一些简单的音乐特效。

2. 音量控制

音量控制界面除通过附件打开外,还可以在桌面通知区双击音量图标 打开主音量控制界面,在主音量界面可以调节主音量、波形、软件合成器、CD 唱机及线路音量,如图 2.24 所示,另外可在选项菜单中设置声音属性,如图 2.25 所示。

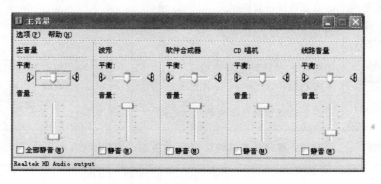

图 2.24 "主音量"对话框

图 2.25　音量属性设置对话框

2.5　Windows 环境设置

Windows 系统环境可以进行修改和设置,主要包括桌面属性的设置、任务栏和开始菜单的设置、鼠标、键盘等,可以通过控制面板的使用完成这些操作。

2.5.1　桌面属性设置

Windows XP 系统安装完成后,桌面属性为默认样式,用户可以根据自己的审美观对桌面背景、图案显示、对象排列方式、窗口外观等进行修改。在桌面上单击鼠标右键,在桌面快捷菜单中打开属性对话框,或者在控制面板中打开显示设置,如图 2.26 所示。

在属性对话框中有五个选项卡,在主题选项卡下,可以更改计算机桌面的主题,电脑主题是指计算机背景、声音、图标样式等个性化设置的集合,在主题下拉列表下列出了当前可选主题,鼠标单击选择后,对话框下方会出现主题预览,单击"应用"按钮,则更改了当前计算机主题,单击"确定"按钮后关闭对话框。

在桌面选项卡下,可以修改桌面的背景图片及其显示位置,另外还可以设置自定义桌面,在自定义桌面中可以设置"我的文档"、"网上邻居"和"我的电脑"等图标是否显示及其显示样式,并可设置桌面清理时间。

在屏幕保护程序选项卡下可以设置屏保显示样式及启动屏保时间。另外还可以调整监视器的电源设置并且节能。

在外观选项卡下,可以设置窗口和按钮的样式、色彩方案及字体大小,还可以在效果对话框中设置菜单和工具提示的过滤效果、屏幕字体边缘平滑方式等,在高级外观对话框中,可以对相关项目的显示颜色进行设置。

在设置选项卡下,主要对屏幕显示方式进行设置,如屏幕分辨率的设置、颜色质量的设置、屏幕刷新频率的设置等。

(a) "主题" 选项卡

(b) "桌面" 选项卡

(c) "屏幕保护程序" 选项卡

(d) "外观" 选项卡

(e) "设置" 选项卡

图 2.26　桌面属性系列对话框

2.5.2 任务栏和开始菜单设置

用户也可以对任务栏和开始菜单属性进行设置,在"开始→控制面板→任务栏和「开始」菜单"或在任务栏上右键快捷菜单中单击属性,都可以打开"任务栏和「开始」菜单属性"对话框,如图 2.27 所示。

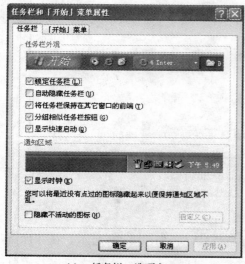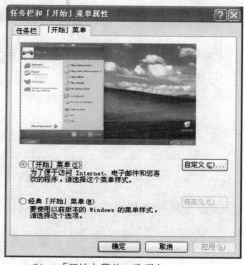

(a) "任务栏"选项卡   (b) "「开始」菜单"选项卡

图 2.27 "任务栏和「开始」菜单属性"对话框

该对话框有两个选项卡,在任务栏选项卡下可以分别设置任务栏外观和通知区域,首先在任务栏外观可以设置是否锁定任务栏、是否自动隐藏任务栏、将任务栏保持在其他窗口的前端、分组相似任务栏按钮及是否显示快速启动;另外,在通知区域的设置中,可以设置是否显示时钟,是否隐藏不活动的图标。

在开始菜单选项卡下,可以选择系统默认开始菜单或经典开始菜单,并对菜单进行自定义。在对默认开始菜单进行自定时,可以设置程序显示的图标大小,开始菜单上的程序数目,在开始菜单上是否显示 Internet 和电子邮件相应程序,另外还可以对其进行高级设置,如当鼠标停止在菜单命令时是否打开子菜单等。

在经典菜单的自定义中,可以手动添加或删除程序图标到开始菜单中,对开始菜单中的程序进行排序,另外在高级菜单选项中,设置扩展打印机、扩展控制面板、启用拖放等。

2.5.3 控制面板操作

控制面板(Control Panel)是 Windows 图形用户界面一部分,可通过开始菜单访问。它允许用户查看并操作基本的系统设置和控制,比如添加硬件,添加/删除软件,控制用户账户,更改辅助功能选项,等等。在 Windows XP 中,控制面板可通过"开始"→"控制面板"访问,也可以在资源管理器和我的电脑中连接到控制面板,同时它也可以通过运行命令control 命令直接访问。控制面板界面如图 2.28 所示。

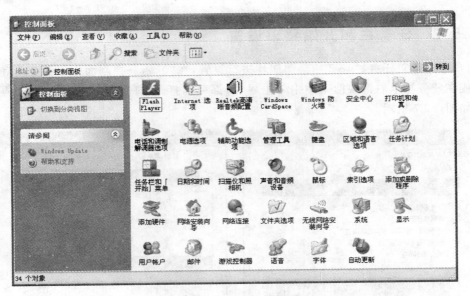

图 2.28 "控制面板"窗口

1. 键盘与鼠标设置

在控制面板窗口下双击 打开键盘属性设置对话框,如图 2.29 所示。在速度选项卡下可以设置字符重复速度和光标闪烁频率,字符重复速度为按住一个键之后字符重复出现的延迟时间和速率,通过拖动"重复延迟"和"重复率"滑块进行调整。在硬件选项卡下可以查看键盘基本属性。

图 2.29 键盘属性设置对话框

在控制面板下双击 打开鼠标属性设置对话框,如图 2.30 所示。该对话框共有 5 个选项卡,在鼠标键选项卡下,首先可以对鼠标键的主要次要按钮进行切换,调整双击打开文件夹的双击速度,启用单击锁定,使用户可以不用一直按住鼠标按钮就可以突出显示或拖曳。

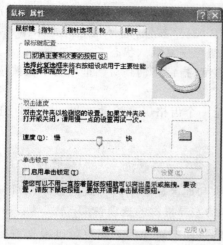

(a) "鼠标键"设置

(b) "指针"设置

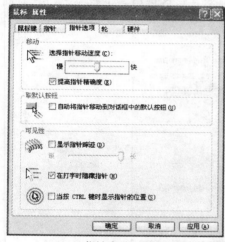

(c) "指针选项"设置

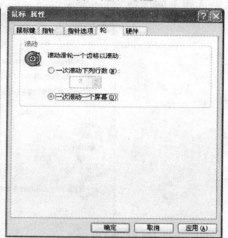

(d) "轮"设置

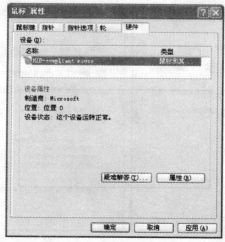

(e) "硬件"设置

图 2.30 鼠标属性设置对话框

　　在指针选项卡下,可以选择预设的指针方案,或在自定义中对指针样式进行修改,具体方法为首先选中要进行修改的光标项,然后单击"浏览"按钮,选择相应的光标样式,确定即可,对修改过的光标样式,单击"使用默认值"按钮可恢复默认状态。

　　在指针选项选项卡下,可以设置指针移动速度、指针移动到对话框中的默认按钮及指针可见性的设置。

　　在"轮"选项卡下,主要可以完成对滚动滑轮一个齿格屏幕滚动效果。在硬件选项卡下可以了解鼠标的硬件属性信息。

2. 区域和语言选项

　　在 Windows XP 中,用户能够在不同的国家和地区显示不同方式的数字、货币、时间和日期。区域和语言设置是面向各个国家和地区的差异提供的选项,打开方式为:开始/控制面板/区域和语言选项,界面如图 2.31 所示。在区域选项下用户可以根据需要在格式下拉列表中选择不同区域,对话框中部区域会显示在该区域语言下数字、货币、时间及日期

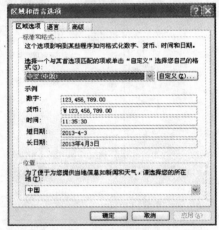

(a) "区域选项" 设置

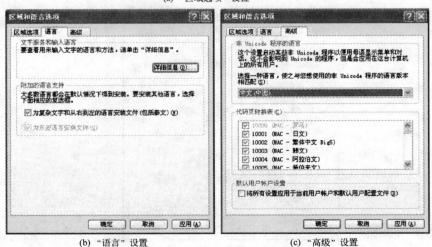

(b) "语言" 设置　　　　　　　　(c) "高级" 设置

图 2.31　区域和语言选项设置对话框

的格式,在位置下拉列表选择自己所在的地址,以便计算机提供当地的信息,如新闻和天气。

在语言选项卡下,可以对文字服务和输入语言进行设置,具体方法为单击"详细信息"按钮打开文字服务和输入语言对话框,可以查看当前可用输入法,并对输入法进行添加或删除操作。在高级选项卡中主要对非 Unicode 程序区域语言进行设置。

3. 日期和时间设置

打开日期与时间设置的方式有两种,一种是在控制面板双击  图标,也可以在任务栏右侧通知区内双击时间,打开"日期与时间 属性"对话框,如图 2.32 所示。

图 2.32　"日期和时间 属性"对话框

对于时间和日期的设置可以直接在时间和日期选项卡下设定好,确定即可。在时区选项卡下可以选择具体所在地时区,在 Internet 选项卡下可以更新服务器并设置与 Internet 时间服务器同步。

4. 声音和音频设备

在控制面板双击声音和音频设备图标可以打开相应对话框,界面如图 2.33 所示。在声音和音频设备属性设置中,可以通过滚动设备音量滑块对设备音量大小进行调节,单击"高级"按钮,可以打开主音量控制对话框。

另外,在声音选项卡下可以对声音方案进行修改或删除,另外针对某一程序时间选择相应声音,也可以对其进行修改,如修改 Windows 登录的声音,需首先在程序事件列表中,选择 Windows 登录,然后在下面声音列表中选择声音或单击浏览选择本地其他声音文件,进行设置。

在音频和语声选项卡下可以设置声音播放的默认设备及其音量、录音默认设备及其音量、MIDI 音乐播放默认设备及其音量等。在硬件选项卡下可以浏览当前计算机音频设备及其属性。

5. 添加和删除程序

在计算机使用过程中,用户可以根据自己的使用需要,对应用程序进行添加或删除操作,安装应用程序一般直接运行应用程序(一般为 .exe 文件)安装文件,打开安装向导,选择

图 2.33 "声音和音频设备 属性"对话框

安装设置和安装位置完成安装。对不再使用的程序的删除操作需要在添加或删除程序下完成,因为直接删除安装程序可能会有一些垃圾文件不能删除。删除应用程序的具体步骤为在控制面板打开添加和删除程序,如图 2.34 所示。选中要删除的程序,如图中的 ACDSee程序,单击右下角的删除按钮,按照向导删除即可。

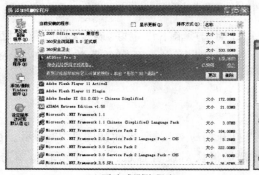

(a) 更改或删除程序   (b) 添加新程序

图 2.34 "添加或删除程序"窗口

另外,在该界面还可以添加程序,在单击"添加新程序"按钮,在右侧窗口单击"CD 或软盘"按钮,插入光盘或软盘后按向导进行操作即可。单击"添加/删除 Windows 组件"按钮,可以完成 Windows 组件的添加或删除操作,此时一般需要系统盘或本地系统安装文件。

6. 添加硬件

在 Windows XP 中,用户可以根据硬件配置向导添加、删除或调试硬件,当 Windows 检测到新硬件时,会自动检测该硬件的配置并匹配相应的驱动程序,该功能充分体现了 Windows 的即插即用功能。用户可以通过在控制面板中双击添加硬件图标,打开添加硬件向导,如图 2.35 所示。用户可以根据这个向导安装软件以支持添加到计算机的硬件。

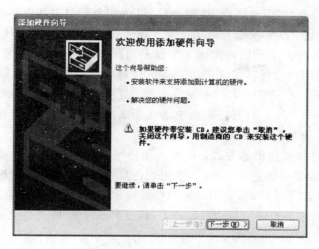

图 2.35 "添加硬件向导"对话框

　　对已经安装好的硬件,该向导会自动搜索相关驱动软件并安装,或者检查当前硬件属性及存在的问题。如果该硬件还没有安装,则首先需要关闭正在运行的计算机,并切断电源,打开机箱并安装硬件,然后合上机箱并启动计算机,Windows 启动后会自动检测新安装硬件,然后按安装向导进行安装。

7. 用户账户

　　用户可以对计算机账户进行设置,在控制面板界面双击打开用户账户窗口,如图 2.36所示。用户可以在该界面完成以下操作。

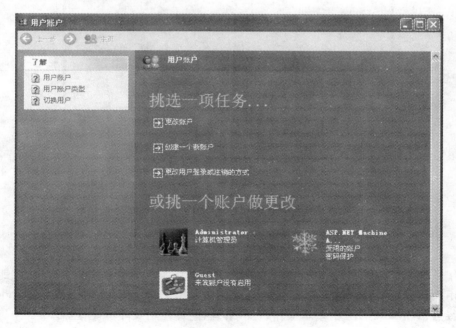

图 2.36 用户账户设置

（1）更改账户：单击"更改账户"按钮，然后挑选一个账户对其内容进行修改，包括创建或修改该账户登录密码，更改账户图片，或者设置账户使用一个. NET Passport，. NET Passport 时使用一个用户名和密码登录多个服务和网站的简单方法，Windows 为用户存储 Passport 信息，征用用户便可以快速访问 Passport 服务和站点，而不必键入用户名和密码。

（2）创建一个新账户：账户名称主要在开机欢迎界面和开始菜单显示，在用户账户界面单击"创建一个新账户"，在打开的界面中输入新账户名称，然后选择账户类型（如计算机管理员），单击"创建账户"按钮即可。

（3）更改用户登录或注销的方式：在该界面还可以更改用户登录或注销的方式，设置是否使用欢迎屏幕或使用快速用户切换，使用欢迎屏幕，用户可以单击账户名登录，但为了提高安全性，可以不使用该功能，而用传统的登录提示，输入账户名登录。

（4）修改账户：作为管理员身份的账户，可以选择一个账户进行更改，可以更改账户登录密码、图片及. NET Passport 等。

8. 字体

用户可以对计算机中的字体进行查看与设置，在控制面板双击打开字体窗口，如图 2.37 所示。在该界面可以查看当前计算机内的字体，另外也可以在文件菜单下安装新字体，首先本地需要有字体的安装文件。

图 2.37　"字体"窗口

2.6　本章小结

操作系统是计算机软件的核心，只有深入了解操作系统的概念和基本操作，才能更加高效地使用操作系统对计算机进行管理。本章主要介绍了 Windows 的发展和 Windows XP 的功能特点、Windows XP 的基本操作、资源管理、附件使用及环境设置等。

思考题

1. 简答题

（1）简述 Windows XP 的功能及特点。

（2）Windows XP 的桌面由哪几个部分组成？

2. 操作题

（1）在 D 盘根目录下建立一个文件夹，以"我的文件"命名，并在桌面上建立"我的文件"的快捷方式，在此文件夹下建立两个子文件夹，分别命名为"图片"和"文档"，并将"文档"文件夹属性设置为"隐藏"。

（2）使用 Print Screen 复制屏幕：将屏幕内容复制到剪贴板。在 Word 中建立一个文件，执行粘贴操作将屏幕作为图片插入；使用 Alt＋ Print Screen 复制活动窗口，执行粘贴操作将窗口作为图片插入。将文件保存在"试题"文件夹下，命名为 tupian. doc，并将其复制到"图片"、"文档"两个文件夹下，然后将源文件彻底删除。

（3）在 C 盘中搜索一个图片文件，将其移动到"图片"文件夹下，将其属性设置为"只读"。

（4）打开记事本，建立一个文本文档，输入一段关于我的文件的简单说明，保存在"我的文件"下，命名为文件说明。

（5）对任务栏和开始菜单属性进行设置，取消通知区内的时钟显示。

第3章

Word 2003及其应用

Word 2003文字处理软件作为 Microsoft Office 办公软件中的一个成员,是一种基于 Windows 平台进行文字处理的软件产品,是目前国际上最优秀最普及的文字处理软件之一。它的基本操作和使用方法简单易学,功能强大,能高效地处理文字和图形。

1. Word 2003 具有的功能

1）文件管理功能

可以同时打开多个文件进行编辑、打印等操作;可以快速打开最近打开过的文档;可以对 Word、WPS 等软件形成的文档进行格式互换。

2）文字编辑功能

可以设置页面的大小、页边距、每行字数、每页行数、页眉、页脚、页码等;提供多种移动光标的方法,对输入的文本进行插入、改写和删除操作;可以选择文本的字体、字形、字号和颜色等;可以设置字符间距、行间距、段间距、段落缩进、对齐方式等;可以设置分栏数、栏宽、栏间距、间隔线等;可以对文字进行块复制和移动;可以对字、词、特定字块或段落进行查找和替换。

3）表格处理功能

可以插入指定行列数的表格和手工绘制表格;可以插入、删除行或列,改变行列的高度和宽度等;可以对单元格进行拆分与合并,选择边框和底纹,插入文字和图形;可以对表格中的数据进行简单的计算、统计、排序;可以实现文本和表格间的转换;可以实现表格的潜逃功能;可以方便地实现表格的移动和缩放。

4）图像处理功能

可以插入多种格式的图形文件,并且能够进行简单编辑操作;系统提供有绘图工具,由用户自行绘图;可以插入文本框、图形框;可以实现对象的链接或嵌入操作;可以对图形进行三维效果、阴影、底色、线条、艺术字等多种处理。

5）支持因特网的功能

可以制作和发布 Web 页;可以将 Word 作为电子邮件编辑器;也可以将 Word 文档作为电子邮件直接发送。

6）其他功能

包括拼写检查功能;自动更正功能;自动格式功能等。

2. Word 2003 具有的新增功能

1）支持 XML 文档

XML 是一种可扩展标记语言。将文档保存为 XML 格式使文档内容可以用于自动数据采集和其他用途。例如，一张包含客户姓名和地址的支票，或者一份包含上季度财务结果的报表都不再是静态文档。它们包含的信息可以被传送到数据库或在文档以外的其他地方重复使用。

2）更完善的文档保护功能

除了一般的文档保护功能以外，还新增了对文档格式进行限制，对文档局部进行保护等功能。

3）阅读版式和并排比较文档功能

使用"并排比较"来并排比较两篇文档，无须将多名用户的更改合并到文档中就能简单地判断出两篇文档之间的差异。还可以同时滚动两篇文档来辨别两篇文档间的差别。

4）支持墨迹输入设备

如果使用支持墨迹输入的设备，例如 Tablet PC，可以使用 Tablet 笔来完成 Word 2003 的手写输入功能；可以用手写批注和注释标记文档；可以将手写内容合并到 Word 文档中；可以使用 Outlook 中的 Wordmail 发送手写电子邮件。

5）信息检索

引入了电子辞典、同义词库和在线研究站点。

3.1 Word 2003 的基础知识

使用 Word 2003 字处理软件，首先应先熟悉该软件的操作界面，掌握该软件的启动与退出，文档的新建、保存等基本操作。

3.1.1 Word 2003 启动和退出

1. Word 2003 的启动

在启动了 Windows XP 操作系统之后，常用以下几种方法启动 Word 2003。

（1）单击"开始"菜单中的"程序"命令，在列出的程序列表中选择 Microsoft Office 后在列出的微软办公软件中选择 Microsoft Office Word 2003。

（2）单击"开始"菜单中的"运行"命令，弹出"运行"对话框；在该对话框中的"打开"文本框中键入应用程序文件名，如 C:\Program File\Microsoft Office\Office11\ word.exe；单击"确定"按钮。

（3）如果在桌面上生成了 Word 2003 的快捷方式，则可以在 Windows XP 的桌面上直接双击 Microsoft Office Word 2003 快捷方式图标即可。

2．Word 2003 的退出

与退出其他应用程序一样，退出 Word 2003 的方法也有好几种。无论采用哪一种方法，退出 Word 2003 时如果有文件还没有保存，Word 2003 会显示一个对话框，提示是否保存文件。如果有多个文件未被保存，则在对话框中可选择"全是"按钮，此时所有文件都被保存，不再一一提示。退出时如果 Word 文件还没有命名，还会出现"另存为"对话框，用户在此框中键入新名字后，单击"保存"按钮即可。

退出 Word 2003 可采用下列提供的四种方法：

（1）执行"文件"菜单中的"退出"命令或按 Alt ＋ F4 键。

（2）单击 Word 2003 窗口左上角的控制菜单图标，在弹出的"控制"菜单中单击"关闭"按钮。

（3）双击 Word 2003 窗口左上角的控制菜单图标。

（4）单击 Word 2003 窗口右上角的"关闭"按钮。

3.1.2　Word 2003 的操作界面

打开 Word 2003 后的操作界面如图 3.1 所示。

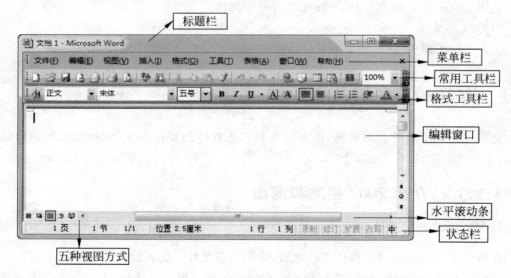

图 3.1　Word 2003 的操作界面

1．标题栏

位于屏幕最顶端的是标题栏，由控制菜单图标、文件名、最小化按钮、最大化（还原）按钮、关闭按钮组成。

2．菜单栏

菜单栏位于标题栏下面。使用菜单栏可以执行 Word 的许多命令。菜单栏共分为九个菜单：文件、编辑、视图、插入、格式、工具、表格、窗口、帮助。

当鼠标指针移动到菜单标题上时，菜单标题就会凸起，单击后弹出下拉菜单。在下拉菜单中移动鼠标指针时，被选中的菜单项就会高亮显示，再单击，就会执行该菜单项所代表的命令。在相应的菜单栏上单击菜单只列出常用的命令，最好的方式是直接双击，即可列出菜单栏中所有命令。

3．工具栏

菜单栏下面的是工具栏，使用它们可以很方便地进行相关操作。通常情况下，Word 会显示如图 3.2 所示的"常用"工具栏和如图 3.3 所示的"格式"工具栏。

图 3.2 "常用"工具栏

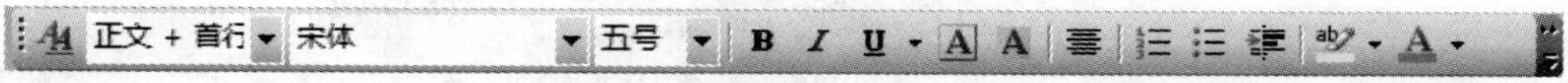

图 3.3 "格式"工具栏

"常用"工具栏包括新建、打开、复制、粘贴、打印、撤销、恢复等功能。

"格式"工具栏包括字体、字号、下划线、边框、对齐方式等功能。

如果想了解工具栏上按钮的简单功能，只需将鼠标指针移到该按钮上，很快旁边会出现一个小框，显示出按钮的名称或功能。

对工具栏进行相关的设置，可以有效地提高工作效率。

1）移动工具栏

将鼠标放在已经打开的工具栏的最左端，当鼠标变成十字形时拖动工具栏，到相应的位置松开即可。每一个工具栏都可以用鼠标拖动到屏幕的任意位置，所以又称为浮动工具栏。

2）工具栏的显示

Word 窗口中可以显示许多工具栏，可以根据需要在"视图"菜单中的"工具栏"的下级子菜单中选择想要打开的工具栏。

3）隐藏工具栏

对于不常使用的工具栏可以将它隐藏起来。其方法为在工具栏上单击右键，或者通过"视图"菜单中的"工具栏"命令打开工具栏的列表，在其中选择想要关闭的工具栏。

工具栏内的图标按钮体现了"菜单栏"中的一些主要功能。可以利用这些按钮快速地进行相应操作。例如打开一个文件，除了可以使用菜单栏外，还可以使用工具栏上的按钮。

4）添加或删除工具栏中的命令

每种工具栏中列出的都是一些常用的功能按钮，如果用户想自行添加一些功能到某个工具栏中，可以在工具栏的最右侧单击"工具栏选项"，选择"添加或删除按钮"下的工具栏的名称，在列表中添加或删除相应的功能，如图 3.4 所示。

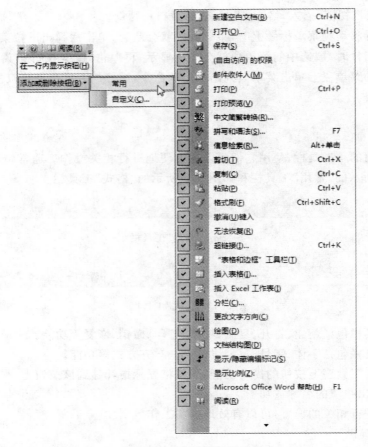

图 3.4 添加或删除按钮

4. 编辑窗口

再往下的空白区域就是 Word 的编辑窗口,输入的文字就显示在这里。文档中闪烁的竖线称为光标,代表文字的当前输入位置。

5. 标尺

在编辑窗口的上面和左面各有一个标尺,分别为水平标尺和垂直标尺,用来查看正文的高度和宽度,以及图片、文本框、表格的宽度,还可以用来排版正文。

6. 滚动条

在编辑窗口的右面和下面是滚动条,分别为垂直滚动条和水平滚动条,用来滚动文档,显示在屏幕中看不到的内容。可以单击滚动条中的按钮或者拖动滚动框来浏览文档。

7. 显示方式按钮

在水平滚动条左侧为显示方式按钮区域,由普通视图、Web 版式视图、页面视图、大纲视图这 5 个按钮构成。

8．状态栏

状态栏位于编辑窗口的下面一行，用来显示一些反映当前状态的信息，如光标所在行列情况、页号、节号、总页数、工作状态等。

3.1.3　Word 2003 视图模式

用户可以单击文档编辑区左下角 ≡ ⊡ 回 ⊡ ⊉ 提供的视图切换方式按钮或选择如图 3.5 所示"视图"菜单中的相应的视图方式命令切换到不同视图中。

在不同的视图模式下，可查看文档不同角度的内容。下面具体介绍一下五种视图方式各自的特点。

1．普通视图

在普通视图中可以输入、编辑、排版和设置文本格式，也可以显示文本格式，但简化了页面的布局，不显示页边距、页眉和页脚、页面背景以及非嵌入版式的对象，只适用于编辑内容、格式简单的文档。

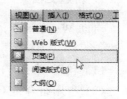

图 3.5　视图菜单

2．Web 版式视图

Web 版式视图显示了文档在 Web 浏览器中观看时的外观，无论文档有多少内容，它都会将文档显示为不带分页符的一页长文档。而且，其中的文本和表格会随窗口的缩放而自动换行，以适应窗口的大小。

如果原文档中包含页面背景图片，那么切换到 Web 版式视图后将无法正确显示背景。此时，可以选择"格式"菜单下的"背景"，再选择"无填充颜色"命令将背景取消，以免影响文档的阅读性。

3．页面视图

在页面视图显示模式下可以看到文本、图片和其他对象的实际位置，与打印出来的效果一样。在该视图模式中可以编辑页眉和页脚、调整页边距、设置分栏以及处理图形对象等。

在 Word 中不仅可以输入和编辑文字，还可以随心所欲地进行排版。在 Word 中插入图片和表格后，可以将图片、表格与文字进行混排，从而使文档更丰富、更有序。

4．大纲视图

大纲视图简化了文本格式的设置，用缩进文档标题的形式表示标题在文档结构中的级别，将编辑重点放在文档的结构上。在该视图模式中可以方便地调整和组织文档的大纲结构。还可以通过拖动标题来移动、复制和重新组织文本，因此它特别适合编辑那种含有大量章节的长文档，能让你的文档层次结构清晰明了，并可根据需要进行调整。另外，大纲视图中不显示页边距、页眉和页脚、图片和背景。

5．阅读版式视图

阅读版式视图是 Word 2003 中新增的视图模式。该视图方式最适合阅读长篇文章。

阅读版式将原来的文章编辑区缩小,而文字大小保持不变。如果字数多,它会自动分成多屏。在该视图下同样可以进行文字的编辑工作,并且视觉效果好,眼睛不会感到疲劳。在该视图模式中,将隐藏除"阅读版式"和"审阅"工具栏以外的所有工具栏,以书籍的形式显示文档内容,从而增加文档的可读性。

3.1.4 Word 文档的基本操作

用 Word 建立的信函稿纸、公文稿纸、传真稿纸等,扩展名默认为 * . doc,称为文档。

1. 新建文档

启动 Word 程序,它就会自动创建一个空白文档。Word 同时提供了多种创建新文档的方法:

(1) 利用"常用"工具栏上"新建"按钮 创建新文档。

(2) 利用组合键 Ctrl + N。

(3) 选择"文件"菜单的"新建"命令,弹出"新建文档"任务窗格,选择"空白文档"。

(4) 选择"文件"菜单的"新建"命令,弹出"新建文档"任务窗格,选择"本机上的模板",弹出模板对话框,从对话框的不同选项卡中选择新文档要使用的模板类型即可。

2. 保存文档

在编辑文档的过程中,一切工作都是在计算机内存中进行的,若突然断电或系统出现错误,所编辑的文档就会丢失,因此要经常保存文档,保持随用随存的好习惯。

1) 保存未命名的文档

对于未命名的新建文档可以按照以下顺序完成保存。

(1) 执行"文件"菜单中的"保存"命令或者单击"常用"工具栏中的"保存"按钮 或者使用快捷键 Ctrl+S,会弹出如图 3.6 所示"另存为"对话框。

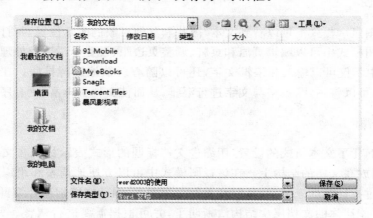

图 3.6 "另存为"对话框

(2) 单击"保存位置"选项框右侧的按钮,弹出列表框,根据自己的需要选择文档要存放的路径及文件夹。

(3) 在"文件名"右侧的文本框处,输入保存的文档名称。默认的文件名是文档中的第一句内容。

（4）在"保存类型"中单击右侧的按钮，选择保存文档的文件格式。

（5）设置完成后，单击对话框中的"确定"按钮，完成保存操作。

2）保存已有的文档

保存已有的文档有以下两种形式：第一种是将文稿依然保存到原文稿中。第二种是另建文件名进行保存。

（1）如果将以前保存过的文档打开修改后，想要保存修改，直接使用"常用"工具栏中的"保存"按钮或者 Ctrl＋S 键即可。

（2）如果不想破坏原文档，但是修改后的文档还需要进行保存，可以直接执行"文件"菜单中的"另存为"命令，在弹出的"另存为"对话框中，为文档另外命名然后保存即可。

3）自动保存文档

Word 2003 提供了自动保存的功能，在文档经过第一次保存后，隔一段时间系统会自动将文档保存，并覆盖原文档文件。用户可以自行设置文档保存选项。

（1）选择"工具"菜单中的"选项"命令，在弹出的"选项"对话框中，单击"保存"选项卡。如图 3.7 所示。

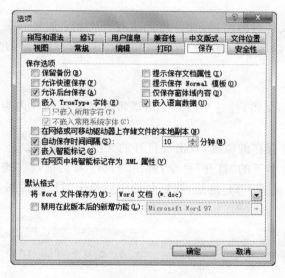

图 3.7　设置自动保存

（2）在"选项"对话框中，勾选"自动保存时间间隔"复选框，然后单击右侧框中的列表框按钮，设置两次自动保存之间的间隔时间。

（3）设置完成后，单击对话框中的确定按钮，退出对话框即可。

4）保存为加密文档

如果不希望电脑中的文档被人随便查看或修改，可以在保存文档时顺便为文档设置密码，这样，只有知道密码的阅读者才能打开或修改文档。可以按照以下步骤为文档加密：

（1）打开"另存为"对话框。

（2）在对话框的右上角找到"工具"按钮菜单，从中选择"安全措施选项"。

（3）在弹出的"安全性"对话框中，在"打开文件时的密码"处输入一个密码，这个密码将用于打开文档,在"修改文件的密码"处输入密码可以用于修改文档内容。密码可以包含字母、数字、空格和符号的任意组合,并且最长可以达 15 个字符。如图 3.8 所示。

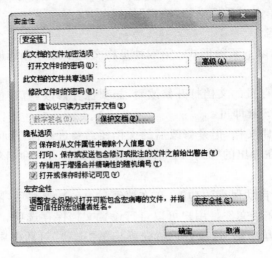

图 3.8　为文档设置密码

如果忘记了打开文件时的密码,文件将无法打开文档;如果只是忘记了修改文件时的密码,那么在修改后可以选用"另存为"方式改变路径来保存修改后的文档。

3．打开文档

对于一个已存在的文档,打开文档的作用是将其从外存调入内存。可以通过以下几种方法实现:

(1) 找到文档文件保存的位置,双击要打开的文档文件图标。

(2) 选择"文件"菜单下的"打开"命令,弹出"打开"对话框,在"查找范围"列表中,选择文档所在驱动器、文件夹或 FTP 地址,找到并选中后单击"打开"按钮,也可双击要打开的文档,如图 3.9 所示。

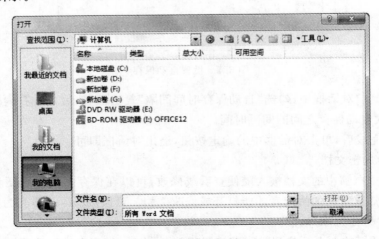

图 3.9　打开对话框

（3）单击"常用"工具栏上"打开"按钮 ，弹出"打开"对话框，后续操作同上。

（4）单击"开始工作"任务窗格，单击"其他…"，弹出"打开"对话框，后续操作同上。

（5）利用组合键 Ctrl ＋ O，弹出"打开"对话框，后续操作同上。

（6）"文件"菜单的底部列出了最近使用过的文档，单击要打开的文档名就可以打开最近使用过的文档。或者在"打开"对话框中单击左侧的"我最近的文档"按钮也可实现。

Word 允许同时打开多个文档和同时查看多个文档，并可以方便地进行各个文档之间的切换。

1）同时打开多个文档

如果要同时打开多个连续的文档，选择上面任何一种打开文档的方式，弹出"打开"对话框；在对话框内若要打开连续的文件可以先选定第一个文件名，然后按下 Shift 键，单击要打开的最后一个文件名，两个文件之间的所有文件将被选定；若要打开不连续的文件，先选定第一个文件，然后按下 Ctrl 键，并逐个单击其他要打开的文件名，最后单击"打开"按钮。这样便可以同时打开多个文档。

2）在打开的多个文档之间切换

在同时打开的多个文档中，只能有一个是当前文档。为了使其他的文档也成为当前文档，必须切换到当前文档。可以选择以下几种切换方式：

（1）按 Ctrl ＋ F6 键，可从一个文档窗口切换到另一个文档窗口。

（2）如果想要切换为当前的文档窗口部分可见，则单击可见部分的任一位置。

（3）选择"窗口"菜单，在该菜单列出了同时打开的多个文档文件名后，单击其中要切换为当前文档的文件名。

4．在文档中定位和拆分窗口

1）定位

按下快捷键 Ctrl＋G 或在"编辑"菜单下找到"定位"菜单，回车后弹出如图 3.10 所示"查找和替换"对话框，此时焦点自动落在"定位选项卡"上，在"定位目标"列表框里选中目标，例如"页"，然后到"输入页号"这里需要键入定位条件，比如填写上数字"20"并按回车键，此时光标已经到文档第 20 页的第一行行首了，不过焦点还停留在刚才打开的"查找和替换"对话框中，按下 Esc 键退出"查找和替换"对话框，焦点自动回到文档中的光标处。当然，在定位目标列表框中有多个可选项，用户可以根据自己的需要来选择。Word 中的定位功能使得用户无须考虑文档内容而迅速定位到想要查找的页、节、书签等处。

图 3.10 "查找和替换"对话框

2）拆分窗口

在菜单栏找到并单击"窗口"菜单，光标移动到"拆分"菜单处并按回车键，鼠标会变成上下两端带箭头分隔形状，在文档需要分开的地方单击一下，会分隔成两个文档，如图 3.11 所示。此时屏幕上出现一条较粗的深灰色水平分割线段。当鼠标放在上面会变成上下两端带箭头的光标，用鼠标拖动边界，可以上下移动这条分割线，文档窗口就被这条线段分成了上下两个。在两个窗口中，同时完整地显示当前文档。按 F6 键可以在这两个窗口间来回切换。此时，在一个窗口中编辑文档，另一个窗口的内容也会同时改变，两个小窗口的内容是同步的。

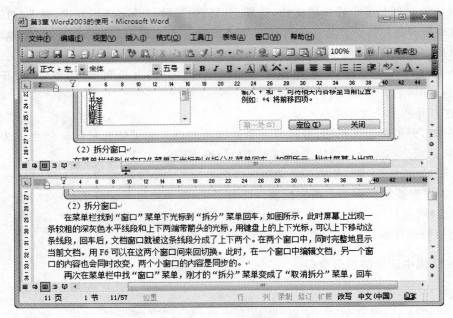

图 3.11　拆分窗口

再次在菜单栏中找"窗口"菜单，刚才的"拆分"菜单变成了"取消拆分"菜单，回车执行这个菜单命令，被拆分的窗口就能恢复原貌了。

5．关闭文档文件

文档编辑完毕，可以将其关闭，方便其他文档的编辑。

1）关闭当前文档而不退出 Word 程序

如果只是关闭当前编辑结束的文档，但是并不退出 Word 应用程序可以采用以下几种方法：

（1）按下快捷键 Ctrl＋W 或者 Ctrl＋F4。

（2）执行"文件"菜单下的"关闭"命令。

（3）单击菜单栏中的"关闭窗口"按钮。注意此处不是单击标题栏的关闭按钮。

2）关闭当前文档同时退出 Word 程序

如果在关闭当前编辑结束的文档同时，也退出 Word 应用程序可以采用以下几种方法：

（1）使用快捷键 Alt＋F4。

（2）使用标题栏最左边图标即"控制菜单"按钮下的"关闭"命令。

（3）选择"文件"菜单下的"退出"命令。

（4）单击标题栏中右侧的关闭窗口控制按钮。

3.2 输入和编辑文本

编辑 Word 文档的过程实际上就是文档内容的输入和修改的过程。文档的内容主要包括文本、表格、图片等信息。本章主要介绍文本的输入和编辑方法。

3.2.1 输入文本

新建或者打开文件后，可以在文档窗口中对文档进行录入、修改等操作。

1．光标定位

在进行文本编辑时，页面上有一个竖条型的闪烁光标，它表明当前对文本进行操作的位置。随着文本的输入，光标会从左向右移动。在进行录入、修改等操作之前，必须先将光标定位到准确的位置。

1）鼠标定位

使用鼠标定位光标的操作方法非常简单，只需要单击需定位到的目标位置即可。

2）键盘定位

使用键盘上的一些按键和按键组合也可以移动光标。

快速移动光标的键盘命令如下：

（1）Home/End：移至行首/行尾。

（2）↑/↓/←/→：上、下、左、右移动一个字符。

（3）PgUp/PgDn：向上/向下移动一屏。

（4）Ctrl＋PgUp/Ctrl＋PgDn：移至窗口顶行/底行。

（5）Ctrl＋Home/Ctrl＋End：移至文档开头/结尾。

2．输入文本

准确地定位了光标后，就可在光标位置开始输入文本了。

1）输入中文

用户使用 Word 2003 编辑的 Word 文档一般主要由中文文字组成，要输入中文文字必须使用中文输入法。Word 2003 本身提供了多种中文输入法，用户可以根据自己的习惯选择不同的输入法进行文字的输入。

用户可以单击任务栏右端语言栏上的语言图标按钮 ▦ ，打开"输入法"列表，在其中选择一种中文输入法，此时任务栏右端语言栏上的图标将会变为相应的输入法图标。或者使用快捷键 Ctrl＋Shift 键可以在英文输入状态和已安装的中文输入法之间进行切换。现在常用的汉字输入法主要有全拼输入法、简拼输入法、智能 ABC 输入法、微软拼音输入法及五笔输入法。

中文输入法的操作方法如下：

（1）输入小写字母组成的拼音码。

（2）用空格键表示输入结束。

（3）通过按＋和－键或者 PgUp 和 PgDn 键进行上下翻页查找重码字或词。

（4）选择相应字或词前面的数字完成输入。

（5）半角/全角切换的快捷键是 Shift＋Space。

（6）中英文标点切换的快捷键是 Ctrl＋.。

智能 ABC 输入法主要是以词输入为主。输入规则是按照汉语拼音输入，所有字和词都使用完整的拼音，对于某些词语可以使用简拼。

微软拼音输入法是一种基于语句的智能拼音输入法。在实际的输入过程中，用户可以直接连续输入整句的拼音。微软拼音输入法将会通过语句的上下关系自动选取最优的输出结果，这样可以大大提高文本的输入效率。在有些情况下，系统是不能完全领会用户的意思的。当用户连续输入一串汉语拼音时，输入法的转换结果往往会大相径庭，此时用户可以使用输入法提供的候选字/词的功能来修正错字。例如系统将"的"字转换为了"得"字，而这种结果是错误的，这时用户需要自己挑选正确的字词。首先按"←"键移动光标到"得"字上，此时将会出现"得"的候选字窗口。按下数字 2 选择"的"字后，系统会自动跳到下一个词。如果确认该句无误，按回车键确定输入。

2）输入英文

用户可以选择以下几种方法切换到英文输入法：

（1）单击任务栏右端语言栏上的语言图标按钮，打开"输入法"列表，在其中选择英文输入法。

（2）使用快捷键 Ctrl＋Shift 键可以在多种输入法之间依次进行切换。

（3）使用快捷键 Ctrl＋Space 键可以进行中英文输入法直接转换。

（4）可以在中文输入法的控制栏上选择按钮切换为英文输入法。

英文中经常会出现大小写字母混排的情况，如果需要将以前写过的内容转为大写，或转换为小写，只要把光标定位到句子或单词的字母中，然后同时使用快捷键 Shift＋F3，如果原来英文字母是小写的，就会先把句子或单词的一个字母变为大写，再按一次快捷键，可以将整个单词或者句子中的字母都变为大写，再按一次就会变为小写。使用这种方法可以对输入后的内容快速地进行英文字母大小写转换。

3）插入特殊符号

在录入文档时，有时需要输入一些键盘上没有的特殊符号，如①②③④★☆←→等，可以用"插入"菜单内的符号命令，实现特殊符号的输入。

例如，如果想插入"←"符号，可用下面的方法来完成：

（1）单击"插入"菜单中的"符号"命令，打开如图 3.12 所示的"符号"对话框。

（2）单击"符号"对话框中的符号标签。

（3）在字体选项框内选择"标准字体"项，在子集选项框内选择箭头。

（4）可以用下面两种方法中的一种来插入符号。

（5）单击"关闭"按钮。"←"符号即可插入到文档中当前光标所在的位置。

也可以通过使用输入法控制栏中的按钮将软键盘切换为相应的输入内容。此时软键盘

图 3.12　"符号"对话框

可以选择为俄文,等等。

4）插入数学公式

（1）建立数学公式：单击"插入"菜单中的"对象",打开如图 3.13 所示的"对象"对话框。在对象类型中选择"Microsoft 公式 3.0",打开如图 3.14 所示的"公式"工具栏,进入数学公式编辑状态。

图 3.13　"对象"对话框

图 3.14　"公式"对话框

① 在"公式"工具栏的第二行选择一种模板。

② 在要插入公式元素的位置单击鼠标。

③ 在"公式"工具栏的第一行中选择专用数学符号。

④ 使用键盘输入普通符号或文字。

⑤ 在公式的主干或模板之间输入运算符。

（2）修改数学公式：双击要编辑的公式，进入公式编辑状态。

① 拖动或双击鼠标，选中要编辑的公式元素。

② 使用"剪切"、"复制"或"粘贴"，可以清除或复制公式元素。

③ 单击"公式"工具栏中要用的模板或符号，将它们添加到插入点。

5）录入段落

在输入大段的文本时，光标到达行尾（即右边界）后，Word 会自动将它移到下一行，称这种功能为自动换行或软回车。而在换段或者是建立空行时才按 Enter 键，称为硬回车，且新的一段会自动按上一段的设置进行排版。

在录入文本时需要注意调出标尺后，标尺上白色区域为文本输入的有效区域，即水平标尺对应文本的左右边界；注意当前的编辑状态是插入或改写；不要用加空格的办法实现段落的首行缩进。

3.2.2 选取文本

在 Word 的日常运用中常常要对文档的一部分进行操作，所以先选取要进行编辑的部分，选取文本后所做的操作就只作用于选定的文本。在 Word 2003 中选取文本的方法有以下几种。

1. 使用鼠标选取文本

通过拖动鼠标就可以根据需要选取相应文字，这是最基本、最常用的选取方式。操作方法如下：

（1）在要选取的文字的开始位置按下鼠标左键，然后拖动鼠标指针到结束位置释放鼠标即可；选中的文字以黑底白字的高亮形式显示在屏幕上，与未被选取的部分区分开来。如图 3.15 所示。

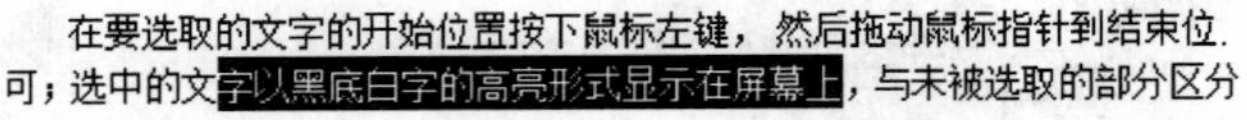

在要选取的文字的开始位置按下鼠标左键，然后拖动鼠标指针到结束位可；选中的文字以黑底白字的高亮形式显示在屏幕上，与未被选取的部分区分

图 3.15　文字选中状态

（2）如果选择英文单词或是中文的词语可以双击英文单词或中文词语；在某一段中的任意位置单击鼠标左键三次即可选定整段。

（3）用户还可以将鼠标移动到 Word 2003 文档左侧空白区域，当鼠标指针将呈现向右箭头状时单击或拖动鼠标，则可以选中一行或多行文本块。

2. 使用键盘选取文本

通过键盘提供的一些快捷键可以有效地提高选取文本的速度。快捷键功能如下：

（1）Shift＋↑或↓ ：向上或向下选取一行字符。

（2）Shift ＋ ←或→：向左或向右选取一个字符。

（3）Shift＋Home 或 End：选定插入点至行首或行尾。

（4）Shift＋PgUp 或 PgDn：向上或向下选取一屏。

（5）Shift＋Ctrl＋Home 或 End：选至文档开头或结尾。

（6）Shift＋Ctrl＋↑或↓：选至段落开头或结尾。

（7）Shift＋Ctrl＋←或→：选至词头或词尾。

（8）Ctrl＋A：选择整个文档。

3．使用鼠标和键盘结合的方式选取文本

结合使用鼠标和键盘也可以有效地选择不同的文本内容。

（1）如果需要在选定了其中一块文本之后，再按下 Ctrl 键的同时选中另一块文本，这样两块或多块文本将被同时被选中。

（2）如果要选中的 Word 2003 文本块比较大，用户可以在开始选取的位置处单击鼠标左键，然后在按下 Shift 键的同时在文本块结束选取的位置处单击鼠标左键，即可选中所需要的文本块。

（3）如果想选择一个矩形区域，可以在按下 Alt 键的同时，使用鼠标去选择矩形框。

4．使用扩展模式选取文本

使用扩展模式可以依次选取词、句、段落、全文。方法如下：

（1）双击状态栏上的"扩展"框或按 F8 键，可进入扩展状态。

（2）按住 Ctrl＋Shift＋F8 键，可进入列选定模式。

（3）按 Esc 键，或再次双击扩展框，可退出扩展模式。

用户可以根据自己的需要选择选取文字的方法。使用快捷键组合可以非常有效地提高工作效率。

3.2.3 文本的简单编辑

文本内容在录入之后，可以通过一些简单的编辑方法对内容进行修改。

1．文本的插入和改写

对于录入的文本内容，如果有需要添加的内容，可以使用鼠标将插入点移至想要进行插入的位置。在插入内容前，先通过状态栏查看是否处于插入状态。如果改写框处于灰色，则处于插入状态，否则则处于改写状态。双击或者按 Insert 按键都可以进行状态的切换。

2．文本的移动

对于录入的文本内容，如果需要改变内容的位置，可以选择以下方式进行文本的移动。

（1）选定文本，然后将鼠标指向该文本块的任意位置，鼠标光标变成一个空心的箭头，然后按鼠标左键拖动鼠标到新位置后再松开鼠标。

（2）选定文本，选取常用工具栏中的剪切按钮 （Ctrl＋X），将插入点定位到新位置，选取常用工具栏中粘贴按钮 （Ctrl＋V）。

（3）使用"编辑"菜单中"剪切"和"粘贴"命令。

3．文本的复制

（1）选定文本，然后将鼠标指向该文本块的任意位置，鼠标光标变成一个空心的箭头，然后在按住 Ctrl 键的同时拖动鼠标到新位置后再松开 Ctrl 键和鼠标。

（2）选定文本，选取常用工具栏中复制按钮 （Ctrl＋C），将插入点定位到新位置，选取常用工具栏中粘贴按钮 （Ctrl＋V）。

（3）使用"编辑"菜单中"复制"和"粘贴"命令。

4．文本的删除

选定需要删除的文本块，然后按照以下的方法删除即可。

（1）使用←（Backspace）键，按一下退格键，可删除光标前一个字符或一个汉字。

（2）使用 Del 键，按一下删除键，可删除光标后一个字符或一个汉字。

5．文本的查找和替换

在 Word 2003 中可以在文档中搜索指定的文本内容，也可以用新的文本内容去替换搜索到的内容。

1）查找文本

如果要在大篇幅的文档内容中查找某个字符，使用肉眼操作是不可能的，Word 提供了较为方便快捷的查找方法。

（1）打开菜单中的"编辑"菜单中的"查找"命令，也可以用 Ctrl＋F 快捷键，打开如图 3.16 所示"查找和替换"对话框。

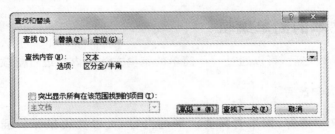

图 3.16　"查找和替换"对话框

（2）在该对话框的"查找内容"文本框中键入需查找的字符串。

（3）单击"查找下一处"按钮，系统开始查找，并将找到的字符串反白显示。

（4）重复上一步操作查找其余字符串。

（5）单击"取消"按钮可随时结束查找，关闭对话框。

2）替换文本

替换与查找的方法基本相同，区别是在找到指定的字串后，可以选择用新的内容替换找到的内容。操作方法如下：

（1）打开菜单中的"编辑"菜单中的"替换"命令，打开如图 3.17 所示的"查找和替换"对话框，也可以打开"查找和替换"对话框后，选择"替换"标签。

（2）在该对话框的"查找内容"文本框中键入需查找的字符串。

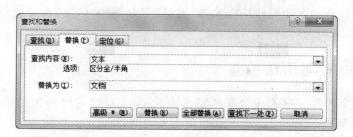

图 3.17 替换对话框

（3）在"替换为"文本框中输入新的内容。

（4）单击"替换"或者"全部替换"按钮。

（5）单击"取消"按钮可随时结束替换，关闭对话框。

3）高级查找替换

Word 2003 的查找和替换功能是非常强大的，除了查找一般的字符串之外，还可以查找特殊符号或具备某种特定格式的文本，并可以设置一系列的选项对查找替换的过程进行各种控制。方法：单击"查找和替换"对话框中的"高级"按钮可以在对话框中显示出高级选项，如图 3.18 所示。使用这些选项可以进行查找特殊符号、按格式查找以及使用通配符查找等特殊查找功能。

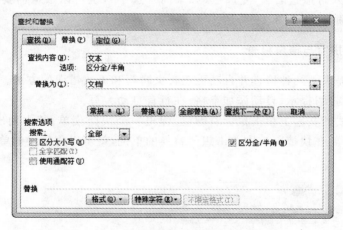

图 3.18 高级查找替换

6. 撤销与恢复

用户在使用 Word 2003 编辑文档的过程当中，出现错误操作是在所难免的。例如在删除文本时误删除了不应该删除的文本。Word 2003 会自动记录用户最近的一系列操作，因此用户可以方便地撤销前面操作中的某些步骤。在这种情况下，用户可以利用 Word 2003 提供的撤销功能，操作方法如下所述：

打开 Word 2003 文档窗口，当出现错误操作后，在"常用"工具栏单击"撤销"按钮，或者按下 Ctrl ＋ Z 组合键即可撤销上一步操作。

单击"撤销"按钮右侧的下拉三角按钮，在打开的下拉列表中选择需要撤销之前的多次操作。

如果要恢复最近一次的操作可以单击"编辑"菜单下的"恢复"命令，或者按 Ctrl＋Y 组合键，或者单击工具栏上的"恢复"按钮 。

3.2.4　拼写与语法检查

使用 Word 录入文字时不免会存在输入错误，写文章时若出现文字错误、语法错误，或者文档中包含与 Word 自身词典不一致的单词或词语，Word 会在键入时进行拼写和语法检查。红色波浪线表示可能存在拼写错误。绿色波浪线表示可能存在语法问题。除了在键入时检查拼写和语法外，还可以运行拼写和语法检查器检查整个文档。

1. 设置拼写与语法选项

在输入文本时自动进行拼写和语法检查是 Word 2003 默认的操作，但若是文档中包含有较多特殊拼写或特殊语法，则启用键入时自动检查拼写和语法这项功能，就会对编辑文档产生一些不便。因此在编辑一些专业性较强的文档时，可暂时先将输入时自动检查拼写和语法功能关闭。

（1）单击"工具"菜单下的"选项"命令，打开"选项"对话框。

（2）在打开的对话框中选择"拼写和语法"选项卡。

（3）选中"键入时检查语法"复选框（如果尚未选中），也可以根据需要选择任何其他拼写选项和语法选项，如下图 3.19 所示。然后单击"确定"按钮。

2. 自动英文拼写与语法检查

Word 2003 提供了几种检查并自动更正英文拼写和语法错误的方法。包括自动更改拼写错误、提供更改拼写提示、自动添加空格、在行首自动大写。

在带有波浪线的文字上单击鼠标右键，会弹出一个快捷菜单，其中列出了修改建议，如图 3.20 所示。只要在快捷菜单中单击想要替换的单词，就可以将错误的单词替换为选取的单词。

图 3.19　拼写和语法检测

图 3.20　英文拼写检查

选择"全部忽略"选项,忽略该文档中所有该单词的拼写错误。

选择"添加到词典"选项,主词典中包含了绝大部分常用词汇,但是可能没有某些专有名词、科技术语、缩写等。另外,某些词汇在主词典中可能与在文档中的大写字母开头方式不相同。向自定义词典中添加这种词汇或大写字母开头可以防止拼写检查工具对它们做出标记。Word 以后便不再将该单词编辑为错误。

选择"语言"选项,可以选择一门语言。

选择"拼写检查"选项,将显示"拼写检查"对话框,以便指定附加的拼写选项。

3. 自动中文拼写与语法检查

中文拼写与语法检查与英文类似,只是在输入过程中,对出现的错误单击右键后,在弹出的菜单中不会显示相近的字或词。中文拼写与语法检查主要通过"拼写和语法"对话框和标记下划线两种方式来实现。

4. 自动测定语言

在 Word 中,允许在一篇文档中同时输入中文、英文、日文或其他语言的文字。如果文档中使用了多种语言,那么 Word 还会自动检测所使用的语言,并启动不同语言的拼写检查功能。要使用自动测定语言功能,可以选择"工具"菜单中的"语言"菜单项,并从其级联菜单中选择"设置语言"命令,弹出如图 3.21 所示的"语言"对话框,选中"自动检测语言"复选框即可。

图 3.21 "语言"对话框

3.2.5 自动更正文本

在文本的输入过程中,难免会出现一些拼写错误,借助 Word 的"自动更正"功能,可以在输入文本时自动将一些经常输入错误的词语改正过来。例如在输入时误写成"作茧自缚",系统会自动更正为"作茧自缚"。操作过程如下:

(1) 打开 Word 2003 文档窗口,在菜单栏中依次单击"工具"菜单下的"自动更正选项"菜单命令。打开如图 3.22 所示"自动更正"对话框。

(2) 单击"自动更正"标签,选中"键入时自动替换"复选框,在"替换"文本框中输入需要自动更正的词条,该词条最多可以包含 31 个字符且不能包含空格。本例输入"淡季",然后在"替换为"文本框中输入自动更正词条替代文本"单击"。单击"添加"按钮添加本词条,单击"确定"按钮关闭"自动更正"对话框。

(3) 通过上述设置可以使用户在输入"淡季"时系统自动将其更正为"单击"。当鼠标指针指向自动更正的词语时,其下边将出现一个智能标记。单击该标记右侧的下拉三角按钮,在打开的下拉菜单中如果单击"改回至淡季"选项,则被自动更正的"单击"会改回"淡季";如果单击"停止自动更正淡季"选项,则再次输入"淡季"时系统将不会将其自动更正。

在 Word 2003"自动更正"对话框中用户可以选择多种自动更正的内容。例如用户可以选中"句首字母大写"复选框,这样用户在输入英文句子时,如果句首第一个字母输入的是小写字母,则该字母会自动被转换为大写。

图 3.22 "自动更正"对话框

3.3 格式化文本

输入文本是赋予文档内容的过程,格式化文档则是赋予文档形式的过程。优秀的文档,不仅要有充实的内容,更要有完美的形式。使用文字处理软件撰写文章、专著,如果懂得如何快速、巧妙地设置格式,不仅可以使文稿样式美观,更可以加快编写速度。否则就会感到处处受到束缚,写作过程也难以顺畅,影响工作效率。

3.3.1 设置字符格式

在文档中,字符是组成文档最基本的内容,字符可以是一个汉字,也可以是一个字母、一个数字或一个单独的符号,字符的格式包括字符的字体、字形、字号、下划线、效果、字符间距等。当用户输入完所需要的文本内容后就可以对相应的文本内容进行格式化操作,从而使文档更加美观。在 Word 中可以通过快捷键、格式工具栏以及菜单来对字符的格式进行设置。但需要注意的是无论使用哪一种方法进行格式设置,首先都要选定待操作文本。

1. 使用格式工具栏

启动 Word 2003 应用程序,会默认打开格式工具栏。或者可以通过"视图"菜单中的"工具栏"选择"格式"工具栏,将它打开,如图 3.23 所示。

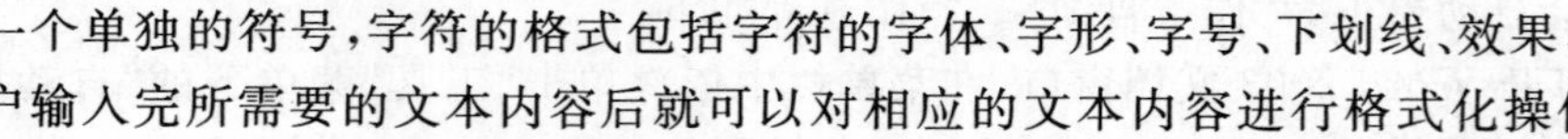

图 3.23 格式工具栏

样式和格式:打开"样式和格式"任务窗格。

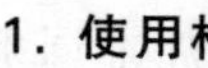

样式组合框:列出现有的可用样式,选择时需要单击右侧的下三角按钮,在相

应的列表中选择样式。

Times New Roman 字体组合框：列出所有中英字体,使用时可以在相应的列表中选择字体。

五号 字号组合框：列出所有字号。表述字号的方式有两种,一种是汉字的字号,如初号、小初、七号、八号等,在这里"数值"越大,字就越小,八号字是最小的;另一种是用国际上通用的"磅"来表示,如 5、5.5、10、12、48、72 等,数值越小,字符的尺寸越小,数值越大,字符的尺寸越大。使用时可以在相应的列表中选择字体,也可以手工输入字号。

B 加粗按钮：选中文字被设置成加粗格式。

I 倾斜按钮：选中文字被设置成向右倾斜的格式。

U 下划线下拉按钮：上下光标为字符添加下划线同时选择下划线的线型和颜色。

A 字符底纹：默认状态下为字符添加样式 20％的底纹。

A 字符边框：为文字添加边框。

A 字体颜色下拉按钮：设置文字的颜色,Word 文档的文字默认是黑色。

2. 使用"字体"对话框

选择"格式"菜单下的"字体"或者在选择的文本内容上单击右键选择"字体"都可以打开"字体"对话框。对话框中有三个选项卡,包括字体、字符间距和文字效果。不仅可以完成"格式"工具栏中所有字体设置功能,而且还能给文本添加特殊效果,设置字符间距等。

1） 设置字体

选择"字体"对话框中的"字体"选项卡,如图 3.24 所示。

除了可以设置字符字体、字号等外,在字体选项卡中也有一些字体的效果可供选择,并且可以预览使用后的效果。包括有空心字、删除线、上标、下标等。

2） 设置字符间距

选择"字体"对话框中的"字符间距"选项卡,如图 3.25 所示。

图 3.24　"字体"对话框

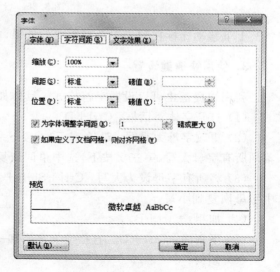

图 3.25　设置字符间距

（1）在"缩放"设置处，即可以直接键入字符，也可以用上下光标选择百分比，改变字符在水平方向上的缩放比例。这里改变的是字符的宽度，而不是字符的高度。

（2）在"间距"设置中，上下光标选择不同格式，同时还可以通过在"磅值"中键入或选择磅值来调整字符间隙。这里设置的是字符间的水平间距，不改变行间距。

（3）在"位置"设置中提供三个选项，标准、提升、降低。选择提升或降低会使选中文字符不再与未选中字符处于同一水平线，它们将高于或低于未选中的文字，同时，行间距会被自动撑高以适应字符位置的变化。

（4）在"为字体调整字间距"复选框中，能在应用字符缩放时自动调整字符间距以适应用户的设置。

3）设置动态文字效果

打开"字体"对话框，选择"文字效果"选项卡，如图 3.26 所示。

图 3.26　设置文字效果

上下移动光标在列表中选择需要的效果，在下面的预览中可以查看效果。

3．使用快捷键设置

利用快捷键也可以设置字符格式。具体如下：

（1）打开字体对话框：Ctrl＋D。

（2）更改字母大小写：Shift ＋F3。按下一次，选中单词的首字母大写，按下两次，选中单词所有字母大写，第三次按下，选中单词恢复到小写。

（3）将所有字母设为大写：Ctrl＋Shift＋A 按下一次，选中字母全部大写，再次按下，选中字母恢复到小写。

（4）加粗：Ctrl＋B。

（5）下划线：Ctrl＋U。直接给文字添加一条下划单线，不能选择线形和颜色。

（6）倾斜：Ctrl＋I。

（7）下标：Ctrl＋＝。

（8）上标：Ctrl＋Shift＋加号。

3.3.2　设置段落格式

在输入文本的过程中，按下 Enter 键可以结束本段另起一段，键入 Enter 的位置会出现一个灰色带弯的小箭头，这就是段落标记，在 Word 文档中两个段落标记间的文本就是一个段落。段落是构成整个文档的骨架。段落的格式化包括段落对齐、段落缩进、段落间距设置等。

1. 段落对齐

为使文档整齐美观，通常要设置段落的对齐方式。

1）5 种对齐方式

在 Word 2003 中，文本水平对齐的方式有以下几种：

（1）左对齐：段落中每一行的行首字符紧贴左侧页边距线对齐，字间距不改变。

（2）右对齐：段落中每一行的行尾字符紧贴右侧页边距线对齐，字间距不改变。

（3）居中对齐：段落中每一行字符均以稿纸的纵轴线为准对齐，同时每一行字符又以稿纸纵向中轴线为准，向两侧平均分布，字间距不改变。

（4）两端对齐：段落中完整的行，行首字符和行尾字符紧贴左右面边距线对齐，未写满的行则执行左对齐方式，字间距不改变，这个设置能使打印出来的文稿十分整洁。

（5）分散对齐：无论该行有多少个字符，均执行首字符左对齐，尾字符右对齐，行内的其他字符均匀地分散在首字符和尾字符间，字间距随该行字数的多少而改变，字符数少，字间距就大，字符数多，字间距就小，如果该行是完整的一行，则字间距不会改变。

2）设置对齐方式的方法

设置段落的对齐方式可以采用格式工具栏、菜单栏和快捷键三种方式：

（1）选中需要设置的段落或者将鼠标放在需要设置格式的段落中，按格式工具栏上的“两端对齐”按钮▤、“右对齐”按钮▤等来分别完成相应的设置。

（2）单击“格式”菜单中的“段落”，打开“段落”对话框，选择“缩进和间距”选项卡，如图 3.27 所示。

（3）各种对齐方式对应的快捷键分别为左对齐是 Ctrl＋L，右对齐是 Ctrl＋R，居中对齐是 Ctrl＋E，两端对齐是 Ctrl＋J，分散对齐是 Ctrl＋Shift＋J。

2. 段落缩进

缩进控制的是文字与左右页边距线之间的关系。有效的段落缩进可以更清楚地显示段落之间的层次关系。

1）4 种缩进方式

段落的缩进有“左缩进”、“右缩进”、“首行缩进”、“悬挂缩进”四种方式。

（1）左缩进是行首字符和稿纸左边距线之间留出一段空白距离。

（2）右缩进是行尾字符和稿纸右边距线之间留出一段空白距离。

需要注意的是，如果缩进值被设置为负数时，行首和行尾字符就会溢出文档的左右页边

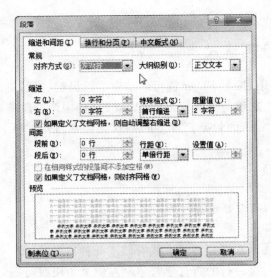

图 3.27 "段落"对话框

距线,也就是说,行首字符会在左边距线的左侧而行尾字符会在右边距线的右侧。在设置缩进时,可以单独设置左缩进或右缩进,也可以设置左右同时缩进。

(3) 首行缩进是段落的第一行第一个字向右缩进一段距离,中文的书写习惯是段落开头缩进两个汉字的距离。

(4) 悬挂缩进的含义是被设置段落的第一行不动,只是其他行进行缩进。

2) 设置段落缩进的方法

设置段落缩进可以采用以下几种方法。

(1) 单击"格式"菜单中"段落"按钮,打开"段落"对话框,如图在"缩进和间距"选项卡中的数字显示框用于设置左右缩进的缩进量,以字符为单位。特殊格式:用于设置"首行缩进"和"悬挂缩进","度量值"数字显示框用于设置特殊格式的缩进量。如果单位使用厘米,只要在输入时直接输入数值和厘米即可,例如 5 厘米,不能输入 5cm。

(2) 使用快捷键设置段落缩进。左侧段落缩进是 Ctrl+M;取消左侧段落缩进是 Ctrl+Shift+M;创建悬挂缩进是 Ctrl+T;减小悬挂缩进量是 Ctrl+Shift+T;删除段落格式是 Ctrl+Q。

(3) 使用标尺设置段落缩进。在标尺上移动缩进标记也可以改变文本的缩进量。利用标尺,可以对文本进行左缩进、右缩进、首行缩进、悬挂缩进等操作。如果设置左缩进可以拖动标尺左边上的方形滑块;如果设置右缩进可以拖动标尺右边的三角形滑块;如果设置首行缩进可以拖动标尺左边上的倒三角形滑块;如果设置悬挂缩进可以拖动标尺左边上的方形滑块上的正三角形标记,如图 3.28 所示。

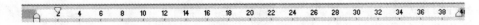

图 3.28 水平标尺

(4) 使用 Tab 键缩进正文。将光标置于段落的开始处,单击一次 Tab 键,可以将光标所在的段落的首行缩进两个字。

3. 行距、段前和段后间距

行距是前一行文字的底部到下一行文字底部的距离,默认情况下,Word 会自动调整行距以容纳行内的字符和图形,当然,用户也可以根据自己的需求对行距进行设置。在"段落"对话框的"缩进和间距"选项卡下进行设置:

段前(B):设置选中段落首行与上一段末行的距离。默认为 0 行。

段后(E):设置选中段落末行与下一段首行的距离。默认为 0 行。

行距(N):设置选中段落各行字符的垂直距离,默认是单倍行距,如果在行距组合框中选择了"最小值"或"固定值",则需要用到"设置值":单击数字显示框然后选择或者键入磅值。

3.3.3　设置项目符号和编号

使用项目符号和编号列表,可以对文档中并列的项目进行组织,或者将顺序的内容进行编号,以使这些项目的层次结构更清晰、更有条理。

Word 2003 提供了自动添加项目符号和编号的功能。在以"1."、"(1)"、"a"等字符开始的段落中按回车键,下一段开始将会自动出现"2."、"(2)"、"b"等字符。除此之外,还可以根据需要自行设置项目符号。

1. 为现有文档添加和删除项目符号或编号

(1) 使用格式工具栏设置。选中待设置的文本,选择格式工具栏上的"项目符号"按钮或"编号"按钮即可。

(2) 使用菜单栏。可以通过"格式"下的"项目符号和编号",打开"项目符号和编号"对话框,如图 3.29 所示。在"项目符号"选项卡和"编号"选项卡下选择需要的选项。

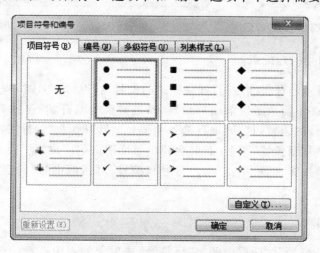

图 3.29　"项目符号和编号"对话框

如果需要删除项目符号和编号,可以选中需要删除的项目符号或编号,直接按下Backspace 键删除。或者单击常用工具栏上的"项目符号"按钮或"编号按钮"也能删除项目符号或编号。

2. 更改项目符号和编号列表的格式

选中要更改项目符号或编号样式的文本,打开"项目符号和编号"对话框,在"项目符号"选项卡或"编号"选项卡下选择自己喜欢的样式按回车即可。

在"项目符号"选项卡或"编号"选项卡里,用户还可以添加自定义样式。以添加自定义编号为例。

打开"项目符号和编号"对话框,在"编号"选项卡中用光标随意选中一个列表项,选择"自定义"按钮,按回车键打开"自定义编号列表"对话框,如图 3.30 所示,在"编号样式"组合框下光标选择"甲,乙,丙 …"按回车键即可,在这个对话框中,还可以设置编号的对齐方式、字体、缩进位置等,设置完成后确定即可。再打开"项目符号和编号"对话框,如图 3.31 所示,显示了刚才添加的"甲,乙,丙 …"的样式。

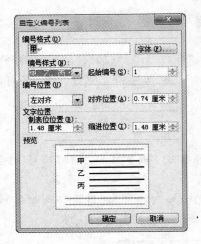
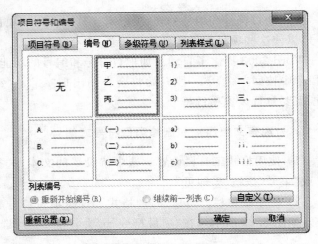

图 3.30 "自定义编号列表"对话框　　　　图 3.31 添加的自定义编号

3. 重新设置编号的起始点

在 Word 中,编号是有连续性的,某种样式的编号,在继续编号时,程序会自动延续前面的编号。但有时候并不需要继续前面的编号,而是需要重新开始新的编号,这时,可以将光标移动到需要新编号的位置,打开"项目符号和编号"对话框,在"编号"选项卡列表中选择需要的样式然后单击"重新设置"按钮,此时会弹出对话框询问用户"是否将此库位置重设为默认设置?",单击"是"按钮,然后单击"项目符号和编号"对话框中的"确定"按钮,文档里就有新的编号列表了。

4. 创建多级列表

在"项目符号和编号"对话框中的"多级符号"选项卡列表中选择一个样式后确定,然后开始输入文本,此时行首就出现了第一级编号的第一项,例如选择了"第 1 章第 1 节(a)"的样式,行首就会出现"第 1 章"这个编号,只要一按下回车,下一行的行首就会出现"第 2 章"这个编号。

如果需要的是在第 1 章下面编写第 1 节,也就是需要创建第二级编号的第一项,而不需要第一级编号的第二项，按下 Tab 键一次，这个编号就会自动变成"第 1 节"。写完第 1 节的内容后按回车键，程序会自动创建好"第 2 节"这个编号，如果想在第 1 节下展开几个小问题，那就需要第三级编号，再按 Tab 键一下，第 2 节就自动变成第 1 节下面的(a)了，这时如果按下回车，编号会自动显示为(b),(c),……。

那么，如何从第三级编号回到第二级和第一级呢，如果不需要(c)这个编号，需要"第 2 节"时，可以使用 Shift＋Tab 快捷键，自动回到第二级编号的第二项，也就是第 2 节，如果按下两次 Shift＋Tab，就会回到第一级编号，也就是第 2 章。

特别提示，每按一次 Tab 键，编号就会降低一级，每按下一次 Shift＋Tab，编号就会提升一级，或者使用"格式"工具栏上的"增加缩进量"按钮 和"减少缩进量"按钮 来完成此操作，增加缩进量降低级别，减少缩进量提升级别。

3.3.4　使用格式刷

在使用 Word 2003 编辑文档的过程中，可以使用 Word 提供的"格式刷"功能快速、多次复制 Word 中的格式。当非常欣赏某些字符的格式，但又弄不清楚具体是什么格式时，使用格式刷就非常方便了。

可以按下述方法使用格式刷：

(1) 用鼠标选择格式已经设置好的文本。

(2) 单击"常用"工具栏上的"格式刷"按钮 ，这时候的鼠标指针就变成了一个小刷子。

(3) 然后按住鼠标的左键刷过将要格式化的文本，所刷过的文本就被格式化呈标准文本的格式了，同时鼠标指针也恢复原状。

如果在第(2)步是双击"格式刷"，那么就可以在多处反复使用同一个格式了。如果想要停止格式刷，就要单击"格式刷"按钮，或者单击 Esc 键取消。

3.3.5　设置段落边框和底纹

在编辑 Word 文档的时候有些重要的文字和段落可以通过设置边框和底纹来标注，这样可以对关键的部分起到强调和美化作用。设置方法如下所述。

1. 设置文本的底纹

(1) 首先打开要设置底纹的 Word 文档，然后在文档中按住鼠标左键选中要设置底纹的文字。

(2) 单击"格式"菜单中的"边框和底纹"命令，打开"边框和底纹"对话框，选择"底纹"选项卡。

(3) 在填充栏内选择颜色，再选择样式，在"应用于"列表框选择"文字"或"段落"，就可以对文字或者段落添加底纹，如图 3.32 所示。

2. 设置边框

打开如图"边框和底纹"对话框，选择"边框"选项卡，在"设置"区域中有 5 种边框样式，

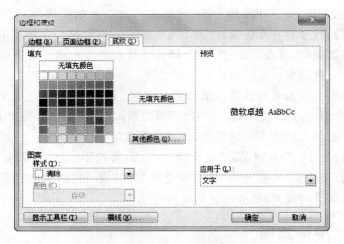

图 3.32   "边框和底纹"对话框

从中可以选择所需的样式；在"线型"列表框中列出了各种不同的线条样式，从中选择所需的线型；在"颜色"和"宽度"下拉列表框中，可以为边框设置所需要的颜色和相应的宽度；在"应用于"下拉列表框中，可以设定边框应用的对象是文字或是段落。效果如图 3.33 所示。

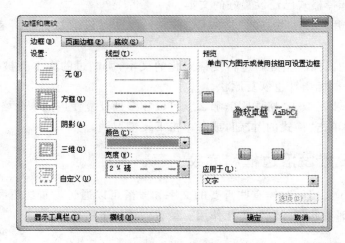

图 3.33   设置边框效果

3.4   表格的创建与应用

在 Word 文档中，表格有两大功能，一是呈现文档内容，二是控制文档结构。在编辑文档时，为了更形象地说明问题，可以在文档中制作各种各样的表格。例如，课程表、成绩表、财务报表、简历等。Word 2003 提供了强大的表格功能，可以帮助用户方便地创建与编辑表格。

3.4.1　创建表格

如图3.34所示的一张表格。表格就是由一些粗细不同的横线和竖线构成的，横的叫作行，竖的叫作列。由行和列相交的一个个方格称为单元格。单元格是表格的基本单位，每一个单元格都是一个独立的正文输入区域，可以输入文字和图形，并单独进行排版和编辑。

图3.34　表格示例

在Word 2003中可以使用多种方法来创建表格。

1．使用工具栏上的按钮创建表格

（1）将光标定位到文本中将要插入表格的位置。
（2）单击"常用"工具栏中的"插入表格"按钮 ▦ 。
（3）在出现的表格选择框中拖动以选定所需行数和列数。
（4）松开鼠标按钮，得到所需要的表格。

插入表格后，光标会自动移到第一行第一列的单元格中，这是输入文字的位置。要移动光标可以使用上、下、左、右键，或者使用Tab键可以在相邻的单元格之间进行切换。

2．使用对话框创建表格

（1）将光标定位到文本中将要插入表格的位置。
（2）单击"表格"菜单中"插入"下的"表格"命令，打开"插入表格"对话框，如图3.35所示。

（3）在"插入表格"对话框中，输入行数、列数；并做"自动调整"的设置。

固定列宽：单选按钮选中表示表格的列宽不会因键入的内容或文档视图及程序窗口的改变而改变。旁边的"自动调整"操作自动数字显示框是为表格设定列宽的，可以用上下光标选择或者直接键入数值，这样当表格中键入的字符串长度超过了列宽，程序会自动撑高该单元格所在的行，让字符可以在单元格内换行，而列宽不变。如果在"自动调整"操作自动数字显示框选择了"自动"，就相当于选择了下面的"根据窗口调整表格"单选按钮。

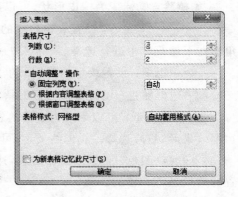

图3.35　"插入表格"对话框

根据内容调整表格：单选按钮选中表示表格的行高与列宽将会随时被自动调整以适应每个单元格中键入的内容。

根据窗口调整表格：单选按钮"选中"表示表格的行高和列宽将随文档视图和程序窗口的改变而改变，以保证用户总能看到完整的表格。本选项适用于创建 Web 页面或 HTML 页面。

自动套用格式：单击此按钮弹出"表格自动套用格式"对话框，如图 3.36 所示。Word 应用程序为用户提供了多个表格样式以供选择。

为新表格记忆此尺寸：选中复选框表示下次创建相同的表格时，程序将以当前设置为默认值。

（4）单击"确定"按钮后，页面即插入了一个符合要求的空白表格。

3. 自由绘制表格

实际应用中，行与行之间或列与列之间都是等距离的规则表格很少，在很多情况下，需要创建各种列宽、行高都不等的不规则表格。通

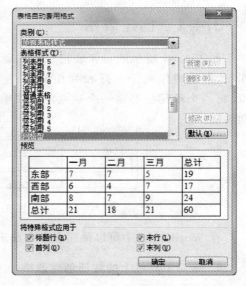

图 3.36 "表格自动套用格式"对话框

过"视图"菜单的"工具栏"或者单击"表格"菜单下的"绘制表格"，打开如图 3.37 所示的"表格和边框"工具栏，可以创建不规则的表格。

图 3.37 "表格和边框"工具栏

在该工具栏上单击相应按钮对将要创建的表格的线型、边框、底纹等进行设置后，用户就可以用鼠标在文档中绘制表格了。

绘制表格：可以使鼠标变为笔的形状，用户可以自制个性表格。

擦除：鼠标变为橡皮形状，可以擦除表格中的任意边框。

线型：设置表格边框的线型，包括有单实线、双实线等。可以单击右侧的三角形在下拉菜单中进行选择。

粗细：设置线型的粗细。单位为磅。

边框颜色：设置表格边框的颜色。

框线类型：可以切换为表格的外框线、内框线等各种边框线。通过其他按钮设置好边框效果后，最后选择一类框线类型，可以将效果应用于这一种框线。

底纹颜色：设置表格的底纹，这里默认的是表格的底纹，不是文字的底纹，两者设置的效果是不一样的。

插入表格：功能是插入新表格。

合并单元格：可以将选定的多个单元格合并为一个。

文字对齐方式：表格中的内容包括有水平对齐和垂直对齐，两者组合有 9 种对齐方式。

$\sim$ 升序：对表格内的数据进行升序排序。

$\sim$ 降序：对表格内的数据进行降序排序。

Σ 求和：对表格内的数据进行求和。

4. 绘制斜线表头

在创建的表格中经常需要使用到带有斜线表头的表格。斜线表头总是位于所选表格的第 1 行第 1 列的单元格中。斜线表头是指在表格的第 1 个单元格中以斜线划分多个项目标题，分别对应表格的行和列。绘制斜线表头有以下几种方法。

（1）打开"表格"菜单，单击"绘制斜线表头"命令，打开"绘制斜线表头"对话框，如图 3.38 所示。

在左边的"表头样式"列表框中选择"样式"，在行标题和列标题中输入内容，单击确定，就可以在表格中插入一个合适的表头了。

（2）打开"表格"菜单，单击"绘制表格"命令，或单击"表格和边框"工具栏最左边的"绘制表格"按钮 ，此时鼠标变成一支铅笔的形状，在左上角的那个单元格中从左上向右下拖动鼠标，即画好了这条斜线。画好后再单击一下"绘制表格"按钮，把这个功能取消。

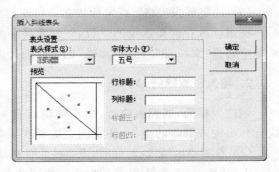

图 3.38　"插入斜线表头"对话框

（3）在"视图"菜单中"工具栏"下打开"绘图"工具栏，单击"直线"按钮，此时鼠标变成十字形，在左上角的那个单元格中从左上向右下拖动鼠标，即画好了这条斜线。

单击这条直线，两端出现两个控制点，拖动这两个控制点可以调整直线的长度；当鼠标变成十字形箭头时，拖动鼠标可调整直线的位置。按住 Alt 键的同时拖动鼠标，可以进行细微的调整。

5. 嵌套表格

所谓表格嵌套，就是在已有表格中创建表格。将光标指向要嵌套表格的单元格。执行"表格和边框"工具栏，使用插入表格按钮 打开"插入表格"对话框，或者展开"表格"菜单下的"插入"子菜单，执行"表格"也能打开"插入表格"对话框，在对话框中按需要设置好数值和选项后，确定即可。当然如果能使用鼠标的话，我们还可以事先在文档中创建好两个表格，然后用鼠标把一个表格拖曳到另一个表格内，这样也能完成表格嵌套。

3.4.2　表格的基本编辑

插入一张表格后，可以对表格继续进行修改编辑。

1. 在表格中选取对象

对表格进行格式修改先要选取编辑对象。表格的操作对象可以是一个单元格，也可以是整张表格。

（1）选定一个单元格：把光标移到该单元格的左侧，光标变成右向的黑色实心箭头时，单击鼠标即可选定。

（2）选定一行单元格：把光标移到该行的左侧，光标变成右向的空心箭头，单击鼠标即可选定。

（3）选定一列单元格：把光标移到该列的上界，光标变成向下的空心箭头，单击鼠标即可选定。

（4）选定部分单元格：选定要选择的最左上角的单元格，按住鼠标左键拖动到要选择的最右下角的单元格。或者按住 Ctrl 键，选择不连续的单元格，配合使用 Shift 键选择连续的单元格。

（5）选定整张表格：将鼠标放在表格左上角外侧，当鼠标变成十字形时，单击即可。

将鼠标放在需要选定的一行、一列或某个单元格内，单击"表格"菜单，在"选定"的下级菜单中选择"表格/列/行/单元格"也可以进行选择。

2．插入和删除行、列

创建表格后，遇到表格行、列不够用或有多余的情况。使用 Word 2003 可以方便地完成行列添加或删除的操作，使文档更加紧凑美观。

（1）在表格内插入行、列时，可以将光标移动到需要添加行、列相邻的单元格，选择"表格"菜单下的"插入"子菜单，执行"列（在左侧）"命令将在光标当前指向列的左侧插入一列。执行"列（在右侧）"命令将在光标当前指向列的右侧插入一列。执行"行（在上方）"命令将在光标当前指向行的上方插入一行。执行"行（在下方）"命令将在光标当前指向行的下方插入一行。

（2）在表格内删除行、列时，可以将光标移动到需要删除的行、列包含的单元格内，选择"表格"菜单下的"删除"子菜单即可。

3．插入和删除单元格

在 Word 2003 中，插入和删除单元格的操作与在表格中插入和删除行和列类似。

（1）在表格内插入单元格时，可以将光标移动到需要插入单元格相邻的位置上，选择"表格"菜单下的"插入"子菜单。单击"单元格"命令，弹出"插入单元格"对话框，如图 3.39 所示。这里有四个单选按钮，"活动单元格右移"表示将在光标所在单元格的左侧插入一个新的单元格，同时该行的列数也会增加 1 列，这个操作会导致表格中各行的列数不一致。"活动单元格下移"表示将在光标当前指向单元格的上方插入一个新的单元格，同时表格底端会新增一行，以适应单元格的下移。

（2）在表格内删除单元格，可以将光标放在相应的单元格内，选择"表格"菜单下的"删除"下的"单元格"命令，弹出如图 3.40 所示"删除单元格"对话框，选择"右侧单元格左移"表示光标当前指向的单元格将被右侧单元格覆盖，同时该行减少 1 列。这个操作会导致表格各行的列数不一致。选择"下方单元格上移"表示光标当前指向的单元格将被下方单元格覆盖，不过，表格的行数不会改变。"删除整行"表示将删除光标当前指向的行。"删除整列"表示将删除光标当前指向的列。

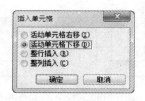
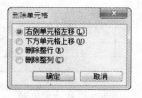

图 3.39　"插入单元格"对话框　　　　图 3.40　"删除单元格"对话框

4．拆分和合并单元格

拆分和合并单元格可以有效地定制个性化的表格。拆分单元格也是 Word 应用程序对表格特有的功能。在 Excel 应用程序中是不允许随意拆分单元格的。

1）合并单元格

合并单元格是指把两个或多个相邻的单元格合并为一个单元格。在表格中选取要合并的单元格，可以用以下三种方式合并单元格：

（1）选择"表格"菜单中的"合并单元格"命令。

（2）在打开的"表格和边框"工具栏中选择 ▦ 图标的按钮。

（3）在选择的单元格上，单击右键，在出现的快捷菜单中选择"合并单元格"命令。

合并后的新的单元格，将原来单元格的列宽和行高合并为当前单元格的列宽和行高。

2）拆分单元格

拆分单元格是把一个或多个相邻的单元格拆分为两个或两个以上的单元格。

如果只拆分一个单元格，那么光标指向该单元格，也可以采用以下几种方式进行拆分：

（1）选择"表格"菜单下的"拆分单元格"命令。

（2）在打开的"表格和边框"工具栏中选择 ▦ 图标的按钮。

（3）单击右键，在快捷菜单中选择"拆分单元格"命令。

三种方式都可以打开"拆分单元格"对话框，如图 3.41 所示。在"列数"数字显示框和"行数"数字显示框中键入或选择需要的数值确定即可。需要注意的是，拆分后的列数可以任意设定，但是行数必须是与单元格相邻的行数的公约数。

图 3.41　"拆分单元格"对话框

如果需要拆分多个单元格，先选中这些单元格，然后执行"表格"菜单下的"拆分单元格"，弹出"拆分单元格"对话框，选择好行列数值后，在"拆分前合并单元格"复选框中进行选择。

"拆分前合并单元格"被选中表示被选中的多个单元格会在拆分前被合并为一个单元格，然后再拆分，例如我们选中了 2 个单元格，并且把拆分的行数定为 3，列数定为 5，确定后这 2 个单元格就变成一个 3 行 5 列的嵌套表格。效果如图 3.42 所示。

"拆分前合并单元格"未选中则是另外一种情况，例如仍然选中 2 个单元格，并且仍然把拆分的行数定为 3，列数定为 5，确定后这 2 个单元格就分割成 2 个 3 行 5 列的嵌套表格了。效果如图 3.43 所示。

5．调整表格的行高和列宽

创建表格时，表格的行高和列宽都是默认值，但实际工作中，常常需要随时调整表格的

↵	↵	↵	↵	↵	↵
↵	↵	↵	↵	↵	
↵	↵		↵	↵	
↵				↵	

图 3.42　拆分前合并单元格

↵	↵	↵	↵	↵	↵	↵	↵
↵	↵	↵	↵	↵	↵	↵	↵
↵			↵			↵	

图 3.43　拆分前未合并单元

行高和列宽。在 Word 2003 中,可以使用多种方法调整表格的行高和列宽。需要注意的是对表格操作一定要先选定操作对象,否则很多命令会是灰色,处于不可用状态。

1) 自动调整

(1) 如果要平均分配行、列的高度与宽度,就可以将整张表格选中,然后单击右键,选择"平均分配各行",再重复这个操作,然后选择"平均分配各列"。

(2) 在"表格和边框"工具栏中选择 和 按钮进行。

(3) 执行"表格"菜单的"自动调整"命令下的五个子功能。

"根据内容调整表格"表示用户允许程序根据单元格中内容的多少来自动调整单元格大小。

"根据窗口调整表格"表示用户允许程序根据显示窗口的大小来自动调整单元格的大小。

"固定列宽"表示用户不允许程序自动调整表格的列宽,但允许程序根据内容自动调整表格的行高。

"平均分布各行"表示用户允许程序将内容最多的单元格的行高作为标准行高来自动调节选中范围内其他行的行高,以达到被选中区域所有行等高的目的。

"平均分布各列"表示用户要求程序自动平分表格左右边框间各列的列宽,并且无论内容多少,都不允许改变表格的列宽,同时允许程序根据内容多少自动调整各行的行高。

2) 使用鼠标拖动进行调整

(1) 将指针移到该行的下边框线上,当指针变成上下箭头的形状时,按住鼠标上下拉动就可以调整该行行高了,将指针移到列上,这时指针就会变成左右箭头的形状,此时左右拉动就可以调整列宽了。

(2) 把插入点定位在单元格中,垂直标尺中将出现行标记,将鼠标指针指向行标记,左右拖动行标记,就可以调整行高了。把插入点定位在单元格中,水平标尺中将出现列标记,将鼠标指针指向列标记,等它变成双向箭头后,左右拖动列标记,就可以调整列宽了。

3) 使用对话框进行调整

(1) 将光标移到表格任意单元格中,选择"表格"菜单中的"表格属性"或者单击右键,选择快捷菜单中"表格属性"选项,打开"表格属性"对话框,如图 3.44 所示。

(2) 单击"行"选项卡,进入行的设置,将"指定

图 3.44　"表格属性"对话框

高度"复选框选上,再在后面的框内输入或者选择高度值。单击"列"选项卡,进入列的设置。单击"单元格"选项卡,进入单元格的设置。

6．拆分与合并表格

1）合并表格

要合并上下两个表格,只需删除表格间的空行。把光标移动到两个表格间的空白处。无论两个表格间有多少个空行,用 Del 键来删除即可。

2）水平拆分表格

水平拆分是将一个表格拆分为上下两个表格,其操作方法是将光标移动到要拆分的表格,执行"表格"菜单的"拆分表格",或直接按下快捷键 Ctrl＋Shift＋Enter,这样就可以把表格分为上下两个了。拆分前光标指向的行成为拆分后下方表格的第一行。若要将拆分后的下方表格移到下一页,请将光标移动到两表间的空白处,然后按下快捷键 Ctrl＋Enter即可。

3.4.3 编辑表格文本

表格创建完后,还需要在表格中添加文本。在表格中处理文本的方法与普通文档中处理文本略有不同。因为在表格中,每个单元格就是一个独立的单位,在输入过程中,Word 2003 会根据文本的多少自动调整单元格的大小。

1．输入表格内容

用户可以在表格的各个单元格中输入文字、插入图形,也可以对各个单元格中的内容进行剪切或粘贴等操作,这和正文文本中所做的操作基本相同。建议使用 Tab 键在相邻的单元格之间进行切换,然后直接利用键盘输入文本即可。

表格中的第一行的每个单元格内的内容被称为表格的列标题;第一列中每个单元格中的内容被称为行标题;而表格的第一行第一列单元格称为表头。在文档表格的实际应用中,在查看单元格内容的同时,往往也要查看行列标题。

2．设置文本格式

在表格的每个单元格中,可以进行字符格式化、段落格式化、添加项目符号和设置文本对齐方式等。方法与对普通文本的设置基本相同。

1）表格中的字体

首先选中需要设置字体的单元格,然后,通过字体对话框或格式工具栏来改变字体格式,其方法与设置文本字体完全一样。

2）表格中的文字方向

光标移到要改变文字方向的单元格,如果要改变多个单元格的文字方向,请选中这些单元格,然后执行"格式"菜单下的"文字方向"命令,打开"文字方向"对话框,如图 3.45 所示。如果只是想把从左到右横

图 3.45 更改文字方向

向排列的文字改变成从上到下的传统中文排列方式,那么可以直接单击格式工具栏上的"更改文字方向"。

3)表格中文字的对齐方式

表格中文字的对齐方式决定了文字在单元格中的位置。表格中的文字对齐方式,有水平对齐和垂直对齐两种。水平对齐将确定文字与单元格左右边线的位置关系,而垂直对齐将确定文字与单元格上下边线的位置关系。表格中提供有三种垂直对齐方式:

(1)顶端对齐表示单元格内文字的首行紧贴单元格上边线对齐,如果该单元格写满,则无任何变化,如果该单元格未写满,则文字块显示在单元格上端,行间距不变。

(2)居中表示文字以单元格横轴线为准对齐,如果该单元格写满,则无任何变化,如果该单元格只有一行文字,那么它将显示在单元格的横轴线上,如果该单元格有四行,那么这四行文字会被均匀地分布在单元格横轴线的两侧,即横轴线上两行,横轴线下两行,行间距不变。

(3)底端对齐表示单元格末行紧贴下边线对齐,如果该单元格写满,则无任何变化,如果该单元格未写满,则文字块显示在单元格下端,行间距不变。

水平对齐完全可以通过"格式"工具栏上的相应按钮或按照对段落的对齐方式设置来完成。要改变单元格中文字的垂直对齐方式,可以使用以下几种方式。

需要将光标移动到表格,通过"表格"菜单或右键菜单执行"表格属性",弹出"表格属性"对话框,如图3.46所示在"单元格"选项卡下的"垂直对齐方式"中列出的三个选项中进行选择。

使用"表格和边框"工具栏中的 □· 按钮侧面的下拉按钮,在其中选择对齐方式。

在文档表格中,用户除了可以通过改变文字对齐方式来改变单元格中文字与边线的位置关系外,还可以通过直接设置文字至表格边线的距离来达到这个目的。打开"表格属性"对话框,如果要设置的是整个表格,那么选中"表格"选项卡用 Tab 键切到"选项"按钮按回车键弹出"表格选项"对话框,如图3.47所示。在上、下、左、右四个数字显示框中直接设置数值就能改变表格中文字与单元格边线的距离。

图 3.46　设置单元格垂直对齐方式

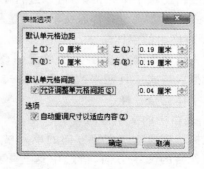

图 3.47　"表格选项"对话框

3.4.4 设置表格的边框和底纹

为了美化和突显文档中的表格,用户有时候需要对表格的边框和底纹进行设置。

1. 使用对话框设置

打开"表格属性"对话框,在"表格"选项卡下单击"边框和底纹"按钮弹出"边框和底纹"对话框。在这里,可以对表格的边框和底纹进行详细的设置。如图3.48所示,设置整个表格外边框为蓝色,宽度为3磅的双实线;内框线为绿色,宽度为1.5磅的虚线。设置过程如下。

(1)选择需要设置格式的表格或单元格。在设置选项中选择"自定义",在线型内先选择双实线,颜色选择蓝色,宽度选为3磅后,用鼠标单击右边"预览"框内的表格需要设置的框线即可,如图3.48所示。

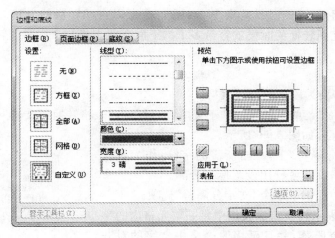

图3.48 "边框和底纹"对话框

(2)在线型内,如图3.49所示再选择一种虚线段,颜色内选择绿色,宽度选择1.5磅,鼠标在预览处的内部框线内直接单击即可。

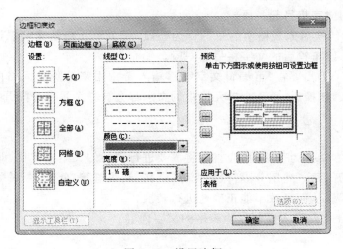

图3.49 设置边框

2．使用"表格和边框"工具栏

（1）首先还是要选定表格或单元格。选定整个表格，可以把鼠标移到表格的左上角，等出现一个十字形箭头的时候，单击鼠标左键，就把这张表格选中了。

（2）单击"表格和边框"工具栏的线型 ⬚⬚⬚⬚⬚ 按钮旁向下的箭头。

（3）在下拉列表框中选择我们所需要的一种线型。在 ⬚½磅⬚ 按钮中选择线的粗细。

（4）在 ⬚⬚ 按钮中选择边框的颜色。

（5）在 ⬚⬚ 中选择设置应用的边框范围即可。

这样，这张表格的边框就设置好了。

3.4.5　表格与文本之间的转换

在使用 Word 2003 的时候，有时候往往遇到把表格改成文字，或者是把文字制成表格的情况，当遇到这种情况的时候其实 Word 有一个可以自动转换的方法。学会这个方法在进行表格和文字互相转换的时候就容易多了。下面介绍表格与文本之间转换的具体步骤。

1．表格转换成文本

（1）选择要转换为段落的行或表格。

（2）选择"表格"菜单中的"转换"子菜单，然后单击"表格转换成文本"命令。打开"表格转换成文本"对话框，如图 3.50 所示。

（3）在"文字分隔符"下，单击所需的字符，作为替代列边框的分隔符。表格各行用段落标记分隔。

在该对话框中提供了四个"文字分隔符"选项。

图 3.50　"表格转换成文本"对话框

① 段落标记表示转换后原表格中每一单元格内的字符将独立成为一个段落，并且延用原表格中文字的对齐方式。

② 制表符表示转换后原表格中的字符将留在原来的位置，只是所有表格框线被删除了，如果单元格中有回车符，则回车符后的文字将另起一段。

③ 逗号表示转换后原表格中的每一行为一段，每个单元格的文字以逗号分隔，如果单元格中有回车符，回车符后的文字将另起一段。

④ 其他字符（O）需要在"可编辑文字"处，输入希望用来分隔单元格内文字的符号，例如键入星号，那么，转换后，每一个单元格中的文字都会被一个星号分隔开。

2．文本转换为表格

当需要把文本转换为表格时，应首先将需要进行转换的文本格式化，即把文本中的每一行用段落标记隔开，每一列用分隔符（如逗号、空格、制表符等）分开，否则系统将不能正确识别表格的行列分隔，从而导致不能正确地进行转换。

（1）在 Word 文件输入要制作为表格的文字内容。

（2）选中需产生表格的文字内容，单击"表格"菜单中的"转换"命令，选择"文本转换为表格"命令，弹出"将文字转换为表格"对话框，如图3.51所示。

（3）在弹出的对话框中的"文字分隔符位置"选项中所使用的分隔符，一定要和输入表格内容时的分隔符一致。对其他选项做适当的调整，单击"确定"按钮完成操作。

3.4.6 表格的排序与计算

Word 2003 不但为用户提供了丰富的表格制作功能，同时也为用户提供了计算和排序的功能，使用户可以对其中的数据执行一些简单的操作。

1. 在表格中排序

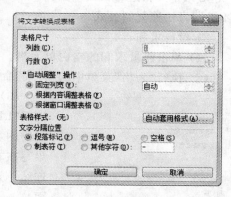

图 3.51 "将文字转换成表格"对话框

Word 2003 可以按笔画、数字、日期和拼音等对表格内容进行升降排序。实现排序的方法有两种：

（1）将光标定位于作为排序依据的列中，然后单击"表格和边框"工具栏中的"升序"按钮 ↓ 或"降序"按钮 ↓，即可快速完成排序。

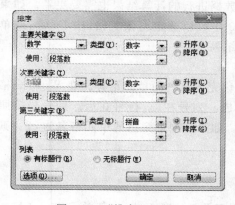

图 3.52 "排序"对话框

（2）选择"表格"菜单中的"排序"命令，打开如图 3.52 所示的"排序"对话框。在出现的对话框中，可详细设置排序的主要关键字，如果主要关键字有重复可以设置次要关键字。

如果表格中包含表头（Word 称其为"标题"）且用户尚未将其设置为标题，则选中"有标题行"单选项，以确保标题不参加排序。

要设置标题行，可将光标定位于要作为标题的行中，单击"表格"菜单下的"标题行重复"命令，则此行被认为是表格的标题行。此时，"排序"对话框中"有标题行"和"无标题行"单选项都是灰色，表示当前不可用。

2. 在表格中计算

在 Word 2003 的表格中，可以进行比较简单的四则运算和函数运算。方法是利用"表格"菜单中的"公式"命令或"表格和边框"工具栏中的自动求和按钮 Σ。

1）对列求和

（1）确认表格中输入的是符合标准的数字。

（2）把光标定位于最底部空白处等待求和的单元格中。

（3）在"表格和边框"工具栏中单击自动求和按钮 Σ。

（4）光标移动到下一列，单击自动求和按钮对下一列求和。

（5）重复上面步骤（4）的操作，对其他列求和。

对某单元格进行公式计算后，不要进行任何操作，立即进入需要复制公式的单元格，按 F4 键即可快速复制公式。

2）对行求和

（1）单击将被求和的空白单元格。

（2）执行"表格"菜单中的"公式"命令，调出"公式"对话框，如图 3.53 所示。

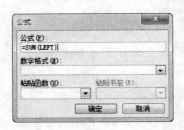

图 3.53　表格计算公式对话框

（3）将公式设置为对左边求和。在求和公式中默认会出现"LEFT"或"ABOVE"。"LEFT"表示对公式域所在单元格的左侧连续单元格的数据进行计算（这是对行求和，结果写在右侧），"ABOVE"表示对公式域所在单元格的上面连续单元格内的数据进行计算（这是对列求和，结果写在下面）。

（4）如果不想使用默认的数字格式，可以另设置数字格式。

（5）单击确定。

（6）移动到其余的空白栏，分别重复步骤（3）到（5）或按 F4 键对其余行求和。

3）更新计算结果

有的时候，对表格中的数据进行修改，使用这些数据进行的计算结果也需要更新。如果手动修改，工作量较大而且容易出错。在 Word 2003 中可以选定整张表格，按 F9 键，或单击右键，在快捷菜单中单击"更新域"，更新全部计算结果。

4）简单算术运算

当需要简单的数据运算结果时，Word 可以帮助你完成这种简单的运算。在 Word 表格中单元格的命名是由单元格所在的列行序号组合而成。列号在前，行号在后。列号是按照字母的顺序依次排列；行号是按照数字的顺序排列。如第 3 列第 2 行的单元格名为 c2。其中字母大小写通用，使用方法与 Excel 中相同。

（1）单击文档中要放置运算结果的地方。

（2）选择"表格"菜单中的"公式"命令。

（3）输入要运算的公式。一般的计算公式可用引用单元格的形式，如某单元格＝（A1＋B6）＊2，即表示第一列的第 1 行加第二列的第 6 行求和后乘 2。

（4）选择需要的数字格式。

（5）单击"确定"按钮，你就可以看到运算结果出现在相应的位置了。

5）使用简单函数

（1）单击文档中需要函数运算结果的地方。

（2）执行"表格"菜单中的"公式"命令，在打开的对话框中，将公式中的内容保留等号，其他内容删除。

（3）从"粘贴函数"处，选择需要的函数，本例选择求平均值函数，如图 3.54 所示。

（4）在出现函数的圆括号中填写需要运算的数值。括内填写需要参与计算的单元格的格式参见 Excel 2003 相关

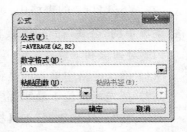

图 3.54　使用函数计算对话框

内容。

　　（5）选择数字格式。

　　（6）单击"确定"按钮，得到运算结果。

3.5　图文混排

　　除了语言文字以外，图形也是一种很好的表述方式，在文章中适当地在文档中插入图片或图形对象，不仅会使文章、报告显得生动有趣，还能帮助读者更快地理解文章内容。Word 2003 具有强大的绘图和图形处理功能。

3.5.1　插入艺术字

　　艺术字是以文字为素材的平面装饰图样，它广泛应用于建筑装饰和平面媒体。这些艺术字给文章增添了强烈的视觉效果。在 Word 2003 中可以创建出各种文字的艺术效果，甚至可以把文字变形为各种各样的形状及设置为具有三维轮廓的效果。

　　Word 中的艺术字是使用程序提供的现成的艺术字效果创建的图形对象，用户可以在文档中随时通过菜单插入艺术字并可以对其应用其他格式效果。

1. 插入艺术字

　　（1）光标移到需要插入艺术字的位置。

　　（2）选择"插入"菜单下的"图片"中的"艺术字"命令，打开"艺术字库"对话框。

　　（3）单击"确定"按钮后，打开"编辑艺术字文字"对话框，在"请在此键入您自己的内容可编辑文字"处，输入文字后单击"确定"按钮。同时在该对话框中还可以为要插入的艺术字选择字体、字号以及使用加粗倾斜等效果。

2. 编辑艺术字

　　插入到文档中的艺术字被作为图形对象。用户可以像编辑其他的图形对象一样编辑艺术字。选中要编辑的艺术字，会显示"艺术字"工具栏，如图 3.55 所示。如果没有自动显示，可以通过"视图"菜单中的"工具栏"打开。

　　下面简单说明该工具条上各按钮的功能：

　　"艺术字"按钮：用于插入艺术字。

　　"编辑文字"按钮：打开"编辑艺术字文字"对话框。

图 3.55　"艺术字"对话框

　　"艺术字库" 按钮：用于打开"艺术字库"供用户选择艺术字样式。

　　"设置艺术字格式" 按钮：打开"设置艺术字格式"对话框，用以设置艺术字的线条、颜色、大小、版式等。

　　"艺术字形状菜单" 按钮：弹出下拉列表供用户选择艺术字的形状样式。

　　"文字环绕菜单" 按钮：弹出菜单供用户设置艺术字的文字环绕方式。

　　"艺术字字母高度相同" 按钮：按下一次，使艺术字中的大小写字母等高，再次按下则恢复大小写字母不等高。

　　　"艺术字竖排文字"按钮：按下一次，使艺术字呈从上到下的传统中文排列样式，再次按下，则恢复从左到右的横排样式。

　　　"艺术字对齐方式"按钮：用于更改艺术字的水平对齐方式。

　　　"艺术字字符间距菜单"按钮：用于调整艺术字的间距。

3.5.2　绘制自选图形

　　在 Word 2003 中绘制图形常可以通过"视图"菜单打开"绘图"工具栏，如图 3.56 所示。通过它可以在文档中绘制各种线条、连接符、基本图形、箭头、流程图、星、旗帜、标注等图形。

图 3.56　绘图工具栏

1. 绘制一般图形的操作步骤

　　(1) 单击"绘图"工具栏上的"自选图形"按钮，弹出自选图形列表，如图 3.57 所示。

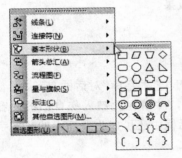

图 3.57　选择自选图形

　　(2) 在自选图形列表中，单击任意一类选项，都会弹出多种图形形式。

　　(3) 单击其中一种图形样式，文档中会出现一个虚线框，称为绘图画布。

　　(4) 在绘图画布出现的同时，光标变为十字形状，同时，文档窗口会出现"绘图画布"工具栏。

　　(5) 在绘图画布中，按住鼠标左键拖曳，可绘制所需的图形。

　　(6) 当绘制出自选图形后，大多数自选图形周围会出现 8 个白色圆形控制点、一个黄色的菱形控制点以及一个绿色的圆形控制点，如图 3.58 所示。这表明自选图形是可调整的。将光标放在圆形控制点上按住鼠标移动时，可调整自选图形的大小；放在黄色菱形点上按住鼠标移动，可改变自选图形的形状；放在绿色控制点上按住左键移动鼠标，可对自选图形进行旋转操作。

　　(7) 将光标置于绘图画布四周的 8 个黑色边角框上按住鼠标左键拖曳，可调整绘图画布的大小。

　　(8) 在绘图画布外单击鼠标，可返回普通文字编辑模式。

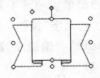

图 3.58　绘制的自选图形

2. 绘制曲线和任意多边形的操作步骤

　　(1) 单击"绘图"工具栏上的"自选图形"按钮弹出自选图形列表。

　　(2) 在列表中单击"线条"下的"曲线"按钮和"任意多边形"按钮，如图 3.59 所示。

　　(3) 在页面上依次单击曲线或多边形的各个顶点位置。

　　(4) 在最后一个顶点位置双击鼠标，即可完成曲线和任意多边形的绘制。

3. 编辑自选图形

选择需要编辑的自选图形后，可以使用以下几种方式对图形进行编辑。

(1) 选择"视图"菜单栏下的"工具栏"，打开"绘图"工具栏，如图 3.59 所示。使用以下按钮即可对所选图形设置边框的线型和颜色，设置图形的填充颜色及为图形添加阴影和三维效果。

图 3.59 选择曲线

■ 线型：列出线型列表。

■ 虚线线型：弹出虚线线型列表。

■ 填充颜色：单击右侧的黑三角可以为图形选择填充颜色。如果要取消填充，可以选择"无填充颜色"选项。

■ 线型颜色：单击右侧的黑三角可以为图形的边框设置颜色。

■ 阴影样式：为自选图形选择阴影样式。

■ 三维效果样式：可以为图形设置三维立体效果。如果想取消三维效果，可以选择列表框中的"无三维效果"命令。

(2) 选中图形后，还可以在图形上单击右键，在快捷菜单中选择"设置图片格式"，打开对话框，如图 3.60 所示。可以设置图片的大小以及进行图像效果的控制。

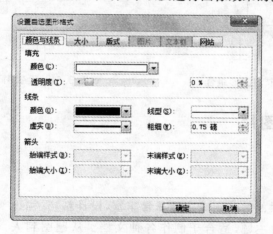

图 3.60 "设置自选图形格式"对话框

在"颜色与线条"选项卡中，"填充"用于在图形中添加颜色以及设置颜色的透明度。"线条"用于设置自选图形的线条颜色、样式和粗细。"箭头"可以对绘制的箭头图形进行格式设置。

在"大小"选项卡中，"尺寸和旋转"可以精确地设置图片的高度和宽度；"缩放"可以设置百分比数值进行图片缩放；"相对原始图片大小"可以根据原始图片的大小来缩放图片；"锁定纵横比"可以在修改图片的高度或宽度时，保持其原始比例。

"版式"主要用于设置图片在文档中的环绕方式和对齐方式。在"环绕方式"选项中，包含了图片与文字之间的五种环绕方式，根据图片的需要可以任意选取。在"水平对齐"选项中,有左对齐、居中、右对齐、其他方式四种在页面中对齐图片的方式,可以根据不同的需要进行选择。

单击右键的快捷菜单中还可以在图形进行一些高级编辑。

(1) 在快捷菜单中选择"编辑文字"可以添加文字,效果如图 3.61 所示。

(2) 使用 Ctrl 键将多个图形同时选中,在快捷菜单中选择"组合"的下拉菜单中选择"组合"可以将多个图形组合在一起,作为一个对象统一操作。效果如图 3.62 所示。

图 3.61　为自选图形添加文字

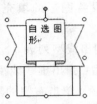

图 3.62　组合多个自选图形

选择"取消组合"可以将多个对象分开操作。效果如图 3.63 所示。

(3) 选中图形对象,在快捷菜单中,选择"叠放次序"命令,可以在 6 种方式中进行选择。本例中,选择矩形框设置为"置于顶层",效果如图 3.64 所示。

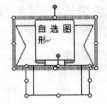

图 3.63　取消图形组合

图 3.64　设置图形叠放次序

3.5.3　插入图片

1. 插入图片

1) 插入剪贴画

Word 2003 所提供的剪贴画库内容非常丰富,设计精巧、构思巧妙,能够表达不同的主题,适合于制作各种文档。从题图到人物、从建筑到名胜风景,应有尽有。

(1) 将插入点放在需要插入剪贴画的位置。

(2) 选择"插入"菜单中的"图片",在子菜单中选择"剪贴画"命令,打开"剪贴画"任务窗格,如图 3.65 所示。

(3) 在任务窗格上边的"搜索文件"文本框中输入剪贴画的相关主题或文件名后,单击"搜索"按钮,来查找电脑与网络上的剪贴画文件。

(4) 单击选定需要插入的剪贴画,即可将剪贴画插入到文档中。

图 3.65　搜索剪贴画

2）插入来自文件的图形

此操作可以帮助用户将存放在磁盘中的图片文件插入到当前文档，常见的图片格式有BMP、TIE、PSD、GPE、JIF 等。

（1）光标移到需要插入图片的位置。

（2）选择"插入"菜单下的"图片"子菜单，选"来自文件"命令，打开"插入图片"对话框，如图 3.66 所示。在这个对话框中，可以浏览存放在磁盘中的图片文件，选中文件后按回车键，该图片就会插入到当前文档中。

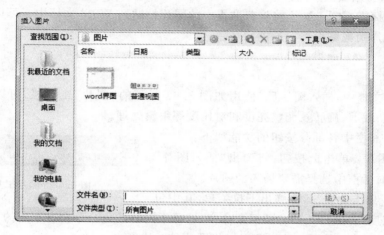

图 3.66 "插入图片"对话框

3）以对象的方式插入图片

这种操作可以让用户在 Word 文档窗口中直接调用图像编辑程序来编辑要插入到当前文档的图片而无须切换窗口。

通过"插入"菜单下的"对象"命令，打开"对象"对话框，如图 3.67 所示。在"新建"选项卡下的"对象类型"列表中选择需要的程序。例如，选择"Microsoft Word 图片"，就会在当前文档窗口弹出一个新的 Word 程序窗口，在这个新窗口中编辑好图形后关闭它，文档中就会插入刚才编辑的图形了。

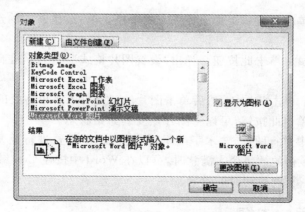

图 3.67 插入对象对话框

在"对象"对话框中有一个"显示为图标"复选框,如果选中该复选框,那么插入在文档的对象将显示为是一个图标;如果要查看这个对象,需要用鼠标单击该图标。

还可以通过"对象"对话框中的"由文件创建"选项卡来插入图形对象。Tab 切到"文件名(N):＊.＊可编辑文字"处,直接键入要插入的图片的文件的路径及文件名,或者通过"浏览"按钮浏览并选中磁盘中的图片文件后确定即可。对话框中的"链接到文件"复选框选中表示插入的图片会随源文件的更新而更新,否则图片插入后不会更新。

4)直接从剪贴板插入图片

可以用快捷键 Ctrl＋V 直接将剪贴板中的图片粘贴到 Word 文档中。可以通过图片编辑器来复制图片到剪贴板。

2.编辑图片

在 Word 文档中,插入图片后,使用如图 3.68 所示的"图片"工具栏,可以对其进行移动、复制、缩放、裁剪、旋转及调整亮度和对比度等编辑处理。

"图片"工具栏中各部分按钮的功能如下:

插入图片:单击此按钮,将弹出"插入图片"对话框,在此对话框中选择需要插入的图片。

图 3.68　图片工具栏

颜色:单击此按钮,会弹出下拉菜单,其中包括"自动"、"灰度"、"黑白"、"冲蚀"四个命令,选择不同的颜色命令会有不同的显示效果。

增加对比度:单击此按钮可以增加图片的对比度。

降低对比度:单击此按钮可以降低图片的对比度。

增加亮度:单击此按钮可以使图片变亮。

降低亮度:单击此按钮可以使图片变暗。

剪裁:单击此按钮可以剪去图片的多余部分。

向左旋转:单击此按钮将使图片向左旋转 90 度。

线型:单击此按钮会出现线型下拉菜单,选择其中的线型可以为图片添加边框。

压缩图片:单击此按钮将弹出"压缩图片"对话框,设置好相关选项后单击"确定"按钮,可以压缩图片。

文字环绕:单击此按钮会弹出环绕方式下拉菜单,选择其中的选项可以设定文字环绕图片的方式。

设置图片格式:单击此按钮会弹出"设置图片格式"对话框,在此对话框中可以作相关的设置。

设置透明色:单击此按钮,然后单击图片的某处可以将单击处的颜色设为透明。

重设图片:单击此按钮,可以将图片恢复到原始状态。

在 Word 2003 中进行图片、艺术字编辑时,用户经常需要进行反复编辑和调整。当调整后的效果还不如最初的效果令人满意时,可以在 Word 中按住 Ctrl 键的同时双击该图片,则被编辑的图片将恢复到最初时的效果。

3.5.4　使用文本框

文本框是一种可移动、可改变大小的文字和图形的容器,可以置于页面中的任何位置,可以进行诸如线条、颜色、填充色的各格式化设置。插入的文本框显示为一个矩形方框,当完成编辑,光标离开文本框回到文本后,矩形方框的边框线消失,而只显现其中的文字或图形时,只有再次激活文本框,才能看到它的矩形方框的边框线。

1．插入文本框

（1）选择"插入"菜单下的"文本框"菜单,执行"横排"菜单或"竖排"菜单,就可以在文档中插入一个空白文本框,也可以在"绘图"工具栏上直接单击"文本框按钮"或"竖排文本框按钮"来完成此操作。

（2）插入文本框后,要在其中编辑文字,可以用鼠标单击文本框内部,以激活文本框,开始编辑文字。如果在插入时选择的是"横排"菜单,那么文本框中的文字将从左到右横向排列；如果在插入时选择的是"竖排"菜单,那么文本框中的文字将从上到下纵向排列。在文本框中编辑文字和在文本中编辑文字方法一样,可以通过"格式"菜单或"格式"工具栏来设置文字的字体、颜色、字号、效果以及对齐方式等,要离开文本框回到文本,用鼠标在文本框外部单击即可。

2．编辑文本框

要编辑文档中的文本框,首先要定位到文本框的边框线上,单击右键,从快捷菜单中选择"设置文本框格式"对话框,如图 3.69 所示。可以对当前文本框的颜色与线条、大小、版式、位置等进行设置。

图 3.69 "设置文本框格式"对话框

还可以在右键的快捷菜单中选择"组合"和"叠放次序"命令。使用方法与对图片的操作方式一样。

3.5.5 使用图示

图示包括组织结构图、循环图、射线图、棱锥图、维恩图和目标图六种类型。

1．插入图示

选择"插入"菜单下的"图示"菜单，打开"图示库"对话框，如图 3.70 所示。用光标选择需要的图示然后按回车键，就能在文档中插入图示，但只插入图示是没有意义的，用户必须在插入的图示上标注文字才能使其具有图解功能。

2．编辑图示

鼠标选择图示后，与之对应的"图示"工具栏就会出现。或者使用"视图"菜单中的"工具栏"选择"图示"工具栏，也可以将相应的工具栏打开，如图 3.71 所示。使用"图示"工具栏可以对图示进行以下几种操作。

图 3.70 "图示库"对话框

图 3.71 "图示"工具栏

（1）添加文字：单击图形，输入文字。

（2）添加形状：选中图形单击"图示"工具栏的"插入形状"，再单击"同事"、"下属"或"助手"。

（3）使用版式：选择上级图形，再单击"组织结构图"工具栏的"版式"按钮，选择一种版式。

（4）套用样式：单击"组织结构图"工具栏的"自动套用格式"，选择一种预设样式。

（5）删除形状：选择形状按删除键。

3.5.6　使用图表

Word 提供了建立图表的功能，用来组织和显示信息，在文档中适当加入图表可以使文本更加直观、生动、形象。

1．插入图表

（1）选择"插入"菜单栏的"图片"子菜单中的"图表"，或者单击"常用"工具栏上的"图表向导"按钮，会出现图表和相关的数据示例。

（2）单击数据表上的单元格，输入新的文字或数值。

（3）在图表外单击，返回 Word 文档。

2．设置图表选项

组成图表的内容包括图表标题、坐标轴、网格线、图例、数据标签等，这些内容都可以重新添加或者重新设置。在图表上双击图表后在菜单栏里会出现"图表"和"数据"菜单，切换到图表编辑状态。具体的图表设置方式可参考第4章相关内容。

3.6　设置文档页面

字符和段落文本只会影响到某个页面的局部外观，影响文档外观的另一个重要因素是它的页面设置。页面设置包括页边距、纸张大小、页眉版式和页面背景等。使用 Word 2003 能够排出清晰、美观的版式。

3.6.1　设置页面大小

在编辑文档时，直接用标尺就可以快速设置页边距、版面大小等，但是这种方法不够精确。如果需要制作一个版面要求较为严格的文档，可以使用"页面设置"对话框来精确设置版面、装订线位置、页眉、页脚等内容。

1．设置页面

选择"文件"菜单中的"页面设置"命令，打开页面设置对话框，如图3.72所示。该对话框中有4个选项卡。它们都是为整个页面排版布局而服务的。

图 3.72　"页面设置"对话框

1）页边距选项卡

打开"页面设置"对话框中，默认选择就是"页边距"选项卡。

（1）所谓页边距，就是指文字块与纸张边缘间的空白距离，在页边距的组合框中，上下左右四个数字显示框就是让用户编辑或选择页边距的。

（2）多页的纸质文档通常需要装订成册，订书钉或装订孔的轨迹就是装订线，在"装订线"数字显示框中设置装订线的数值。设置了装订线，会使同侧的页边距增大，有了足够的空白边距，文档就不会出现因装订而遮挡住文字的现象。"装订线位置"组合框提供了四个选项，通常装订线是放在文档左侧或上端的。

（3）在页边距选项卡中还能设置页面的纵向、横向的样式。

2）纸张选项卡

如图 3.73 所示，在"页面设置"对话框中选择"纸张"选项卡。

（1）在"纸张"选项卡中有"纸张大小"，A4 和 B5 是比较常见的纸型，A4 是档案的标准用纸，如果选择 A4，那么下面的宽度是 21 厘米，高度是 29.7 厘米。如果有特殊需要，可以在宽度和高度数值显示框中更改数值，一般使用默认值。

（2）纸张来源是针对打印机而言的，在"首页"，"其他页"列表中选择的一般使用"默认纸盒（自动供纸器）"。

（3）在"应用于"列表框中，确认上述设置在文档中的应用范围，通常选择"整篇文档"，这样能使文档的每一页都以相同样式被显示或打印；如果选择"插入点之后"，那么光标后的文本将被另起一页显示或打印。

3）版式

Word 页面的版式设置也很重要，能够有效地提高文档的美观度。选择"版式"选项卡主要可以设置版面布局设置，包括设置页眉、页脚、垂直对齐方式、行号等特殊的版面内容。如图 3.74 所示。

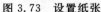

图 3.73　设置纸张

图 3.74　版式设置

（1）"页眉页脚"选项组中，设置"奇偶页不同"，可以对文档的奇数页和偶数页分开设置；"首页不同"可以设置文档的首页不出现页眉页脚。

（2）页眉页脚的位置在正文的边界以外，即在页边距内。因此，设置页眉页脚的"距边界"位置时，应考虑相应的边界的页边距，否则有可能要增加正文距边界的距离。

（3）单击"行号"按钮可出现"行号"对话框，如图3.75所示。在页面的左边添加行号标识。

（4）"边框"按钮则可出现"边框与底纹"对话框的"页面边框"选项卡，如图3.76所示。设置方法参考3.4.4节"边框与底纹"。

图3.75　设置行号对话框

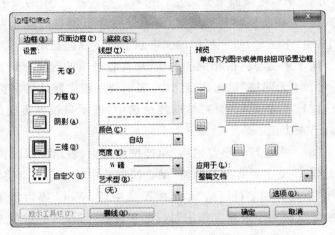

图3.76　设置页面边框

4）文档网格

Word文档中，字符是以行列的样式有序排列的，行列纵横交织形成"网格"，所以，设置每页字数，其实就是设置网格。

打开"页面设置"对话框，选择"文档网格"选项卡，如图3.77所示。

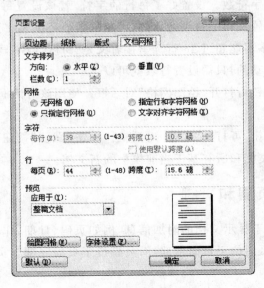

图3.77　设置文档网格

在文字排列中,"水平"单选按钮选中表示文档中的字符从左到右横向排列;"垂直"单选按钮选中则表示文档中的字符是从上到下的传统中文排列方式。

"栏数"数字显示框里面,有四个值可以选择,默认是1,这个设置不会在视觉上有什么改变,如果选择2,那么,页面会被分为两栏,分栏的方向根据前面设置的文字排列方向的不同而变化。当文字横向排列时,分栏将纵向分割页面,例如分栏为2,则页面被分为左右两栏,分栏为3,则页面被分为左、中、右三栏,每一栏中的文字从左到右横向显示;当文字垂直排列时,分栏将横向分割页面,例如分栏为2,则页面被分为上下两栏,分栏为3,则页面被分为上、中、下三栏,每一栏中的文字从上到下纵向显示。

接下来是与网格相关的选项,现将各选项的含义介绍如下:

(1)"无网格"单选按钮选中,表示使用程序默认的字符数。

(2)"只指定行网格"单选按钮选中,表示只设置页面的行数,至于每行多少个字,由程序自己来决定。

(3)"指定行和字符网格"单选按钮选中,表示可以设置页面的行数和每一行的字符数。

(4)"文字对齐字符网格"单选按钮选中程序会自动将字符与字符网格对齐。

"指定行和字符网格"单选按钮选中后,Word提供了下面几项有关字符的设置"每行"数字显示框用于设置文档中每行的字符数,可设置的数值范围是1到43,也就是说,每行至少要有1个字,最多不能超过43个字。"跨度"磅数字显示框显示的是以磅为单位输入字符跨度及字符间距。程序会自动调整每行字符数,以适应字符间距,不需要用户自行设置,如果用户强行用上下光标改变磅值,那么前面的每行字数就会随之改变,例如,当设置每行有43个字时,"跨度"数字显示框显示的数字是9.55磅。如果用上下光标将这个数字改成15磅,那么前面的"每行"数字显示框就会显示27。也可以选中"使用默认跨度"复选框这样就能使用程序默认行数和字符数。设置好了每行的字符,就该设置每页的行数了。"每页"数字显示框就是让用户设置文档中每页行数的,可用的数值范围是1到48,也就是说,每一页至少要有一行文字,最多不能超过48行。紧接着又是"跨度"数字显示框,跟前面类似,这个跨度跟前面的行数是联动的,只需设置行数就可以。

单击"绘图网格"按钮可打开"绘图网格"对话框。使用该对话框可选择附加的绘图网格选项。

单击"字体设置"按钮,可打开"字体"对话框。单击"默认"按钮可将当前设置保存为新的默认设置,用于活动文档和所有基于当前模板的新文档。

3.6.2 设置页眉和页脚

页眉和页脚通常用于显示文档的附加信息,例如页码、日期、作者名称、单位名称、徽标或章节名称等。其中,页眉位于页面顶部,而页脚位于页面底部。页眉和页脚只能在"页面视图"中被看到和编辑。

Word可以给文档的每一页建立相同的页眉和页脚,也可以通过"页面设置"对话框将页眉和页脚设置成首页不同,也可以交替更换页眉和页脚,即在奇数页和偶数页上建立不同的页眉和页脚。

不过,页眉和页脚与 Word 文档的正文区域不能同时处于编辑状态,因为它们分属不同的层次。

在 Word 2003 文档中添加页眉和页脚的步骤如下。

(1) 在菜单栏依次单击"视图"菜单下"页眉和页脚"菜单命令,进入页眉页脚的编辑状态。如图 3.78 所示,此时,正文的文字是灰色的、不可编辑的,单击工具栏上的"关闭"按钮返回正文的编辑状态,或者使用鼠标双击正文。已设置有页眉页脚的文档,在正文编辑状态下是灰色的,双击页眉页脚的位置可以切换回页眉页脚视图。

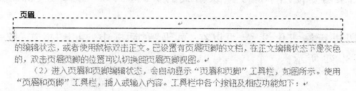

图 3.78 输入页眉

图 3.79 "页眉和页脚"工具栏

(2) 进入页眉和页脚编辑状态,会自动显示"页眉和页脚"工具栏,如图 3.79 所示。使用"页眉和页脚"工具栏,插入或输入内容。工具栏中各个按钮及相应功能如下:

插入页码:添加或删除页时,页码可自动更新。

插入页数:即当前文档的总页数。

页码格式:可以打开"页码格式"对话框进行相关设置。

插入日期:插入当前系统日期。

插入时间:插入当前系统时间。

页面设置:打开"页面设置"对话框中相关页眉页脚的设置。

显示/隐藏文档:编辑页眉页脚时,可显示或隐藏正文。

页眉页脚切换:可以在页眉和页脚之间切换,分别进行编辑。

显示前一项:将插入符移至上一页眉或页脚,奇数页与偶数页之间进行切换。

显示下一项:将插入符移至下一页眉或页脚,奇数页与偶数页之间进行切换。

(3) 对页眉页脚的内容进行格式设置,设置方法与字符和段落的格式设置方法相同。

(4) 在页眉和页脚、奇数与偶数页之间切换,并设置相关内容。需要注意的是首页不同或奇偶页不同的页眉页脚必须在"页面设置"对话框中预先设置好,否则"显示前一项"和"显示下一项"按钮是灰色的。

3.6.3 插入和设置页码

页码就是给文档每页所编的号码,以便于读者阅读和查找。页码一般添加在页眉或页脚中。当然，也可以添加到其他地方。

1．插入页码

除了使用上述"页眉和页脚"工具栏中的 ⊡ 按钮可以插入页码，也可以使用"插入"菜单中的"页码"命令，打开"页码"对话框，如图 3.80 所示。在该对话框中可以设置页码的位置、对齐方式及页码的格式。

2．设置页码格式

在文档中，如果需要使用不同于默认格式的页码，例如 i 或 a 等，就需要对页码的格式进行设置。

（1）要对页码进行格式化设置，可以在"页码"对话框中，单击"格式"按钮，打开"页码格式"对话框，如图 3.81 所示。

图 3.80　插入页码　　　　　　　　　图 3.81　设置页码格式

（2）单击"数字格式"下拉三角按钮，并在数字格式列表中选择合适的数字格式。

（3）如果用户希望页码自当前页开始重新编排，则可以在"页码格式"对话框的"页码编排"区域中选中"起始页码"单选按钮，并在其后的文本框中输入数值。否则保持默认的"续前节"设置即可。设置完毕后单击"确定"按钮。

（4）在页脚区域选中插入的页码，然后在格式工具栏为页码设置字体、字号、颜色和对齐方式即可。

3.6.4　插入分页符和分节符

分页符、分节符、换行符和分栏符统称为分隔符。分隔符与制表符、大纲符号、段落标记等统称为编辑标记。分页符始终在普通视图和页面视图中显示，若看不到编辑标记，请单击"常用"工具栏的"显示/隐藏编辑标记"按钮 ⚡ 。

在 Word 2003 中，可以在"插入"菜单中选择"分隔符"命令，打开如图 3.82 所示的对话框，在"分隔符"对话框中可以选择需要的分隔符类型。

1．分页符

当文本或图形等内容填满一页时，Word 会插入一个自动分页符并开始新的一页。如果要在某个特定位置强制分页，可以插入分页符。要插入人工分页符，请执行下列操作：

（1）切换到普通视图或页面视图。

（2）单击要分页的位置。

（3）单击"插入"菜单的"分隔符"或者使用快捷键 Ctrl＋Enter，打开"分隔符"对话框。

（4）选择"分页符"。

（5）单击"确定"按钮。

2．分栏符

图 3.82　插入分隔符

对文档（或某些段落）进行分栏后，Word 文档会在适当的位置自动分栏，若想自行设置分栏的位置，可以在相应的位置插入分栏符。插入"分栏符"后，其后的内容被推到下一页。要想看到最终的分栏效果，要配合使用"格式"菜单中的"分栏"命令。具体请参照 3.7.3 节。

3．换行符

文本到达文档页面右边距时，Word 自动将换行。但是换行符可以结束当前行，在图片、表格或其他项目的下方插入换行符可保持文字继续。要插入换行符，还可以使用快捷键 Shift＋ Enter。文字将在下一个空行上继续。

如果在插入点位置插入"换行符"可强制断行。与直接按回车键不同，这种方法产生的新行仍然是作为当前段的一部分。

4．分节符

节是文档的一部分。插入分节符之前，Word 将整篇文档视为一节。在需要改变一些页面格式时，包括纸张大小或方向、页面边框、垂直对齐方式、页眉和页脚、分栏、页码、行号以及脚注和尾注等，可以将一篇文档分为若干节，对每一节分别进行页面格式设置。

在"分隔符"对话框中插入分节符，需要在"分节符类型"中选择下列操作之一。

（1）"下一页"：选择此项，光标当前位置后的全部内容将移到下一页面上。

（2）"连续"：选择此项，Word 将在插入点位置添加一个分节符，新节从当前页开始。

（3）"奇数页"：光标当前位置后的内容将转到下一个奇数页上，Word 自动在奇数页之间空出一页。

（4）"偶数页"：光标当前位置后的内容将转到下一个偶数页上，Word 自动在偶数页之间空出一页。

一节中至少应包含一个段落，也可以包含整篇文档。如果删除某个分节符，其前面的节将与后面的节合并，并自动采用后者的版面格式。

5．删除分隔符

（1）切换到页面视图或普通视图。

（2）如果看不到分隔符，请单击"常用"工具栏的"显示/隐藏编辑标记"按钮 ；如果"常用"工具栏中看不到这个按钮，可以单击"常用"工具栏最右侧向下的三角箭头，然后选择"添加或删除"按钮中的"常用"，并在展开的列表中选中"显示/隐藏编辑标记"就可以把它添加到工具栏中了。

(3) 单击要删除的分隔符。

(4) 按 Delete 键；或者单击"编辑"菜单，指向"清除"，选择"内容"命令。

3.6.5　设置页面背景和主题

1. 设置页面背景

为文档添加背景，能使用户在编辑和阅读文档时赏心悦目，在默认情况下，文档背景是不会被打印出来的。

(1) 将光标移动到 Word 文档中的任意位置。

(2) 选择"格式"菜单中的"背景"命令。在打开子菜单中的背景颜色面板中选择合适的背景颜色即可；如果选择"无填充颜色"命令可以删除当前的背景色。如果选择"填充效果"会打开"填充效果"对话框，可以使用提供的四个选项卡设置不同的填充效果。在"图片"选项卡中可以选择自己喜欢的图片作为文档背景。

2. 设置主题

主题是指 Word 文档的一套设计风格统一的元素和配色方案。通过应用文档主题，可以快速而轻松地设置整个文档的格式，赋予它专业和时尚的外观。如果在文档中应用了主题，Word 将对文档中的以下元素进行自定义：链接栏、背景颜色或图形、正文和标题样式、列表、横线、超链接的颜色和表格边框的颜色、单级列表和多级列表等。若要快速改变这些元素的外观，可以改变主题。

要使用主题，请执行下列操作：

(1) 单击"格式"菜单的"主题"命令。

(2) 在"主题"对话框中的"请选择主题"列表中，单击所需主题；要将所选主题设置为新建文档的默认主题，请单击"设置默认值"；要清除主题，请在"请选择主题"列表中单击"（无主题）"选项。

(3) 单击"确定"按钮或按回车键。

3.7　Word 高级排版操作

为了帮助用户提高文档的编辑效率，创建有特殊效果的文档，Word 2003 提供了一些高级格式设置功能来优化文档的格式编排。例如可以利用模板对文档进行快速的格式应用，可以利用"样式"任务窗格创建、查看、选择、应用，甚至清除文本中的格式，还可以利用特殊的排版方式设置文档效果。

3.7.1　使用模板

模板是一种带有特定格式的，扩展名为.dot 的文档。它包括特定的字体格式、段落样式、页面设置、快捷键方案、宏以及其他特殊样式和格式等。事实上，每一个 Word 文档都是以模板为基础的,模板决定了文档的基本结构和文档设置。当需要编辑多份格式相同的文档时,就可以应用模板来统一文档风格,提高工作效率。Word 中的模板分为共用模板和文档模板两类。

共用模板:包括 Normal 模板,创建一个空白的文档时,就已经使用 Normal 模板创建了一个新文档。

文档模板:所含设置仅适用于以该模板为基础的文档,例如"新建"对话框中的备忘录和传真模板。

1. 使用模板创建文档

Word 2003 自带了一些常用的文档模板,使用这些模板可以帮助用户快速创建某种类型的文档。

(1) 选择"文件"菜单中的"新建"命令,显示"新建文档"任务窗格,如图 3.83 所示。

(2) 单击任务窗格"模板"选择区域中的"本机上的模板",打开如图 3.84 所示的"模板"对话框,选择需要的选项卡,在列表中选中一个模板。

图 3.83　使用模板

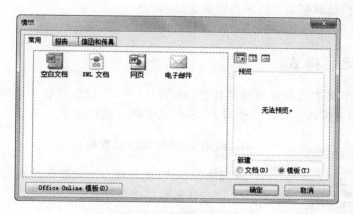

图 3.84　"模板"对话框

2. 创建模板

在文档处理过程中,当需要经常用到同样的文档结构和文档设置时,就可以根据这些设置自定义并创建一个新的模板来进行应用。在创建新的模板时有以下两种方法。

1) 根据现有文档创建模板

打开一个现有的 Word 文档,执行"文件"菜单下的"另存为"菜单,弹出"另存为"对话框,选择保存位置,可以把自己创建的模板保存到其他位置,但是建议保存在默认位置。因为保存在默认位置的模板会在"模板"对话框的"常用"选项卡显示,以后利用该模板新建文档时方便选用。在"文件名"处为新模板编辑名称,在"保存类型"中选择".dot 文档模板";按回车键或单击"保存"按钮,一个新模板的创建就完成了。

2) 根据现有模板创建模板

选择"文件"菜单下的"新建"菜单,弹出"新建文档"任务窗格,选择"本机上的模板",弹出"模板"对话框。在"模板"对话框中,有 9 个选项卡,每个选项卡下又有多个模板,可以选择一个最接近理想中的新模板的模板,此时直接按回车键或单击"确定"按钮,程序会打开一个名为"模板 1"的新文档,修改后另存为即可。

3．加载共用模板

每次运行 Word 2003 时,默认的公用模板是 Normal 模板,如果希望在运行 Word 后,所有的文档还可以应用其他模板中的设置,可以将这些模板加载为共用模板。如果不需要使用时,还可以将其卸载。

图 3.85　"模板和加载项"对话框

（1）选择"工具"菜单中的"模板和加载项"命令,弹出如图 3.85 所示的"模板和加载项"对话框。

（2）单击"选用"按钮,在弹出的"选用模板"对话框中给当前文档更换模板。

（3）单击"添加"按钮,在弹出的"添加模板"对话框中为当前文档加载模板;添加的模板会显示在"共用模板及加载项"列表框中。

3.7.2　使用样式

样式是应用于文本的一系列格式特征,在 Word 中,可以应用和创建段落样式、字符样式、表格样式和列表样式。保存文档时,它的样式也将一同被保存。

图 3.86　"样式和格式"任务窗格

1．应用 Word 2003 内置样式

所谓内置样式,就是程序本身提供的现成的样式。

1）通过任务窗格应用样式

（1）选中要应用样式的文本。

（2）执行"格式"菜单下的"样式和格式"菜单,打开如图 3.86 所示的"样式和格式"任务窗格。

（3）在"所选文字的格式"处,显示被选中文本的当前样式,在"请选择要应用的格式"处,列出了可供使用的样式。如果没有找到需要样式,请用 Tab 键切到"显示"组合框,并用上下光标选择"所有样式"。

当然,也可以直接在"格式"工具栏上的"样式"组合框中选择需要的样式。

2）修改样式

在任务窗格选中需要的样式,右键弹出菜单,执行"修改"菜单后打开"修改样式"对话框,如图 3.87 所示。

按 Tab 键切到"格式"菜单按钮后,用上下光标找到并执行"快捷键"菜单,在弹出的"自定义键盘"对话框中,为样式设置键盘快捷键。这样,在编辑文档时,就可以直接按下快捷键来为文本指定样式了。

3)使用格式刷

格式刷无疑是最便捷的应用样式的方法,直接在"常用"工具栏单击格式刷按钮 ✔ 后需要使用鼠标拖曳,详见3.3.4节。也可以用键盘操作来实现格式刷功能。在文档中选中已经设置好格式的文本,按下复制样式快捷键Ctrl+Shift+C,然后选中需要改变格式的文本,按下粘贴样式快捷键Ctrl+Shift+V,这样,刚才复制的样式就被应用到选中文本上了。

图3.87 "修改样式"对话框

图3.88 "新建样式"对话框

2. 新建样式

Word 2003不仅提供大量的内置样式,还允许用户创建自己个性化的新样式。

1)通过对话框创建样式

(1)打开"样式和格式"任务窗格,按下"新样式"按钮,打开如图3.88所示"新建样式"对话框。

(2)在对话框中输入相应的内容:

① 名称:用于编辑新样式的名称,默认名称为"样式"加上编号。

② 样式类型组合框:提供四个选项,用于选择样式类型。

③ 样式基于组合框:如果想基于现有的某个样式创建新样式,可以在这里选择。如果以后的编辑过程中,基于的样式被改变,那么新样式也会随之改变。

④ 后续段落样式组合框:用于选择后续段落的样式,默认为当前正在创建的样式。

(3)修改样式和格式设置,如果觉得对话框中提供的选项不够丰富,按下"格式"按钮进行设置。

(4)完成所有设置后,单击"确定"按钮即可。

2)使用示例创建新样式

(1)在文档中设置好字符、段落、表格或列表的样式,然后选中它,被选中文本的样式就是示例。

（2）打开"新建样式"对话框，编辑好样式名称并选择类型后确定，示例的样式就被保存下来了。

3．修改样式

在不断的编辑过程中，总会出现已有样式不能满足需求的现象，这时就需要对样式进行修改。

1）利用对话框进行修改

（1）打开"样式和格式"任务窗格。

（2）在"显示"组合框中选择"使用中的格式"，然后在列表中找到需要修改的样式。

（3）执行"修改"菜单打开"修改样式"对话框，该对话框与前面的"新建样式"对话框相似。

（4）完成设置后确定即可。

2）利用示例修改样式

选中字符、段落、表格或列表，设置成需要的样式，然后打开"样式和格式"任务窗格，在"请选择要应用的格式"列表里选中需要更改的样式名，找到"更新以匹配选择"菜单并按回车键执行，这样，示例的样式就被应用于选中的样式了。

4．删除样式

删除样式，在列表中选中需要删除的样式右侧的下拉按钮，选择"删除"按钮，程序弹出对话框询问用户是否要删除样式，确认一下就可以了。特别提示，用户只能删除自定义样式而不能删除程序内置的样式。

3.7.3　特殊排版方式

Word 2003 提供了多种特殊的排版方式。

1．首字下沉

有时候给 Word 排版中为了让文字更加美观个性化，可以使用 Word 中的首字下沉功能来让某段的首个文字放大或者更换字体。首字下沉用途非常广，在报纸上、书籍、杂志上也会经常看到首字下沉的效果。设置首字下沉方法如下：

图 3.89　设置首字下沉

（1）将鼠标放在需要设置首字下沉的段落中。

（2）单击"格式"菜单，选"首字下沉"，打开如图 3.89 所示的"首字下沉"对话框。

（3）在打开的对话框中选择相应的设置后单击"确定"按钮即可。"位置"选项可以选择首字出现的位置；选项中的设置都是针对首字这一个字的设置。

2．使用中文版式

为了使 Word 2003 更符合中国人的使用习惯，开发人员还特意增加了中文版式的功能，用户可以在文档内添加"拼音指南"、"带圈字符"、"纵横混排"、"合并字符"等效果。

这些功能都可以通过在"格式"菜单下的"中文版式"展开的子菜单中选择打开。

1）拼音指南

打开"拼音指南"对话框，这里用一个表格来显示文档中被选中的汉字和它们的拼音，表格分两列，第一列是"基准文字"可编辑文字，这里显示文档中被选中的汉字。第二列是"拼音文字"可编辑文字，这里显示汉字的拼音。至于表格的行数，会根据选择的字数及设置的不同而变化。如果按下"组合"按钮，被选中的文字将以词为单位，每个词占一行显示。如果按下"单字"按钮，那么被选中的文字就会一个字占一行显示。同时，这两个按钮也影响拼音在文档中的显示。一般来说，选择单字更符合汉字注音的书写习惯，这个对话框中的格式，是针对拼音的。因此设置不会改变汉字的格式，添加的拼音会显示在汉字的上方。"偏移量"数字显示框是选择拼音和汉字的行间距的。要删除拼音，选中添加了拼音的文字，打开"拼音指南"对话框，单击"全部删除"按钮即可。

2）合并字符

选择需要合并的字符，最多只能选六个，展开"格式"子菜单下的"中文版式"子菜单，回车执行"合并字符"菜单或单击工具栏上的"合并字符"，打开"合并字符"对话框，在"文字"可编辑文字处，会显示在文档中选中的字符。当然，也可以不选中文字，直接打开"合并字符"对话框，在这里编辑需要合并的文字。"合并字符"对话框中的"删除"按钮用于删除字符合并，这里删除的是"字符合并"这种格式，而不会删除字符本身。

3）带圈字符

选中一个字符，单击工具栏上的"带圈字符"或执行"带圈字符"菜单打开"带圈字符"对话框，"缩小文字"单选按钮选中表示加圈后原文字被缩小，字间距和行间距不会改变。"增大圈号"单选按钮选中则表示原文字不会缩小，但字间距和行间距会增大。

4）简体中文和繁体中文的转换

选定要转换的文本，展开"工具"菜单下的"语言"，执行"中文简繁转换"菜单，弹出"中文简繁转换"对话框。根据需要选择转换方向后确定即可，这里的"自定义词典"按钮，弹出"自定义"对话框供用户编辑自定义词语。如果在转换前未选中文本，程序会默认转换整篇文档。

3．分栏排版

报纸内容，试卷内容等很多页面内容都是被分成多个栏目。这些栏目有的是等宽的，有的是不等宽的，从而使整个页面布局显示更加错落有致，更易于阅读。Word 2003具有分栏功能，可以把每一栏都作为一节对待，这样就可以对每一栏单独进行格式化和版面设计。

1）全文分栏

（1）鼠标放在文档中任意位置即可。

（2）选择"格式"菜单栏中的"分栏"。

（3）在弹出的如图 3.90 所示"分栏"选项框中选择需要设定的栏数，在 Word 2003 中最多可以分 11 栏。还可以选择偏左、偏右，可以自己设置，可以在"宽度和间距"中设置分栏的"宽度"和"间距"，调整适应好按"确定"按钮即可完成操作。

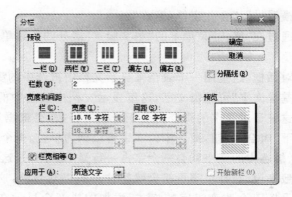

图 3.90　设置分栏

2）段落分栏

段落分栏就是将文中的某一个段落进行分栏处理，操作和全文分栏差不多。差别主要是操作的对象不一样。段落分栏中要选定对象是待分栏的段落，后面操作方法与全文分栏一样。

3）使用分栏符进行分栏

前面两种分栏方法都是系统根据页面自动地分开几栏。若想自行设置分栏的位置，可以按照以下方法操作：

（1）鼠标移至需要内容分开，栏目显示的位置。

（2）选择"插入"菜单的"分隔符"，选择分栏符，插入"分栏符"后，其后的内容被推到下一页。

（3）将需要分栏的所有内容选中。

（4）选择"格式"菜单中的"分栏"命令，进行相应的设置即可。

3.7.4　插入目录

目录是用来列出文档中的各级标题在文档中相对应的页码。Word 使用层次结构来组织文档，大纲级别是段落所处层次的级别编号，Word 提供 9 级大纲级别，对一般的文档来说足够使用了。Word 的目录提取是基于大纲级别和段落样式的，在 Normal 模板中已经提供了内置的标题样式，命名为"标题 1"、"标题 2"，……，"标题 9"，分别对应大纲级别的 1～9。用户也可以不使用内置的标题样式而采用自定义样式，自定义样式方法参见 3.7.2。

1. 创建目录

目录的制作方法如下。

1）修改标题样式的格式

通常 Word 内置的标题样式不符合文档格式要求，需要手动修改。

（1）选择"格式"菜单中"样式"菜单，在任务窗格中的"样式"列表下拉框中选"所有样式"。

（2）单击与标题级别相应的标题样式，然后单击"修改"按钮。

（3）可修改的内容包括字体、段落、制表位和编号等，按目录的要求一般分别修改标题 1～3 的格式就可以了。

2）在各个章节的标题段落应用相应的格式

选中相应的标题内容，在样式列表框中选择相应的样式即可。章的标题使用"标题 1"样式，节标题使用"标题 2"，第三层次标题使用"标题 3"。

使用样式来设置标题的格式还有一个优点，就是更改标题的格式非常方便。例如，要把所有一级标题的字号改为小三，只需更改"标题 1"样式的格式设置，然后"自动更新"，所有章的标题字号都变为小三号，不用手工去一一修改，既麻烦又容易出错。

3）提取目录

按论文格式要求，目录放在正文的前面。

（1）在正文前插入一新页（在第一章的标题前插入一个分页符）。

（2）光标移到新页的开始，添加"目录"二字，并设置好格式。

（3）新起一段落，单击"插入"菜单栏中"引用"下的"目录"，打开如图 3.91 所示的对话框。

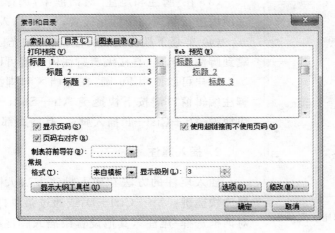

图 3.91　插入索引和目录

（4）选择"目录"选项卡，"显示级别"设置为 3 级，一般情况下其他内容不用改，确定后Word 就自动生成目录。

若有章节标题不在目录中，肯定是没有使用标题样式或使用不当，不是 Word 的目录生成有问题，请去相应章节检查。

2．更新和删除目录

1）更新目录

Word 是以域的形式创建目录的，如果文档中的页码或者标题发生了变化，就需要更新目录，使它与文档的内容保持一致。在目录上单击鼠标右键，选择"更新域"打开"更新目录"对话框，根据需要进行选择即可。也可以选择目录后，按下 F9 键更新域。

如果想改变目录的显示格式，可以重新执行创建目录的操作，最后，会弹出一个对话框，询问是否要替换所选目录，单击"是"按钮即可替换。

2）删除目录

选中目录，按 Del 键删除即可。

3.7.5 脚注和尾注

脚注和尾注是对文档正文或正文中的某些字句进行注解、阐释或说明的文字,一般比较简短。例如,当用户在写一篇文章时,中间引用他人著作中的话,常常要在引用处做一个标记,然后在一页末尾或文档末尾用注释指出该段引用的出处。脚注通常放在每页的底端而尾注通常放在整篇文档的结尾处。

1. 插入脚注

(1)光标到需要插入脚注的位置。

(2)选择"插入"菜单中的"引用"子菜单中的"脚注和尾注",打开如图 3.92 所示对话框。

图 3.92 脚注和尾注对话框

(3)在"脚注和尾注"对话框中,选择"脚注"后,在格式选项内进行相应的个性化设置,单击"插入"按钮。

(4)屏幕下端会出现脚注编辑区,光标会自动从文档区跳到脚注编辑区,直接编辑脚注内容就可以了。

用户可以使用 F6 键,在文档区和脚注区切换,要关闭脚注编辑窗口请按下快捷键 Alt+Shift+C。用插入脚注快捷键 Alt+Ctrl+F 插入脚注,其格式都是程序默认的。

2. 插入尾注

插入尾注的方法和插入脚注方法大同小异,按下插入尾注快捷键:Alt+Ctrl+D,或通过菜单打开"脚注和尾注"对话框选择"尾注",其他设置跟插入脚注类似。不同的是,在插入尾注时,不会像插入脚注时那样打开一个小编辑窗口,而是在文档正文下端出现一条横线,把正文和尾注的文字分开,编辑的尾注会出现在横线的下端。

3. 删除脚注和尾注

只要删除文档中的脚注或尾注的引用标记,就能删除脚注和尾注。

可以用 Backspace 和 Del 键逐一删除,也可以利用查找和替换功能一次删除多个脚注和尾注。打开"查找和替换"对话框在"替换"选项卡中切到"查找内容"编辑文字,选择"特殊字符"按钮,找到"脚注标记"或"尾注标记"按回车键,此时焦点回到"替换"选项卡,Tab 键切到"替换为",用 Backspace 键清空编辑框中的字符(包括空格),最后切到选择"全部替换",按回车键确定,文档中的所有脚注或尾注就被全部清除了。

4. 脚注和尾注相互转换

在"脚注和尾注"对话框中,有"转换"按钮,按回车键弹出"转换注释"对话框,这里为脚注和尾注的转换提供了三个选项,用户可以用上下光标选择自己需要的选项,然后确定即可。

3.7.6 插入题注

题注是表格、图表、公式或其他项目的编号标签。如"图表1"、"表格1"等。

1. 为文档设置自动添加题注

在文档输入之初,用户就可以提前对插入题注做一些设置。这样,当在文档中插入相关项目的时候,Word就会自动添加题注了。以表格为例,在"插入"菜单下的"引用"菜单中找到"题注"菜单,打开"题注"对话框,如图3.93所示。

图3.93 设置题注

在"标签"组合框中选择"表格",再单击"自动插入题注"按钮弹出"自动插入题注"对话框,在"插入时添加题注"列表中勾选"Microsoft Word 表格"复选框。当然,在这个对话框中,还可以对题注的标签、位置、编号样式等进行设置,然后确定。经过这样的设置,当在输入文本过程中插入一个Word表格后,程序就会自动为这个表格添加一个符合设置要求的题注了。其他项目的设置与此类似,这里就不逐一描述了。

2. 为文档中现有图表、表格、公式或其他项目添加题注

光标指向需要添加题注的项目,打开"题注"对话框,如果想改变这里的编号样式,请选择"编号"按钮弹出"题注编号"对话框。然后在"格式"列表中选择需要的样式,完成选择后,按Tab键选择"包含章节号"复选框,如果文档里没有"章"和"节"这样的项目编号,则不需要勾选,否则题注会出错。确定后回到"题注"对话框,在这里有"题注中不包含标签"复选框,如果选中这个复选框,题注将只显示编号而不显示项目标签,不勾选是比较常见的设置。

3. 修改题注

选中要修改的题注,右键弹出快捷菜单,上下光标找到"更新域"菜单按回车键,然后就可以像删改文字那样进行编辑了。

3.7.7 书签

书签可以方便用户在文档中快速定位,使用书签,可以使编辑和阅读变得更方便。

1. 插入书签

光标移动到需要插入书签的位置,按下快捷键Ctrl+Shift+F5打开"书签"对话框。当然,也可以用"插入"菜单下的"书签"菜单打开"书签"对话框,如图3.94所示。

在"书签名"处键入书签名。书签名必须以字母、汉字或汉字的标点符号开头,可以包含数字但不能包含空格、英文标

图3.94 插入书签

点和特殊符号。编辑好书签名后,可以直接按回车键,也可以按下对话框中的"添加"按钮。

2. 显示书签

如果添加了书签却不能显示,请用"工具"菜单下的"选项"菜单弹出"选项"对话框,然后切到"视图"选项卡,勾选"书签"复选框,确定就能在文档中显示书签了。

3. 定位到指定书签

按组合键 Ctrl+F 打开查找对话框,在"定位"选项卡中的"定位目标"列表中选中"书签",在"请输入书签名称"位置键入书签名然后按回车键或单击"定位"按钮,此时光标已经指向指定书签。按 Esc 键退出"查找和替换"对话框回到文档,就可以开始新的操作了。在 Word 中,用户除了利用"查找和替换"对话框来定位书签外,还可以利用"书签"对话框来定位书签。打开"书签"对话框,上下光标在书签列表中选择要定位的书签名,单击"定位"按钮即可。

4. 删除书签

打开"书签"对话框,上下光标在书签列表中选中要删除的书签名,按下"删除"按钮即可。如果要将书签和用书签标记的项目一同删除,请选中项目(如文字块、表格或其他项目)按下 Backspace 或 Del 键均能删除。

3.8 文档的打印输出

打印是借助打印机将电子文档转换成纸质文档的过程。打印前用户可以通过预览查看打印效果,以确认文档的版式与样式。

3.8.1 打印预览

单击常用工具栏上的"打印预览"按钮 或执行"文件"菜单下的"打印预览"菜单,打开如图 3.95 所示的预览窗口。在预览窗口查看最终打印效果,这个窗口是以图形显示打印效果的,只能查看而不能编辑,要重新编辑文档,请回到文档窗口。其中常用的一些按钮功能如下。

(1)放大镜按钮:可将页面放大显示。

(2)显示比例按钮:调整页面的显示比例。

(3)单页或多页按钮:每次显示的页面数量和页面的排列方式。

(4)全屏显示按钮:用整个屏幕浏览文档,但不能对文档进行编辑。

(5)打印按钮:直接打印文档。

(6)缩小字体填充按钮:将最后页中的少量文字压缩到前一页。

3.8.2 打印文档

执行"文件"菜单下的"打印"菜单或直接按下快捷键 Ctrl+P 弹出如图 3.96 所示的"打印"对话框。

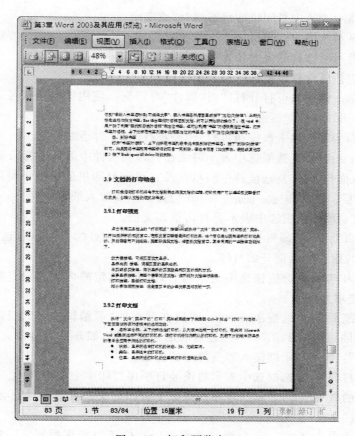

图 3.95 打印预览窗口

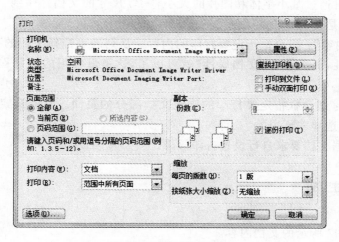

图 3.96 "打印"对话框

下面简要说明该对话框中的选项功能：

（1）名称组合框：上下光标选定打印机。从列表中选择一台打印机。在关闭 Microsoft Word 或重新选择不同的打印机前，该打印机将作为默认的打印机。列表下方的域中所显示的信息会应用于所选的打印机。

（2）状态：显示所选中打印机的状态，如忙或空闲。

（3）类型：显示选中的打印机。

（4）位置：显示所选打印机的位置和打印机使用的端口。

（5）备注：包括所选打印机的所有其他信息。

（6）属性：单击该按钮可打开打印机"属性"对话框。使用该对话框可更改所选打印机的 Microsoft Windows 打印机选项。

（7）"查找打印机"：单击该按钮可打开"查找打印机"对话框。

（8）"打印到文件"：复选框选中表示将文档打印到文件中而不是打印机上。

（9）"手动双面打印"：复选框选中表示在没有双面打印机的情况下可以手动完成在纸张的两面打印文档。在打印完一面后，Word 会提示重新放入纸张。

（10）"全部"：单选按钮选中表示将打印整篇文档。

（11）"当前页"：单选按钮选中表示只打印包含插入点的页面。若选择了多个页面，Word 将从选定的第一个页面开始打印。

（12）"所选内容"：单选按钮选中表示将打印当前选定的内容。只有在选定文档的部分或全部后，该选项才可用。

（13）"页码范围"：单选按钮选中后，需要在后面的"可编辑文字"处键入页码范围，用斜杠或用逗号分隔页码如 1,3,5 等，用连号表示连续页码，如 5-12、1-8 等。

（14）"份数"：数字显示框键入需要打印的份数。

（15）"逐份打印"：复选框选中表示将按装订顺序打印多个文档副本。

（16）"每页的版数"：组合框指定在每张纸上打印的文档页数。除非有特殊需要，否则使用默认的"1 版"。

（17）"按纸张大小缩放"：组合框调整文档以适应所选纸张的尺寸。选定打印文档的纸张尺寸，例如，可通过减小字体和图片的大小将 B5 尺寸的文档打印到 A4 纸上。通常使用"无缩放"，这也是 Word 的默认值。

（18）"打印内容"：组合框指定要打印的内容。从列表中选择文档的某些部分，假如只想打印文档的属性，那么选中"文档属性"就可以了，这里最常用的也是程序默认的选项是"文档"。

（19）"打印"：组合框指定要打印的选定文档部分的页面。只有选定"打印内容"列表中的"文档"后，该选项才可用。

用户可以根据文档要求自行设置打印效果。

3.9 综合实例

制作如图 3.97 所示的文档内容。

制作过程：

1. 录入文字。

2. 将标题"画蛇添足"，字体设置为黑体三号，居中。其他正文设置为首行缩进 2 字符，行间距设置为 1.5 倍行距。操作步骤如下：

（1）使用"格式"工具栏做如图 3.98 所示的设置。

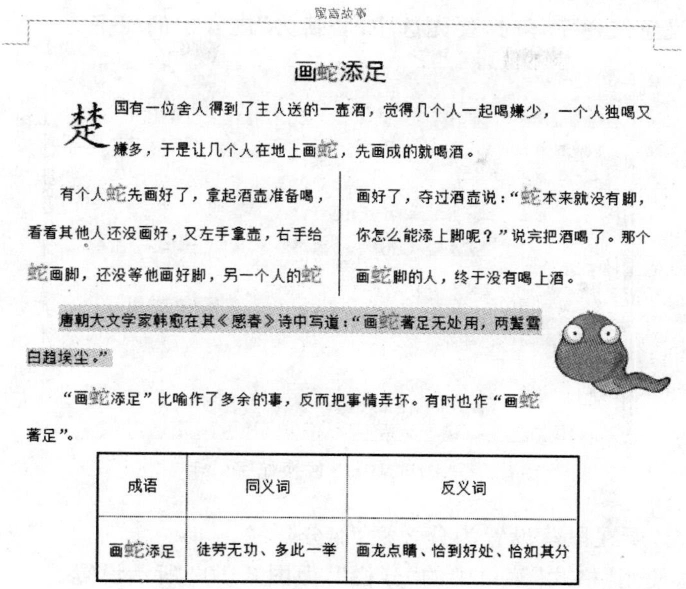

寓言故事

画蛇添足

楚 国有一位舍人得到了主人送的一壶酒，觉得几个人一起喝嫌少，一个人独喝又嫌多，于是让几个人在地上画蛇，先画成的就喝酒。

有个人蛇先画好了，拿起酒壶准备喝，看看其他人还没画好，又左手拿壶，右手给蛇画脚，还没等他画好脚，另一个人的蛇

画好了，夺过酒壶说："蛇本来就没有脚，你怎么能添上脚呢？"说完把酒喝了。那个画蛇脚的人，终于没有喝上酒。

唐朝大文学家韩愈在其《感春》诗中写道："画蛇著足无处用，两鬓雪白趋埃尘。"

"画蛇添足"比喻作了多余的事，反而把事情弄坏。有时也作"画蛇著足"。

成语	同义词	反义词
画蛇添足	徒劳无功、多此一举	画龙点睛、恰到好处、恰如其分

图 3.97　综合实例

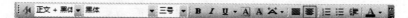

图 3.98　设置格式

（2）使用"格式"中的"段落"命令打开"段落"对话框，进行如图 3.99 所示的设置。

3. 将"楚国……"所在的段落设置为首字下沉，下沉行数 2 行，字体楷体。

使用"格式"菜单中的"首字下沉"命令，在打开的对话框中做如图 3.100 所示的设置。

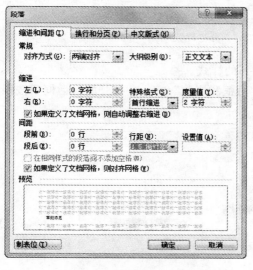

图 3.99　正文格式设置

图 3.100　设置首字下沉

4. 将整篇文档中的"蛇"字替换为四号，红色。

使用"编辑"中的"替换"命令，在打开的对话框中按照图 3.101 所示设置。注意，在选择

对话框中的格式设置红色字体时,要先选中"替换为"内容中的蛇字。

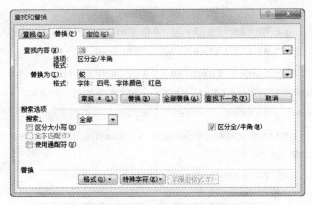

图 3.101　替换蛇字

5. 将"有个人"所在段落设置为分 2 栏,加分隔线。

将此段选中,使用"格式"菜单中的"分栏",做图 3.102 所示设置。

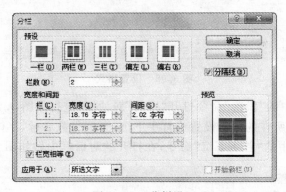

图 3.102　分栏设置

6. 将"唐朝"所在段落设置为底纹 20% 的样式。

选中所在段落,使用"格式"菜单,选择"边框和底纹"命令,在打开的对话框中按照图 3.103
设置。

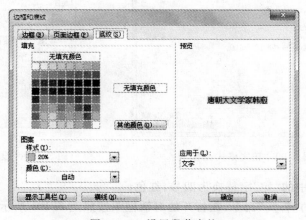

图 3.103　设置段落底纹

7. 将图片插入在文中,图片大小缩放为原图的60%,图片版式设置为四周型,放在如图3.97所示的位置。

(1) 在"插入"菜单中,选择"剪贴画",在任务窗格中的"搜索"内容输入"蛇",在查找到的众多图片中,选择一张插入。

(2) 在插入的图片上单击右键,选择"设置图片格式",在打开的对话框中按照图3.104进行设置,在"版式"选项卡中选择"四周型"即可。

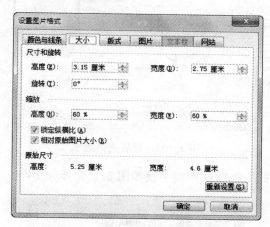

图3.104 设置图片格式

8. 在页眉处加入文字"寓言故事",宋体,小五号,居中。

通过"视图"中"页眉和页脚"命令打开"页眉和页脚"工具栏。输入相应的内容即可。

9. 在结尾处加入如图3.97所示的表格。表格位置居中;表格内容水平、垂直都居中;表格高度1.5厘米,宽度根据内容自动调整;表格外边框为1.5磅单实线,内边框为1磅虚线。

(1) 在相应的位置,选择"表格"中的插入,在如图3.105所示对话框中,输入2行3列,同时选择"根据内容调整表格"。

(2) 在"表格"菜单中选择"表格属性",在打开的对话框中的"表格"标签中做如图3.106所示设置。

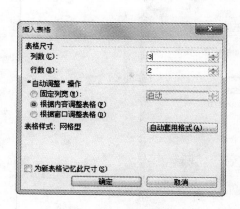

图3.105 插入表格

图3.106 设置表格居中

（3）选择"边框与底纹"按钮，在打开的对话框中做如图 3.107 所示设置。

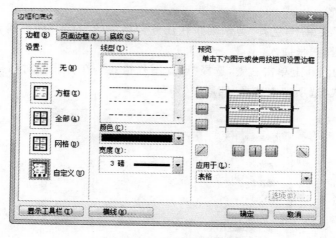

图 3.107　设置表格边框

（4）在打开的对话框中的"行"标签中做如图 3.108 所示设置。

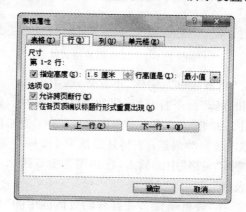

图 3.108　设置行高

（5）在打开的对话框中的"单元格"标签中做如图 3.109 所示设置。

图 3.109　设置单元格内容垂直居中

3.10 本章小结

本章系统介绍了微软公司推出的办公自动化套装软件中的文字处理软件——中文版 Word 2003。书中详细介绍了 Word 2003 的基本功能和操作,输入和编辑,格式化文本,表格的创建与应用,图文混排,设置文档页面,Word 高级排版操作方法。

思考题

1. 录入如图 3.110 所示的文字内容,所有内容按正文格式进行设置。

第 1 章 绪论

1.1 研究背景和意义

1.1.1 嵌入式网络应用

目前,以计算机和软件为核心的数字化技术取得了迅猛发展,通信技术与互联网应用迅速普及,消费电子、计算机、通信(3C)一体化趋势日趋明显,数字化时代已经来临。

1.1.1.1 发展中的信息家电
1.1.1.2 无线通信平台
1.1.1.3 普适计算

1.1.2 嵌入式网络协议栈的局限性

嵌入式通信设备的网络应用在软件上很大程度依赖于网络协议栈的设计与实现。如今的通信系统结构一般是分为若干层次,每一层实现固定的一组功能。Internet 在不同层次使用了一组不同的协议,这组协议常被称为 Internet 协议族,通常叫 TCP/IP 协议族。无论是 TCP/IP 协议族还是 OSI 网络模型,都采用了层状结构来构造 Internet 通信系统。这种系统是基于单块式(monolithic)体系结构的,即纳入的协议是以单块方式设计并加以实现的。

1.1.3 基于构件技术的网络协议栈

在传统的系统开发技术下,随着软件系统的复杂性不断增长,开发周期越来越长而维护费用越来越高,应用系统严重依赖于操作系统和特定的网络服务,开放性很差

1.2 国内外研究现状分析

随着嵌入式设备的广泛普及和嵌入式设备对网络接入的需求,快速简单地开发应用于嵌入式设备的网络协议栈显得非常必要。

图 3.110 正文内容

1.2.1　构件化嵌入式操作系统的研究

在构件化嵌入式操作系统方面,主要的研究工作有:RedHat 的 eCos、Microsoft 的 MMLite 和 Windows CE.net、欧盟的 PECOS、Utah 大学的 OSKit 以及清华大学的 Elastos 操作系统等。

1.2.2　构件化网络协议栈的研究

(1)Streams
(2)x-kernel

(3)DaCaPo

1.3　存在的问题

错过了现有的大量开源 Linux 资源,并且熟悉其系统的操作者相对较少,很难实现系统在嵌入式领域的普及应用。因此,本文以目前广泛使用的 Linux 操作系统作为协议栈构件化的平台,对其中的 TCP/IP 协议栈进行构件化改造,提高现有资源的利用率。

1.4　本文主要研究工作及文章结构

本文将完成以下几方面的工作:
(1)设计框架模型
(2)提出构件粒度划分策略
(3)实现构件化

图 3.110　(续)

2. 将图 3.110 中的标题内容设置为相应的样式,并自动生成目录后,在正文的前面插入目录。结果如图 3.111 所示。

图 3.111

3. 设置文档的页码格式。在正文和目录之间插入分节符。取消目录的页码,将正文的页码起始页码设置为 1。

第4章

Excel 2003及其应用

Microsoft Excel 2003 是目前流行的"电子表格"软件，它以电子表格的方式对数据进行各种计算、统计、分析和管理。由于 Excel 具有十分友好的人机界面和强大的计算功能，它已成为广大用户管理公司和个人财务、统计数据、绘制各种专业化表格的首选工具。

4.1 Excel 2003 基础知识

Excel 2003 是 Microsoft Office 2003 家族中的重要成员，继承了 Windows 的优秀风格，在 Windows XP 以上版本下运行，向用户提供了极为友好的窗口、菜单、对话框、图标、工具栏和快捷菜单等界面；把文字、数据、图形、图表和多媒体对象等集于一体；此外，Excel 2003 在 Excel 2000 的基础上新增了任务窗格，智能标记，并排比较文档，支持 XML，自动重新发布等功能。

4.1.1 Excel 2003 的启动和退出

1. Excel 2003 的启动

在启动了 Windows XP 操作系统之后，常用以下步骤启动 Excel。

(1) 单击桌面上的"开始"按钮，弹出"开始"菜单。

(2) 将鼠标指针指向该菜单中的"程序"，弹出"程序"子菜单。

(3) 单击该子菜单中的 Microsoft Office Excel 2003 即可启动 Excel。

除此之外，还可以使用以下三种方法之一启动 Excel。

(1) 在 Windows XP 桌面上，如果显示 Microsoft Office 2003 快捷工具栏，可单击该工具栏上的"新建 Office 文档"按钮，然后在弹出的"新建 Office 文档"对话框中双击"空工作簿"图标。

(2) 单击"开始"菜单中的"运行"命令，弹出"运行"对话框；在该对话框中的"打开"文本框中键入应用程序文件名，如 C:\Program File\Microsoft Office\Office11\ Excel. exe，单击"确定"按钮。

(3) 如果在桌面上生成了 Excel 2003 的快捷方式，则可以在 Windows XP 的桌面上直接双击 Microsoft Office Excel 2003 快捷方式图标，弹出如图 4.1 所示的 Excel 窗口。

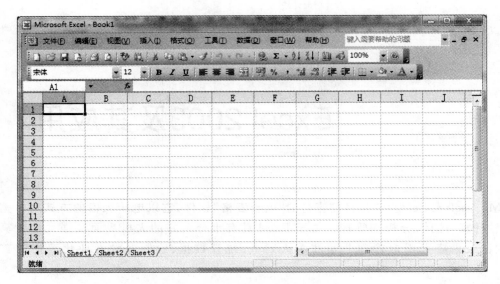

图 4.1　Excel 窗口 1

2. Excel 2003 的退出

与退出其他应用程序一样,退出 Excel 的方法也有多种。无论采用哪一种方法,退出 Excel 2003 时如果有文件还没有保存,Excel 会显示一个对话框,提示是否保存文件。如果有多个文件未被保存,则在对话框中可单击"全是"按钮,此时所有文件都被保存,不再一一提示。退出时如果 Excel 文件还没有命名,还会出现"另存为"对话框,用户在此框中键入新名字后,单击"保存"按钮即可。

退出 Excel 可用下列 4 种方法之一:

(1) 执行"文件"菜单中的"退出"命令或按 Alt＋F4 键。

(2) 单击 Excel 窗口左上角的控制菜单图标,在弹出的"控制"菜单中单击"关闭"按钮。

(3) 双击 Excel 窗口左上角的控制菜单图标。

(4) 单击 Excel 窗口右上角的"关闭"按钮。

4.1.2　Excel 2003 的窗口组成

每当 Excel 2003 启动成功时,屏幕显示 Excel 的窗口界面,如图 4.1 所示。该窗口由两部分组成:Excel 应用程序窗口和打开的工作簿文档窗口,由标题栏、菜单栏、工具栏、编辑栏、工作簿窗口滚动条、工作表标签、状态栏和任务窗格等组成,如图 4.2 所示。

1. 标题栏

标题栏位于窗口最顶端的一行,在其上显示正在使用的应用程序名 Microsoft Excel 以及当前工作簿文档窗口的标题(如"Book1")。文档窗口最大化后其标题并入了应用程序窗口。标题栏的最左端是控制菜单图标,当单击该图标时会弹出下拉菜单,其上有"恢复"、"移动"、"大小"、"最大化"、"最小化"、"关闭"命令。标题栏的最右端有 Excel 窗口的"最小化"按钮、"最大化/还原"按钮及"关闭"按钮。

图 4.2　Excel 窗口 2

2．菜单栏

标题栏下方即为菜单栏，共包括 9 个菜单项："文件"、"编辑"、"视图"、"插入"、"格式"、"工具"、"数据"、"窗口"及"帮助"。这些菜单项由各种操作命令组成。单击某一菜单项可弹出相应的菜单，用户可根据需要执行这些菜单中的命令。在菜单栏的右端有当前工作簿窗口的"最小化"按钮、"最大化/还原"按钮及"关闭窗口"按钮。

3．工具栏

工具栏位于菜单栏的下方，是 Excel 2003 根据用户需要，将一些常用的命令图形化制成按钮形式，并将功能相近的组合在一起形成的，目的是方便用户快速使用。单击某一工具按钮，即可快速执行相应的命令。在默认状态下，窗口菜单栏的下方分别显示"常用"工具栏和"格式"工具栏。若想改变屏幕上所显示工具栏的默认情况，还可将鼠标指针指向"视图"菜单中的"工具栏"选项（如图 4.3 所示），在弹出的子菜单中选择或隐藏相应的工具栏。

这里仅介绍"常用"工具栏和"格式"工具栏所汇集的工具按钮。

1）"常用"工具栏

在"常用"工具栏上（如图 4.4 所示），从左至右依次为"新建"、"打开"、"保存"、"权限"、"打印"、"打印预览"、"拼写检查"、"信息检索"、"剪切"、"复制"、"粘贴"、"格式刷"、"撤销"、"恢复"、"插入超级链接"、"自动求和"、"升序"、"降序"、"图表向导"、"绘图"、"显示比例"及"Microsoft Excel 帮助"工具按钮。

大部分功能提示容易理解，下面简要介绍几个工具按钮：

图 4.3 "视图"菜单的"工具栏"选项

图 4.4 "常用"工具栏

(1) 格式刷：复制并粘贴单元格和对象的格式。

(2) 插入超级链接：插入或编辑指定的超级链接。

(3) 绘图：显示或取消绘图工具栏。

2)"格式"工具栏

在"格式"工具栏上(如图 4.5 所示)，从左至右依次为"字体"、"字号"、"加粗"、"倾斜"、"下划线"、"左对齐"、"居中对齐"、"右对齐"、"合并及居中"、"货币样式"、"百分比样式"、"千位分隔样式"、"增加小数位数"、"减少小数位数"、"减少缩进量"、"增加缩进量"、"边框"、"填充色"及"字体颜色"工具按钮。

图 4.5 "格式"工具栏

4．编辑栏

"编辑栏"位于"工具栏"的下方。编辑栏的左端是一个"名称"框，当选择单元格或区域时,该单元格的地址或区域名称信息即显示在名称框中。当向单元格中输入数据或编辑数据时,名称框右侧就会出现形如 ✕ 及 ✓ 的两个按钮,分别用于取消和确认输入或编辑的内容(相当于 Esc 键或回车键)。按钮右面的文本框为当前活动单元格的"编辑工作区",在单元格中输入或编辑的内容将同时出现在该编辑工作区中,可在此对显示的内容进行编辑。在单元格中编辑数据时,由于单元格默认宽度通常显示不下较长的数据,因此,在通常情况下,在编辑框中编辑数据。在编辑栏与名称框之间有"插入函数"按钮 f_x,单击该按钮,弹出"插入函数"对话框,用户可以设置参数、选择函数求值区域。

5. 滚动条

Excel 窗口有两个滚动条,一个是垂直滚动条,它位于窗口的右侧;另一个是水平滚动条,它位于窗口的底部。当工作表内容在屏幕上显示不下时,可通过单击滚动条两端的"滚动箭头"使工作表水平或垂直滚动。在每一个滚动条的中,均有一个"滚动块",其位置指示当前显示在窗口中的工作表在整个工作表中的位置。拖动"滚动块"可快速滚动显示工作表。

6. 工作表

工作表是 Excel 窗口的主体,由单元格组成,每个单元格由行号和列标来定位,其中行号位于工作表的左端,顺序为数字 1,2,3……等,列标位于工作表的上端,顺序为字母 A,B,C……等。

7. 工作表标签

工作表标签位于工作簿文档窗口的底部、水平滚动条的左侧,用来显示工作表的名称(在默认情况下显示 Sheet1、Sheet2 及 Sheet3 工作表),用鼠标单击这些标签就可以在工作表之间切换。如果工作表有多个,以至标签栏显示不下所有标签时,可单击其左侧的 4 个小箭头按钮来使标签滚动以显示不可见的工作表标签。其中第 1 个和第 4 个滚动箭头可快速滚动到第 1 个和最后一个工作表标签。

8. 标签拆分框

标签拆分框是位于标签栏和水平滚动条之间的小竖块,鼠标单击小竖块向左右拖曳可增加水平滚动条或标签栏的长度。鼠标双击小竖块可恢复其默认的设置。

9. 拆分框

拆分框也分为水平拆分框和垂直拆分框,分别位于垂直滚动条的顶端和水平滚动条的右端。拖曳拆分框有助于同时查看同一工作表的不同部分。鼠标双击拆分线可取消工作表的拆分。

10. 状态栏

状态栏位于 Excel 应用程序窗口的底部,用于显示键盘、系统状态和帮助信息等。该栏的左端显示与当前命令执行有关的信息。例如,当在单元格中输入或编辑数据时,状态栏的左端会显示"输入"或"编辑"字样。在状态栏的右端显示键盘的某一特定键被按下或某一特定状态的信息，例如，当按下 Caps Lock 键时，显示 CAPS；显示 NUM 时，表示 Num Lock（数字锁定）键被按下。

11. 任务窗格

任务窗格包括"开始工作"、"帮助"、"搜索结果"、"共享工作区"、"文档更新"、"剪贴板"和"信息检索"等。通过单击任务窗格标题栏中下拉按钮和各选项区中的链接项，可以方便地在各任务窗格之间进行切换，使用相关功能。

4.1.3 工作簿的基本操作

工作簿、工作表和单元格是 Excel 的三个基本存储单位。

工作簿是在 Excel 环境中用来存储并处理数据的文件，其文件扩展名为". xls"。在一个工作簿中，可以拥有多个工作表，用户可以将若干相关工作表组成一个工作簿，这样可使一个文件中包含多种类型的相关信息，操作时不必打开多个文件，而直接在同一文件的不同工作表中方便地切换。

一个工作簿最多可保存 255 个工作表，但在默认情况下，Excel 2003 的一个工作簿中有 3 个工作表，分别以 Sheet1、Sheet2、Sheet3 来命名。当前工作表为 Sheet1，用户根据实际情况可以增减工作表和选择工作表。

1. 新建工作簿文件

从 Windows XP 的"开始"菜单或桌面上的快捷方式启动 Excel，系统自动创建一个默认文件名为 Book1 的空白工作簿文件。此外，以下几种方式同样可以创建新工作簿。

（1）单击"常用"工具栏的"新建"按钮，可以新建一个空白工作簿。

（2）单击菜单"文件"的"新建"菜单项，在"任务窗格"中选择"新建工作簿"，在其任务窗格中选择"空白工作簿"，如图 4.6 所示。

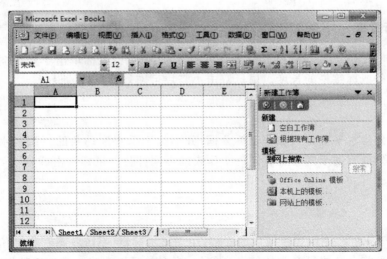

图 4.6 "新建工作簿"任务窗格

（3）选择"新建工作簿"任务窗格中的"模板"项中"本机上的模板"，在"模板"对话框中选择一种已定义的"电子方案表格"，如图4.7所示。

图4.7 "模板"对话框

（4）在"Windows XP"桌面或文件夹窗口的空白处单击鼠标右键，在弹出的快捷菜单中选择"新建"，在其子菜单中选择"Microsoft Excel 2003工作表"命令，则系统在当前位置创建一个名为"新建Microsoft Excel工作表.xls"的工作簿文件。

2．保存工作簿文件

由于Excel中的工作簿是以文件形式存在的，而工作表又存在于工作簿中，所以保存文件实际上就保存了工作簿和工作表。保存时，用户可自行更改工作簿文件名。

用户对工作表操作完毕，应及时将其存入磁盘。另外在对工作表输入数据过程中也应经常进行保存操作，以避免因掉电、错误操作等原因造成已输入的数据丢失。保存是以工作簿为单位的，一个工作簿存储在一个扩展名为.xls的文件里。保存操作有对当前没有保存过的新建工作簿和已保存过的当前工作簿两种情况：

（1）对当前没有保存过的新建工作簿，应进行如下操作：

① 单击"常用"工具栏上的"保存"工具按钮，也可以执行"文件"菜单中的"保存"或"另存为"命令，弹出"另存为"对话框，如图4.8所示。

图4.8 "另存为"对话框

② 在该对话框中,单击"保存位置"框右端的下拉按钮,在弹出的下拉列表中选择驱动器或文件夹。

③ 在"保存类型"下拉列表框中确认选择"Microsoft Excel 工作簿"。

④ 在"文件名"框中输入一个新的工作簿文件名。

⑤ 单击"保存"按钮,即可将此工作簿保存到磁盘上。

(2) 对已经保存过的当前工作簿,若想更换文件名保存(即同一工作簿有两个不同的版本),可以执行"文件"菜单中的"另存为"命令,弹出"另存为"对话框,然后再按上述的步骤操作即可。若想转换文件格式,则在"保存类型"的下拉菜单中,通过选择保存类型,实现不同文件格式间的转换。

(3) 对已经保存过的当前工作簿,若不改变原工作簿文件名,有以下几种操作可以保存工作簿:

① 单击"常用"工具栏上的"保存"工具按钮。

② 单击"文件"菜单中的"保存"命令。

③ 按 Ctrl+S 键。

④ 按 Shift+F12 键。

对于新工作簿,上述操作均可弹出"另存为"对话框。

3. 打开工作簿文件

打开一个已保存的工作簿文件,可通过以下四种方式实现:

(1) 找到工作簿文件保存的位置,双击要打开的工作簿图标。

(2) 选择"文件"菜单下的"打开"命令,弹出"打开"对话框,在"查找范围"列表中,选择工作簿所在驱动器、文件夹或 FTP 地址,找到并选中后单击"打开"按钮,也可双击要打开的工作簿,如图 4.9 所示。

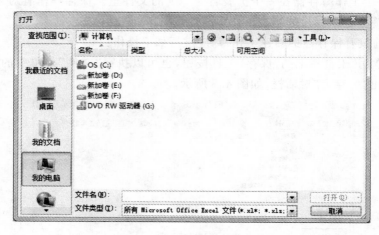

图 4.9 　"打开"对话框

(3) 单击"常用"工具栏上"打开"按钮,弹出"打开"对话框,后续操作同上。

(4) 单击"开始工作"任务窗格,单击"其他…",弹出"打开"对话框,后续操作同上。

像 Word 一样,Excel 也允许同时打开多个工作簿和同时查看多个工作簿,并可方便地进行各工作簿之间的切换。

1) 同时打开多个工作簿

为了在工作簿之间移动或复制工作表和数据,必须同时打开多个相关的工作簿。

打开多个已建立的工作簿,操作方法为:执行"文件"菜单的"打开"命令或单击"常用"工具栏上的"打开"按钮,弹出"打开"对话框;在"打开对话框"中选择要打开的多个工作簿文件名,单击"打开"按钮即可。

2) 在打开的工作簿之间切换

在同时打开的多个工作簿中,只能有一个是当前工作簿。为了使其他的工作簿也成为当前工作簿,必须切换到当前工作簿。切换工作簿的操作可以任选以下方式中的一种:

(1) 按 Ctrl + F6 键,可从一个工作簿窗口切换到另一个工作簿窗口。

(2) 如果想要切换为当前的工作簿窗口部分可见,则单击可见部分的任一位置。

(3) 选择"窗口"菜单,在该菜单列出了同时打开的多个工作簿文件名,单击其中要切换为当前工作簿的文件名。

4. 显示多个工作簿文件

有的时候,为了操作方便,需要在屏幕上同时显示浏览多个工作簿。窗口菜单下有两个命令可以实现此项操作。

1) 重排窗口

操作步骤为:执行"窗口"菜单中的"重排窗口"命令,弹出"重排窗口"对话框,在该对话框中有"平铺"、"水平并排"、"垂直并排"和"层叠"单选项,分别对应 4 种显示方式,用户根据需要可选择一种,并单击"确定"按钮,如图 4.10 所示。

若要恢复到只显示一个工作簿的状态,可单击任一个工作簿窗口标题栏的"最大化/还原"按钮即可。

2) 并排比较

"并排比较"功能实现同步滚动浏览两个窗口中的内容。

操作步骤为:选取需要比较的当前工作簿窗口,选择"窗口"菜单中的"并排比较"命令,打开"并排比较"对话框(如图 4.11 所示),从中选取需要比较的目标工作簿,单击"确定"按钮。

图 4.10　"重排窗口"对话框

图 4.11　"并排比较"对话框

在工作窗口中并排显示两个工作簿,并显示"并排比较"工具栏。当一个窗口中滚动浏览内容时,另一个窗口也随之同步滚动,如图 4.12 所示。当需要关闭比排比较工作模式时,可以在"比排比较"工具栏或"窗口"菜单中,单击"关闭比排比较"命令。

图 4.12 Book1 与 Book2 两个窗口"并排比较"

5. 关闭工作簿文件

当用户结束 Excel 工作后,可关闭工作簿。以下四种方式可以完成操作:

(1) 选择"文件"菜单下的"关闭"命令。

(2) 按 Ctrl＋W 键。

(3) 单击工作簿窗口标题栏的"关闭窗口"按钮。

(4) 当系统中有多个工作簿文件同时打开时,可以先按住 Shift 键,然后执行"文件"菜单中的"全部关闭"命令,可以一次关闭所有打开的工作簿。

4.1.4 工作表的基本操作

一个工作簿内通常是由多个工作表组成的,在使用过程中可能涉及工作表的插入、多余工作表的删除、工作表的复制、工作表的移动、对工作表的重命名等操作。

1. 工作表的选取

工作簿通常由多个工作表组成。想对某一个或多个工作表操作时,必须先选取相应的工作表。工作表的选取可通过鼠标单击工作表标签栏进行。

1) 选取单个工作表

鼠标单击要操作的工作表标签,该工作表便出现在工作簿窗口,标签栏中相应标签变为白色(凸出)名称下出现下划线,表明该工作表被选中。当工作表标签过多而在标签栏显示不下时,可通过标签栏滚动按钮前/后翻阅标签名。

2) 选取多个连续工作表

可先单击第 1 个工作表,然后按下 Shift 键,单击最后一个所要选取的工作表,则连续的多个工作表被选中。

3) 选取多个非连续工作表

通过按下 Ctrl 键,并通过鼠标分别单击所要选取的工作表。

2. 工作表的删除、插入和重命名

Excel 在创建了一个空白工作簿后,默认情况下由三个工作表 Sheet1、Sheet2、Sheet3 组成。用户根据需要可对选取的工作表进行删除、插入、重命名等操作。

1) 删除工作表

如果想删除一个或多个工作表,只要选取要删除的工作表,再选择"编辑"菜单中"删除工作表"命令即可。工作表被删除后,其相应的标签也从标签栏中消失。

但值得注意的是,工作表被删除后,是不能用"常用"工具栏的"撤销"按钮来恢复的。

2) 插入工作表

如果用户想在某个工作表前插入一空白工作表,只需选择该工作表,选择"插入"菜单的"工作表"命令,就可在原工作表之前插入一个空白的新工作表,且新工作表将成为活动工作表。

3) 工作表的重命名

各工作表默认的名字分别为 Sheet1,Sheet2,……,如果一个工作簿中建立了多个工作表时,显然希望工作表的名字能反映出各工作表的内容,以便于操作。重命名工作表的方法为:用鼠标双击要命名的工作表标签,工作表的名字反白显示;再输入新的工作表名,最后按回车键确定。重命名工作也可通过"格式"菜单下"工作表"子菜单,选择其中的"重命名"命令来完成。

提示:以上三项操作均可选取当前工作表,单击右键,通过快捷菜单完成。

3. 工作表的移动和复制

实际应用中,为了更好地共享和组织数据,常常需要复制或移动工作表。在 Excel 中,既可以在同一工作簿中移动和复制工作表,也可以在不同的工作簿之间移动和复制工作表。

1) 在同一工作簿中移动工作表

操作方法如下:

(1) 将鼠标指针指向要移动工作表的标签。

(2) 待鼠标指针成为空心箭头时,沿工作表标签栏拖动鼠标,此时工作表标签栏上方出现一黑色小三角,指示当前的拖动位置。

(3) 当拖动到合适位置时,松开鼠标左键,工作表即被移动到新的位置。

2) 将工作表移动到另外一个工作簿中

操作方法如下:

(1) 单击源工作簿中要移动工作表的标签。

(2) 执行"编辑"菜单中的"移动或复制工作表"命令,弹出"移动或复制工作表"对话框(如图 4.13 所示)。

(3) 在该对话框的"工作簿"下拉列表框中,选择目标工作簿。

(4) 在"下列选定工作表之前"的列表框中选择某个工作表,则要移动的工作表将移到该工作表之前。

(5) 最后单击"确定"按钮。

同移动操作一样,复制工作表既可在同一工作簿中进行,也可在不同工作簿间进行。

3) 在同一工作簿中进行复制工作表

操作方法如下:

(1) 将鼠标指针指向需要复制工作表的标签。

(2) 待鼠标指针成为空心箭头时,按下 Ctrl 键并沿工作表标签栏拖动鼠标。

图 4.13 "移动或复制工作表"
对话框

（3）拖动时，标签行上方除了出现黑色小三角外，指针处还出现小加号，指示当前的拖动位置，当到达需要的位置时，释放鼠标左键后再松开 Ctrl 键，完成复制。

4）将工作表复制到另一工作簿

将工作表"复制"到另一工作簿的操作方法与将工作表"移动"到另一工作簿的操作基本相同，只是在"移动或复制工作表"对话框（如图 4.13 所示）中，选择该对话框下部的"建立副本"复选框，完成的即是复制操作。

提示：以上操作也可选取当前工作表，单击右键，通过快捷菜单中的"移动或复制工作表"命令完成。

4. 在工作表和工作簿之间传递数据

1）数据在工作表之间传递

数据在工作表之间传递是指数据在一个工作簿内的工作表之间进行移动或复制。

其操作步骤为：在源工作表中，选定要移动或复制数据的单元格或单元格区域；再单击"常用"工具栏上的"剪切"按钮或"复制"按钮；选定目的工作表及目的单元格；单击"常用"工具栏上的"粘贴"按钮，即完成了工作表之间相应的数据移动或复制操作。

2）数据在工作簿之间传递

数据在工作簿之间的传递是指数据在工作簿之间进行移动或复制。

其操作步骤为：打开将要进行相互操作的多个工作簿；执行"窗口"菜单中的"重排窗口"命令，将它们同时显示在屏幕上；在源工作簿的工作表中，选定要进行数据移动或复制的单元格或单元格区域；单击"常用"工具栏上的"剪切"按钮或"复制"按钮；在目的工作簿中的工作表中，选定目的单元格或单元格区域，最后单击"粘贴"按钮，即完成了工作簿之间相应的数据移动或复制操作。

5. 对其他工作表或工作簿中数据的引用

Excel 允许在一个工作表采用的公式中引用本工作簿中其他工作表中的数据，也可以引用不同工作簿的工作表中的数据，但要求明确指定被引用的单元格或区域所属的工作簿及所属的工作表。

1）在同一工作簿中引用数据

如果一个工作表中的公式引用了另一个工作表中的数据，则称为外部单元引用。同一工作簿中的外部单元引用，应该在被引用的单元格或单元格区域前面加上工作表名称，相互之间用"!"分隔。例如，Sheet1!C3 表示引用的是工作表 Sheet1 中的 C3 单元格内容。

2）在不同工作簿中引用数据

如果一个工作表中的公式引用了其他工作簿的数据，也是一种外部单元引用。这种引用应该在被引用的单元格或单元格区域前增加大写的工作簿文件名，并且单元格引用要用绝对地址形式（即在行、列地址前加"$"）。

例如，在当前工作表某单元格的公式中，需要引用 Excel 工作簿 purch. xls 中 Sheet1 工作表的 C1 单元格中数据，应采用：［purch］Sheet1!C1 形式。

但需要说明的是，此时文件 purch 也应是打开的，并可执行"窗口"菜单中的"重排窗口"命令，使两个工作簿同时显示在屏幕上。在这种情况下，关闭工作簿时应先关闭被引用的工作簿,然后再关闭含该公式的工作簿。

6. 拆分和冻结工作表

1）拆分工作表

当对一些较大的工作表进行操作时,可对其窗口进行拆分,这样能够同时观察、编辑同一工作表的不同部分。操作方法如下:

选择"窗口"菜单中的"拆分"命令,在当前工作表窗口上出现水平方向和垂直方向的拆分条,拆分后的窗口被称作窗格,每个窗格都有自己的滚动条,也可以拖曳拆分框实现窗口拆分;双击拆分条,取消拆分。

2）冻结工作表

当一个工作表较大,屏幕无法显示工作表中的所有数据的时候,为方便与表标题对照,可将表标题冻结,水平冻结线下方和垂直冻结线右侧的数据可滚动。操作方法如下:

(1) 若选取当前单元格,选择"窗口"菜单中的"冻结窗格"命令,则沿着当前单元格的上边框和左边框出现水平方向和垂直方向两条冻结线,在冻结线上方和左侧的单元格区域是被"冻结"的部分。如图 4.14 所示,选取 D6 单元格,选择"窗口"菜单中的"冻结窗格"命令后,A1:C5 区域被冻结。

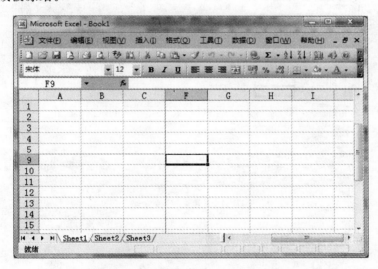

图 4.14 单元格区域 A1:C5 被冻结

(2) 若选取某一行,选择"窗口"菜单中的"冻结窗格"命令,则沿着当前行的上边框出现水平方向的冻结线,在冻结线上方的单元格区域是被"冻结"的部分。如图 4.15 所示,选取第二行单元格区域,选择"窗口"菜单中的"冻结窗格"命令后,第一行的单元格区域被冻结,冻结线下方的数据可滚动。

(3) 若选取某一列,选择"窗口"菜单中的"冻结窗格"命令,则沿着当前列的左边框出现垂直方向的冻结线,在冻结线左侧的单元格区域是被"冻结"的部分,如图 4.16 所示,选取第二列单元格区域,选择"窗口"菜单中的"冻结窗格"命令后,第一列的单元格区域被冻结,冻结线右侧的数据可滚动。

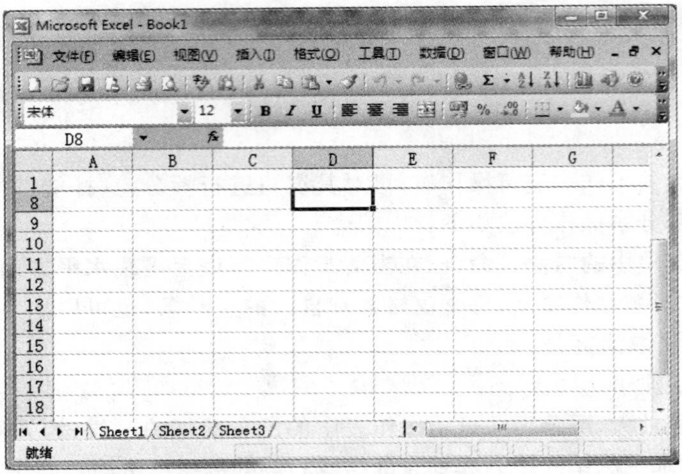

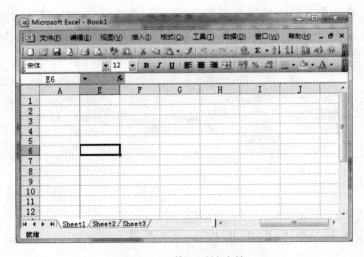

图 4.15　第一行被冻结

图 4.16　第一列被冻结

4.1.5　单元格与单元格区域

Excel 2003 工作表是一个由行和列组成的表格,每一个行和列的交叉点称为"单元格"。单元格是构成 Excel 2003 电子表格的基本单位,是存储数据的最小单位。在单元格中可以存储字符串、数字、公式、图形及声音文件等,其存储容量最多可达 3200 个字符。

在 Excel 中分别引用字母 A 到 IV 来标识每一列,共 256 列。引用数字从 1 到 65 536 来标识每一行,这些字母和数字被称为列标和行号。列标和行号的组合应用作为单元格的名称,例如,单元格 A1,表示 A 列 1 行的单元格。单元格的名称也称为"单元格地址"。

当单击某个单元格时,该单元格的地址就显示在编辑栏左端的名称框内,并且该单元格被选定为活动单元格(带有一个粗黑边框,称此框为活动单元格标识框),用户的所有操作均是针对活动单元格进行的。

由于一个工作簿中可能会有多个工作表,为了区分不同工作表的单元格,可以在地址前面增加工作表名称,工作表名称与单元格地址之间用"!"分隔。例如,Sheet4!D8 表示是工作表 Sheet4 中的 D8 单元格。

单元格区域简称区域,由工作表中若干个相邻或不相邻的单元格组成。有时,Excel 的操作是针对某个区域进行的。

1. 单元格的选取

单元格的选取是单元格操作中的常用操作之一,它包括单个单元格选取、多个连续单元格选取和多个不连续单元格选取。

1)选取单个单元格

单个单元格的选取即单元格的激活。除了用鼠标单击、键盘上的方向键外,还可以采用下列方式:

(1)使用"编辑"菜单中的"定位"命令,在对话框的"引用位置"中输入单元格地址(如 K260),单击"确认"按钮,即可选取单元格。

(2)在窗口的名称框中输入单元格地址,按回车键确认,即可选取单元格。

2)选取多个连续单元格

选取多个连续单元格的方法有:

(1)单击单元格区域左上角的单元格并拖曳鼠标至单元格区域的右下角单元格,松开鼠标左键,被选定的单元格区域反白显示。

(2)单击单元格区域左上角的单元格,按住 Shift 键不放,再单击单元格区域右下角的单元格,被选定的单元格区域反白显示。

(3)当选定较大的单元格区域时,可单击单元格区域左上角的单元格后按 F8 键,这时窗口状态栏会出现"EXT"扩展模式指示器,再单击单元格区域右下角的单元格,被选定的单元格区域反白显示。单元格区域被选定后再按 F8 键,取消"EXT"状态。

(4)单击欲选择列的列标,选定一整列,该列反白显示;单击预选择行的行号,选定一整行,该行反白显示。

(5)单击某行的行号或某列的列标并拖动鼠标指针,可选定相邻的若干行或若干列,被选定的行或列反白显示。

(6)单击工作表左上角的行号所在列与列标所在行交叉处的"全选框",可选定整个工作表,被选定的整个工作表反白显示。

3)选取多个不连续单元格

若要同时选定几个不相连的单元格区域时,可先选定第 1 个单元格区域后按住 Ctrl 键不放,再选定其他需要的单元格区域。

4)清除单元格区域的选取

在全选状态时,单击工作表中任意位置,可取消对整个工作表的选定;在非全选状态时,单击工作表中选定单元格区域外的任意位置,可取消对单元格区域的选定。

2. 单元格、行、列的插入

Excel 提供了单元格、行、列的插入和删除功能。

数据输入时难免会出现遗漏,有时是漏掉一个数据,有时可能漏掉一行或一列。这一切可通过 Excel 的"插入"操作来弥补。通过选择"插入"菜单中的命令,或在工作表中单击鼠标右键,选择快捷菜单中的"插入"命令,均可以完成插入操作。

1) 插入单元格

操作方法为:用鼠标单击要插入单元格的位置;选择"插入"菜单的"单元格"命令,弹出"插入"对话框(如图 4.17 所示);选择"活动单元格右移"将选中单元格向右移,新单元格出现在选中单元格左边;选择"活动单元格下移"将选中单元格向下移动,新单元格出现在单元格上方;单击"确定"按钮插入一个空白单元格。

2) 插入行、列

要插入一行或一列,操作方法是:首先使用鼠标单击要插入新行或新列的单元格;选择"插入"菜单的"行"命令或"列"命令,选中单元格所在行向下移动一行或者所在列向右移动一列,以腾出位置插入一空行或空列。此外,在如图 4.17 所示的"插入"单元格对话框中选择"整行"或"整列"也可插入一空行或空列。如需插入多行或多列则需选择多个单元格。

3．单元格、行、列的删除

删除操作针对的对象是单元格、行、列,删除后选取的单元格连同里面的数据都从工作表中消失。选取单元格或一个区域后,选择"编辑"菜单的"删除"命令,弹出"删除"对话框(如图 4.18 所示)。

　图 4.17　"插入"对话框

　图 4.18　"删除"对话框

用户可以选择"右侧单元格左移"或"下方单元格上移"来填充被删除掉单元格后留下的空缺。选择"整行"或"整列"将删除选取区域所在的行或列,其下方行或右侧列自动填充空缺。当选定要删除的区域为整行或整列时,将直接删除而不出现对话框。

4．行列的隐藏

选择需要隐藏的行或列,在"格式"菜单的"行"或"列"选项中,单击"隐藏";也可选择需要隐藏的行或列,单击鼠标右键,在快捷菜单中选择"隐藏"。

当要取消隐藏时,只要选定被隐藏行(列)的上下(左右)相邻的行(列),在菜单中单击"取消隐藏"即可。

4.1.6　数据保护

1．隐藏工作簿和工作表

隐藏工作簿和工作表可以减少屏幕上显示的窗口和工作表,并避免不必要的改动。例如,可隐藏包含敏感数据的工作表。隐藏的工作簿或工作表仍处于打开状态,其他文档仍可以引用其中的信息。此外,还可以隐藏暂时不用或不想让他人看到的数据行和列(详见4.1.5节)。

1)隐藏工作簿

打开需要隐藏的工作簿,在"窗口"菜单上单击"隐藏"命令。

如果要取消工作簿的隐藏,则在"窗口"菜单上单击"取消隐藏"命令,打开"取消隐藏"对话框,选择需要取消隐藏的工作簿。

2)隐藏工作表

如果要隐藏工作簿中的一个或多个工作表,选定需要隐藏的工作表,在"格式"菜单"工作表"选项中,单击"隐藏"命令。

如果要取消对某工作表的隐藏,单击"格式"菜单中"工作表"下的"取消隐藏"命令,并选择相应的工作表,并单击"确定"按钮。

2. 保护工作簿和工作表

Excel 2003为了限制对整个工作簿的改动,以及限制对个人工作表查看和编辑,为用户提供了"保护"命令。

1)保护整个工作簿

(1)用鼠标指向"工具"菜单中的"保护"命令,然后单击其子菜单中的"保护工作簿"命令,弹出保护工作簿对话框,如图4.19所示。

(2)如果要保护工作簿的结构,请选中"结构"复选框,这样工作簿中的工作表将不能进行移动、删除、隐藏、取消隐藏或重新命名,而且也不能插入新的工作表。

如果要在每次打开工作簿时保持窗口的固定位置和大小,请选中"窗口"复选框。

(3)为防止他人取消工作簿保护,可以键入密码,再单击"确定"按钮,然后在"重新输入密码"编辑框中再次键入同一密码,密码区分大小写。

2)保护单个工作表

(1)将需要实施保护的工作表作为当前工作表。

(2)用鼠标指向"工具"菜单中的"保护"命令,然后单击其子菜单中的"保护工作表"命令,弹出"保护工作表"对话框,如图4.20所示。

图4.19　"保护工作簿"对话框　　　　图4.20　"保护工作表"对话框

（3）工作表在被保护状态下，允许进行的操作，在"允许此工作表的所有用户进行"的选项中选中；禁止进行的操作，不选中。

（4）如果要防止他人取消工作表保护，可以键入密码，再单击"确定"按钮，然后在"重新输入密码"编辑框中再次键入同一密码。请注意，密码是区分大小写的，请严格按照既定格式键入密码，包括大小写字母格式。应将密码记下并存放在安全的地方，如果遗失了密码，将不能访问工作表中处于保护状态下的元素。

4.2　数据输入与编辑

Excel 允许输入的数据包括两类：一类是常量，是可以直接键入到单元格中的文本型、数值型、日期和时间型、逻辑型等数据；另一类是公式，是一个由常量数据、单元格引用、函数或操作符等组成的序列。公式的输入将在 4.3 节中介绍。这里先介绍常量数据的输入。

4.2.1　数据输入

在单元格中输入数据，先选取需要输入数据的单元格，输入相应数据后按 Enter、Tab键、鼠标单击编辑栏的 ☑ 按钮或单击另一单元格，均可确认输入，否则系统不予认可。按Esc 键或单击编辑栏的 ☒ 按钮可取消输入。输入的数据同时显示在活动单元格和工作表上方的编辑栏上。如果输入有误，可在编辑栏进行修改，而不必重新输入。

1. 直接输入数据

输入的数据类型分为文本型、数值型、日期时间型和逻辑型。以下介绍这 4 种类型数据的输入。

1）输入文本型数据

在 Excel 中，文本包括符号、文字、字符型数字以及它们的组合。任何输入到单元格中的字符集，只要不被系统解释成数字、日期、时间、逻辑值及公式，则 Excel 一律将其视为文本。在 Excel 中输入字符时，单击单元格，就可在该单元格中输入字符内容。字符的默认对齐方式为靠左对齐。

对于全部由数字组成的字符串（如电话号码、邮政编码等），常常当作字符处理。为了不使系统把它当作数字看待，输入时，可在其前面添加一个单引号（例如：'24346688）。此时，Excel 将把它当作文本字符沿单元格靠左对齐。

数据输入时，若文字项的右边单元格中没有数据，文字允许超过列宽输入，扩展到右边列来显示。如果右边单元格中有数据，则截断显示。根据需要，可利用"格式"菜单中的"列"命令调整列宽。

2）输入数值型数据

数值除了包含由数字（0～9）组成的数字串外，还包括＋、－、＊、/、E、e、$、% 以及小数点（.）和千分位符号（,）等特殊字符。数值型数据在单元格中默认对齐方式为靠右对齐。

在 Excel 中，对于新建立的工作表，所有数字的输入均采用默认的通用数字格式。这种格式一般采用整数（例如，5168）、小数（例如，68.8）。Excel 数值输入与数值显示未必相同，如输入数据长度超出单元格列宽时,自动采用科学记数法来表示数字(例如,5670000000 用 5.67E+09 表示)。又如单元格数字格式设置为带两位小数,此时输入三位小数,则末位将进行四舍五入。应该注意,Excel 计算时将以输入数值为准而不是显示数值为准。

输入数字时,须遵照下面的规则:

(1) 在数字前输入的正号"+"被忽略。

(2) 可以在数字中包括逗号,如 26,468,508。

(3) 数值项目中的单个圆点"."作为小数点处理。

输入分数(如 5/7)时,要先输入"0"和空格,然后输入分数,否则系统将按日期对待。系统会自动为输入的数字指定正确的数字格式。例如,当输入一个数字且当该数字前有货币符号时,系统会自动将单元格的通用格式改变为货币格式。

3) 输入日期时间型数据

Excel 内置了一些日期时间的格式,当在单元格中输入可识别的日期和时间数据时,单元格的格式就会自动从"通用"格式转换为"日期"或"时间"格式,而不需要用户去设定该单元格为日期或时间格式。

Excel 日期的输入形式有多种,常见的日期格式为:yyyy/mm/dd、yyyy-mm-dd,例如要输入 2012 年 9 月 10 日,只要输入 2012/9/10 或者 2012-9-10 即可。若想在单元格中输入当前日期,只要按组合键 Ctrl + ;即可。

时间的输入也有多种形式,常见的日期格式为:hh:mm:ss(am/pm),其中 pm 代表下午,am 代表上午。am/pm 与秒之间应有空格,缺少空格将当作字符数据处理。如要输入下午 8 点 20 分 30 秒,只要输入 20:20:30 或者 8:20:30 pm 就可以了。若想在单元格中输入当前的时间,只需按 Ctrl + Shift + ;组合键就可以了。

如果想在同一个单元格中输入日期和时间,输入时在两者之间加一个空格即可。日期时间型数据在单元格中默认对齐方式为靠右对齐。

4) 输入逻辑型数据

逻辑型数据只有两个值,即 True(真)和 False(假)。既可以直接在单元格中输入,也可以由比较运算产生的结果给出,多用于逻辑判断。逻辑型数据在单元格中默认居中对齐。

2. 自动输入数据

如果输入有规律的数据,可以考虑使用 Excel 的数据自动输入功能,它可以方便快捷地输入等差、等比甚至自定义的数据系列。

1) 自动填充

自动填充是根据初始值决定以后的填充项,它是输入数据的一种手段。填充分以下几种情况:

(1) 初始值为纯字符或纯数字,填充相当于数据复制。

(2) 初始值为文字数字混合体,填充时文字不变,最右边的数字递增。如初始值为 A1,填充为 A2,A3,……

(3) 初始值为 Excel 自定义的自动填充序列中一员,按自定义序列填充。如初始值为"二月",自动填充"三月"、"四月",……

（4）若连续单元格区域中初始值为等差序列，可自动填充其余等差值。

① 使用填充柄实现自动填充：在任一选定的单元格或单元格区域框的右下角都有一个很小的黑色方块，称为填充柄。将鼠标指针指向填充柄，待指针变为实心十字形状时，按下鼠标左键，沿上、下、左、右其中一个方向相邻的连续单元格拖动。在拖动过程中，可能选中的单元格被灰色的线框框住。当松开鼠标左键时，确认选定的单元格变为反白显示，数据被填充到这些单元格里。至此，拖动填充完成。

② 使用菜单实现自动填充：利用鼠标拖动的方法进行数据的自动填充，适用于目标单元格或单元格区域与原单元格或单元格区域相距不远的情况。当距离较远时，利用鼠标拖动就很不方便了。为此，Excel 在"编辑"菜单中提供了"填充"命令（如图 4.21 所示）。

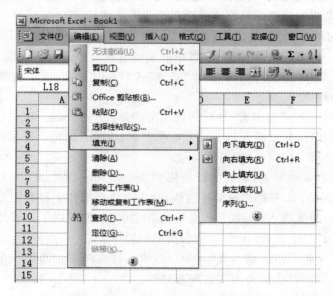

图 4.21 "编辑"菜单中的"填充"命令项

一般情况下，在使用"编辑"菜单中的"填充"命令进行自动填充操作时，若在"填充"子菜单中选择了"向下填充"、"向右填充"、"向上填充"或"向左填充"，则把选定区域的第 1 行或第 1 列中的数据复制到本次所选择区域的其他单元格中。

2）自定义序列

用户还可以自定义序列并储存起来供以后填充时用，操作方法如下：

选择"工具"菜单的"选项"命令，出现如图 4.22 所示的"选项"对话框。

单击"自定义序列"选项卡，在自定义序列的列表框中选择"新序列"，在"输入序列"文本框中每输入一个序列成员按一次回车键，如"第 1 名"、"第 2 名"、……输入完毕后单击"添加"按钮。

序列定义成功以后就可以使用它来进行自动填充了。只要是经常出现的有序数据都可以定义为序列，如学校中各院系名称等。输入初始值后使用自动填充可节省许多输入工作量，尤其是在多次使用它们时。

如果要将用户在工作表中已经输入的一系列数据储存为自定义序列，只需用鼠标选中这些数据，在"自定义序列"选项卡中单击"导入"按钮，则可省去重新输入的麻烦。

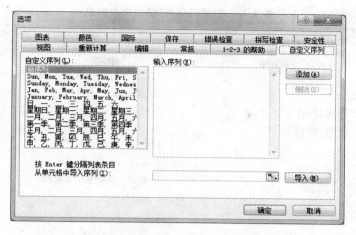

图 4.22　"选项"对话框"自定义序列"选项卡

3）生成一个序列

用菜单命令生成一个序列的操作方法为：首先在单元格中输入初值并按回车键；其次鼠标单击选中该单元格，选择"编辑"菜单的"填充"命令，从子菜单中选择"序列"命令，弹出如图 4.23 所示"序列"对话框。

（1）"序列产生在"组框：指示按行或列方向填充。本框内有 2 个单选项，若选择"行"，则是按行方向填充序列；若选择"列"，则是按列方向填充序列。

（2）"类型"组框：选择序列类型。在本框内有 4 个单选项。若选择"等差数列"，则下一个数值与上一个数值的差相等，当差的值大于零时，填入等差递增序列，否则填入等差递减序列；若选择"等比序列"，则是填入一个等比序列，此时，步长值为序列中任意两个相

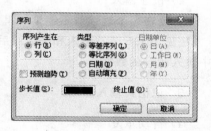

图 4.23　"序列"对话框

邻数值之比，当步长值大于 1 时，是等比递增序列，当步长值小于 1 时，是等比递减数列；若选择"日期"，则还要在其右侧的"日期单位"框中选取按何种单位建立日期序列，可按年、月、日和工作日来建立日期序列（日期序列类似于等差序列，也可以使用不同的步长值）；若选择"自动填充"，则是在所有选中的单元格区域内依据初始值填入对初始值的扩充序列。

（3）"步长值"框：可输入等差、等比序列增减、相乘的数值，以便建立序列。

（4）"终止值"框："终止值"可输入一个序列终值不能超过的数值。若在某单元格输入初始值后没有选定要填入序列的单元格，则可在本框内输入一个终止值，以便确定填入序列的大小。例如，在某单元格输入 1 并选择该单元格区域，再在"序列"对话框中选择"列"、"等差数列"、"步长值"为 5、"终止值"为 21，单击"确定"按钮，则在所选择单元格以下 4 个单元格中依次自动填入 6,11,16,21。

注意：除非在产生序列前已选定了序列产生的区域，否则终值必须输入。

在表 4.1 中，举例列出了可使用自动填充操作建立的序列。

表 4.1　用"自动填充"建立序列例表

选择区域的初始数据	建 立 的 序 列
1,2	3,4,5,6,……
1,3	5,7,9,11,……
100,95	90,85,80,75,……
2(等比序列、步长 4)	8,32,128,……
2(等比序列、步长 3)	6,18,54,……
10:00	11:00,12:00,13:00,……
Mon	Tue,Wed,Thu,……
星期一	星期二,星期三,星期四,……
Jan	Feb,Mar,Apr,……
1991,1992	1993,1994,1995,……
一月	二月,三月,四月,……
第一季度	第二季度,第三季度,……
甲	乙,丙,丁,……
Name1	Name2,Name3,Name4,Name5,……
Text1,TextA	Text2,TextB,Text3,TextC,……

4）快速输入

若要在多个连续或不连续的单元格区域中输入相同的数据，可以选取多个目标单元格（方法见 4.1.5 节），输入相关数据后，同时按 Ctrl＋Enter 键，即可在选中的多个目标单元格中输入相同的数据。

3. 记忆式输入数据

1）自动重复

选择"工具"菜单中的"选项"命令，在"选项"对话框的"编辑"选项卡中，选中"记忆式输入"选项，如图 4.24 所示，设置后，若输入的字符与该列上一行字符相匹配，则会自动填充字符，如图 4.25 所示，按 Enter 键即可。

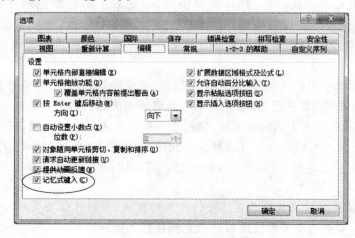

图 4.24　"选项"对话框

2）下拉菜单选择

在活动单元格中,输入起始字符,按 Alt＋↓键,在下拉列表中显示同一列上方若干行已输入的所有项,可从中选取相应项填入活动单元格,如图 4.26 所示。

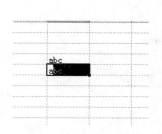

图 4.25　自动重复输入

图 4.26　下拉列表选择输入

4.2.2　数据编辑

1. 数据的修改

在 Excel 中,修改数据有两种方法:一是直接在单元格修改,二是在编辑栏修改。

1）直接编辑

方法一:对单元格内容进行编辑修改的最简单方法是:单击欲编辑的单元格,此时单元格周围是粗边框线,且单元格处于改写状态,可在该单元格中输入新内容,并按回车键确认,新输入的数据将覆盖原有数据。

方法二:双击欲编辑的单元格,插入点出现在单元格中,此时单元格周围是细边框线,且单元格处于编辑状态,可在该单元格中修改其内容,并按回车键确认。

方法三:如果需要在单元格内容的尾部添加信息,先单击此单元格,然后按 F2 键,则单元格进入编辑状态,且光标定位在单元格内容的尾部。

上述方法适合较少内容的修改。

2）在编辑栏中编辑

对单元格内容进行编辑修改的一般方法是:先使要编辑的单元格进入编辑状态,这只需选中要修改的单元格,然后单击编辑工作区。这时,插入点在编辑工作区中,用户可在编辑工作区中进行编辑。按 ☑ 按钮确认修改,按 ☒ 按钮或 Esc 键放弃修改,此种方法适合对超过单元格宽度的字符串的修改和对公式的修改。

在上述操作中,请用户时刻注意移动插入点到当前的编辑位置。

2. 数据的清除

数据清除针对的对象是数据,单元格本身并不受影响。在选取单元格或一个区域后,选择"编辑"菜单的"清除"命令,弹出一个子菜单,如图 4.27 所示。菜单中含子命令"全部"、"格式"、"内容"和"批注",选择"格式"、"内容"或"批注"命令将分别只取消单元格的格式、内容或批注;选择"全部"命令将单元格的格式、内容、批注统统取消,数据清除后单元格本身仍在原位置不变。

选定单元格或区域后按 Del 键,相当于选择清除"内容"命令。

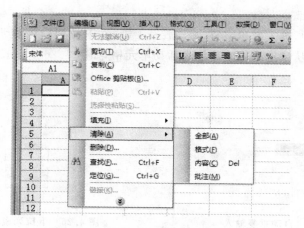

图 4.27　"编辑"菜单中的"清除"命令

3. 数据的移动、复制

Excel 的数据移动、复制和填充,既可用鼠标拖动,也可以用菜单栏菜单,还可用工具栏上的工具按钮来实现。

1)数据的复制、移动

Excel 数据复制方法多种多样,可以利用剪贴板,也可以用鼠标拖放操作。

（1）使用鼠标拖放实现复制、移动。

使用鼠标拖放实现复制应先选定要复制数据的单元格区域,将鼠标指针在其边框上滑动,当鼠标指针变为空心箭头时,按住 Ctrl 键,再按下鼠标左键拖动数据至新位置,依次松开鼠标左键和 Ctrl 键即可。从这一点我们看到,鼠标拖放复制数据的操作方法也与 Word 有点不同:选择源区域和按下 Ctrl 键后鼠标指针应指向源区域的四周边界而不是源区域内部。

此外,当数据为纯字符或纯数值且不是自动填充序列的一员时,使用鼠标自动填充的方法也可以实现数据复制。此方法在同行或同列的相邻单元格内复制数据非常快捷有效,且可达到多次复制的目的。

数据移动与复制类似,选定要移动数据的单元格区域（也可是一个单元格）,可以利用剪贴板的先"剪切"再"粘贴"方式,也可以将鼠标指针在其边框上滑动,当指针变为空心箭头时,按下鼠标左键拖动数据至新位置即可,但不按 Ctrl 键。

（2）使用菜单或工具按钮实现移动、复制。

利用鼠标拖动的方法进行数据的移动、复制和自动填充,适用于目标单元格或单元格区域与原单元格或单元格区域相距不远的情况。当距离较远时,利用鼠标拖动就很不方便了。为此,Excel 在"常用"工具栏中提供了"剪切"、"复制"工具按钮,也在"编辑"菜单中提供了"剪切"、"复制"和"填充"命令,利用剪贴板完成移动和复制。使用"剪切"和"粘贴"命令可进行数据移动的操作,使用"复制"和"粘贴"命令可进行数据复制的操作。

剪贴板复制数据与以前 Word 中操作相似,稍有不同的是在源区域执行复制命令后,区域周围会出现闪烁的虚线。只要闪烁的虚线不消失,粘贴可以进行多次,一旦虚线消失,粘贴无法进行。如果只需粘贴一次,有一种简单的粘贴方法,即在目标区域直接按回车键。

选择目标区域时,要么选择该区域的第1个单元格,要么选择与源区域一样的大小。与源区域大小不一致时,除非选择目标区域是源区域大小的数倍,依此倍数进行多次复制,否则将无法粘贴信息,并出现如图4.28所示粘贴警告框。

2) 选择性粘贴

一个单元格含有多种特性,如内容、格式、批注等。另外它还可能是一个公式,有效规则等,数据复制时往往只需复制它的部分特性。此外,复制数据的同时还可以进行算术运算、行列转置等。这些都可以通过选择性粘贴来实现。

选择性粘贴操作步骤为:先将数据复制到剪贴板,再选择待粘贴目标区域中的第一单元格,选择"编辑"菜单的"选择性粘贴"命令,弹出如图4.29所示的对话框。

图 4.28　区域不匹配的"粘贴警告"框

图 4.29 "选择性粘贴"对话框

各选项含义如下:

"全部":默认设置,将源单元格所有属性都粘贴到目标区域中。

"公式":只粘贴单元格公式而不粘贴格式、批注等。

"数值":只粘贴单元格中显示的内容,而不粘贴其他属性。

"格式":只粘贴单元格的格式,而不粘贴单元格内的实际内容。

"批注":只粘贴单元格的批注而不粘贴单元格内的实际内容。

"有效性":只粘贴源区域中的有效数据规则。

"边框除外":只粘贴单元格的值和格式等,但不粘贴边框。

"列宽":只粘贴单元格的列宽。

"无":默认设置,不进行运算,用源单元格数据完全取代目标区域中数据。

"加":源单元格中数据加上目标单元格数据再存入目标单元格。

"减":源单元格中数据减去目标单元格数据再存入目标单元格。

"乘":源单元格中数据乘以目标单元格数据再存入目标单元格。

"除":源单元格中数据除以目标单元格数据再存入目标单元格。

"跳过空单元":避免源区域的空白单元格取代目标区域的数值,即源区域中空白单元格不被粘贴。

"转置":将源区域的数据行列交换后粘贴到目标区域。

选择相应选项后,单击"确定"按钮完成选择性粘贴。

选择性粘贴的用途非常广泛，实际应用中只粘贴公式、格式或有效数据的例子非常多，这里仅举一个选择性粘贴运算的例子，如需要给如图 4.30(a)所示销售表中所有单价打九折，操作方法为：

(1) 在工作表的某一空白单元格输入 0.9。

(2) 将该单元数据复制到剪贴板。

(3) 选择“E3:E8”单价区域。

(4) 选择“编辑”菜单的“选择性粘贴”命令。

(5) 选中“乘”选项。

(6) 单击“确定”按钮。

即可发现在如图 4.30(b)中所有单价均为原来的 90%，金额也有相应的变化。

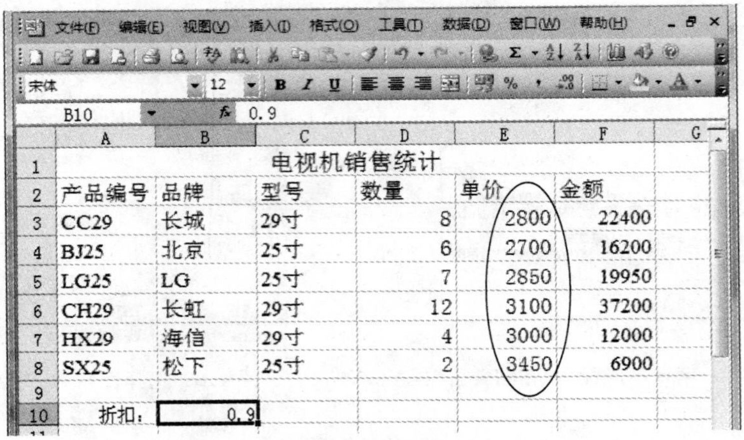

	A	B	C	D	E	F
1	电视机销售统计					
2	产品编号	品牌	型号	数量	单价	金额
3	CC29	长城	29寸	8	2800	22400
4	BJ25	北京	25寸	6	2700	16200
5	LG25	LG	25寸	7	2850	19950
6	CH29	长虹	29寸	12	3100	37200
7	HX29	海信	29寸	4	3000	12000
8	SX25	松下	25寸	2	3450	6900
9						
10	折扣:	0.9				

(a) 销售统计数据

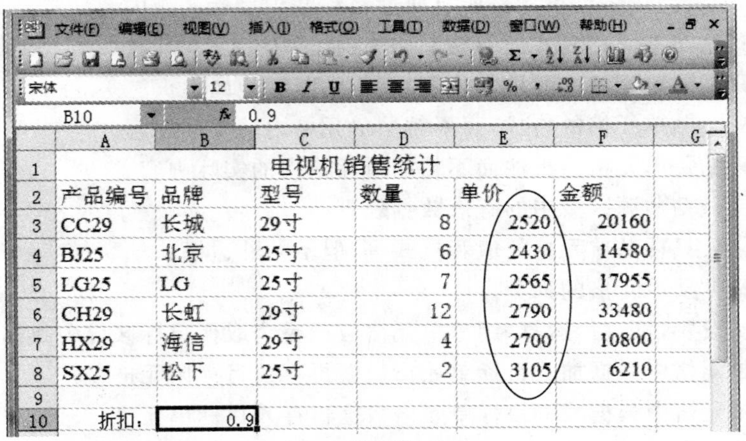

	A	B	C	D	E	F
1	电视机销售统计					
2	产品编号	品牌	型号	数量	单价	金额
3	CC29	长城	29寸	8	2520	20160
4	BJ25	北京	25寸	6	2430	14580
5	LG25	LG	25寸	7	2565	17955
6	CH29	长虹	29寸	12	2790	33480
7	HX29	海信	29寸	4	2700	10800
8	SX25	松下	25寸	2	3105	6210
9						
10	折扣:	0.9				

(b) 选择性粘贴

图 4.30 选择性粘贴操作

4. 查找与替换

查找与替换是编辑处理过程中的常用操作，在 Excel 中，除了可查找和替换文字外，还可查找和替换公式、批注。

1）查找

在工作表中查找指定数据的操作步骤如下：

（1）单击开始查找数据的单元格。

（2）执行"编辑"菜单的"查找"命令，弹出如图 4.31 所示的"查找"对话框（展开选项按钮）。

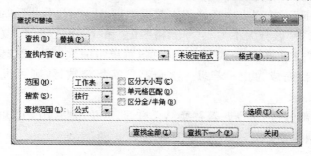

图 4.31　"查找和替换"对话框

（3）在对话框的"查找内容"文本框中输入要查找的内容。

（4）在"范围"下拉列表中选择"工作表"或"工作簿"。

（5）在"搜索"下拉列表中选择"按行"或"按列"顺序搜索。

（6）在"查找范围"下拉列表中选择待查数据类型，选项有"公式"、"值"、"批注"。

（7）确认是否选择"区分大小写"、"单元格匹配"和"区分全/半角"复选框。若未选择"区分大小写"，则查找时不区分英文字母大小写；若未选择"单元格匹配"，例如要查找"an"，则可能找到"an"、"and"、"can"等，否则只能找到"an"、"and"。

（8）单击"查找下一个"按钮开始查找，若找到一个内容匹配的单元格，则 Excel 会激活该单元格。如果需要继续查找，可再次单击"查找下一个"按钮。否则，可单击"关闭"按钮，关闭"查找"对话框。

注意：要查找字符串的长度应小于 255 个字符；查找从当前活动单元格开始；在要查找的字符串中，可以使用通配符星号"＊"和问号"?"，这里"?"仅代表一个任意字符，"＊"可以代表一个或任意多个字符。

2）替换

查找并替换指定数据的操作步骤如下：

（1）单击开始查找并替换数据的单元格。

（2）执行"编辑"菜单中的"替换"命令，弹出如图 4.32 所示的"查找和替换"对话框（展开选项按钮）。

图 4.32　"查找和替换"对话框

（3）在"查找内容"文本框中输入要查找的内容。

（4）在"替换为"文本框中输入要替换的新内容。

（5）在"范围"下拉列表中选择"工作表"或"工作簿"。

（6）在"搜索"下拉列表中选择"按行"或"按列"顺序搜索。

（7）在"查找范围"下拉列表中选择待查数据类型，选项有"公式"、"值"、"批注"。

（8）根据情况选择"区分大小写"、"单元格匹配"和"区分全/半角"复选框。

（9）单击"替换"按钮，开始查找并替换数据，每单击一次"替换"按钮，就完成一次查找并替换操作，直到替换完成为止。若想一次全部替换指定数据，则可直接单击"全部替换"按钮。

应小心使用"全部替换"命令。若替换结果有误，可单击"常用"工具栏上的"撤销"按钮，取消本次的全部替换操作。

5. 数据有效性检验

用户可以预先设置某一单元格允许输入的数据类型、范围，并可设置数据输入提示信息和输入错误提示信息。有效数据的定义步骤如下：

（1）选取要定义有效数据的单元格。

（2）选择"数据"菜单"有效性"命令，出现如图4.33所示对话框，选中"设置"选项卡。

（3）在"允许"下拉列表框中选择允许输入的数据类型，如"整数"、"时间"等。

（4）在"数据"下拉列表框中选择所需操作符，如"介于"、"不等于"等，然后在数值栏中根据需要填入上下限即可。

注意： 如果在有效数据单元格中允许出现空格，应选中"忽略空值"复选框。

（5）数据输入提示信息在用户选定该单元格时会出现在其旁边。其设置方法是在"数据有效性"对话框中选择"输入信息"选项卡，然后在其中输入有关提示信息，如图4.34所示。

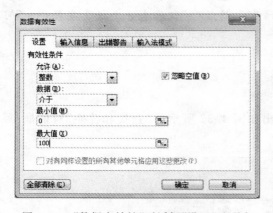
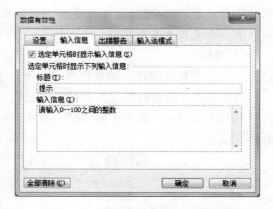

图4.33 "数据有效性"对话框"设置"选项卡   图4.34 "数据有效性"对话框"输入信息"选项卡

（6）若需要显示错误提示信息，则单击"出错警告"选项卡后选择并输入相关信息，如图4.35所示。

　　有效数据设置以后,在数据输入时可以监督数据正确输入。如图 4.36 所示,当在定义了数据有效性条件的单元格区域中输入超出有效性条件的数据时,系统的提示及警告信息。

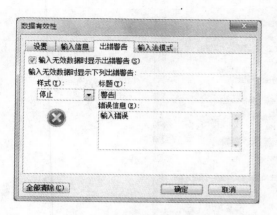

图 4.35　"数据有效性"对话框"出错警告"选项卡

图 4.36　输入数据不正确

　　对于工作表中已存在的数据设置有效性条件,可以通过审核功能检查这些数据是否属于无效数据。操作方法:选取需要审核的单元格区域,选择"工具"菜单的"公式审核"命令,在弹出的子菜单中选择"显示公式审核工具栏",单击"公式审核"工具栏中"圈释无效数据"按钮,可审核工作表中的错误输入并将其标记出来,如图 4.37 所示,设置单元格区域 C3:C8 的数据有效性条件为"0 到 30 之间的整数",经公式审核功能圈释无效数据。

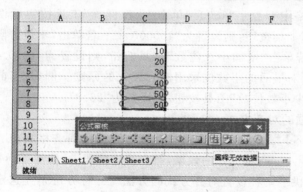

图 4.37　利用公式审核功能圈释无效数据

4.2.3　数据格式化

1. 数据显示格式

1) 数字格式

　　在工作表中,可以根据实际需要,选用不同的形式表示数字。例如,百分比、科学记数和货币符号等,但格式化单元格并不改变其中的数据和公式,只是改变它们的显示形式。常用的操作是先选择欲设置数字格式的单元格或单元格区域,再执行"格式"菜单中的"单元格"

命令,在弹出的如图 4.38 所示的"单元格格式"对话框中,选择"数字"选项卡,在该选项卡的"分类"列表框中有"常规"、"数值"、"货币"、"会计专用"、"日期"、"时间"、"百分比"等数值类型,用户可选择所需的类型后,再通过该对话框右边的相应选项确定所需格式,最后单击"确定"按钮即可。

图 4.38　"单元格格式"对话框中的"数字"选项卡

除此之外,在"格式"工具栏上提供了 5 个数字格式工具按钮,如图 4.5 所示,在用户设置数字格式时使用。这 5 个按钮分别是"货币样式"、"百分比样式"、"千位分隔样式"、"减少小数位数"和"增加小数位数"按钮。在工作表中,选定要设置数字格式的单元格或单元格区域后,利用这 5 个按钮可设置相应效果的数字格式。

例如,选定单元格中有数字"1800",单击"货币样式"工具按钮后设置为"￥1800.00";若单击"百分比样式"工具按钮,则设置为"180000％";若单击"千位分隔样式"工具按钮,则设置为"1800.00";若单击"增加小数位数"工具按钮,则设置为"1800.000"。单击"减少小数位数"工具按钮,则对最后的小数位采用四舍五入的原则。例如,当前活动单元格中有数字"23.79",单击"减少小数位数"工具按钮,则设置为"23.8"。

2）单元格中数据的对齐方式

默认情况下,Excel 根据输入的数据自动调节数据的对齐格式,比如文字内容左对齐、数值内容右对齐等。为了产生更好的效果,符合特定的要求,就需要为数据设置一种合适的对齐方式。Excel 提供了两种设置对齐方式的方法。一种方法是先选定需要设置数据对齐方式的单元格或单元格区域,再通过"格式"工具栏上的"左对齐"、"居中"、"右对齐"三个工具按钮之一进行修改;另一种方法是在"单元格格式"对话框中,设置数据的对齐方式。包括数据在单元格内的水平方向对齐、垂直方向对齐和数据沿任一方向对齐等。这里只介绍使用对话框设置对齐方式的操作。

（1）水平方向对齐。

选定单元格或单元格区域,执行"格式"菜单中的"单元格"命令,或者鼠标右键单击选定的单元格,在弹出的快捷菜单中选择"设置单元格格式",弹出"单元格格式"对话框,单击该对话框的"对齐"选项卡,显示如图 4.39 所示。

单击"水平对齐"框的下拉按钮,弹出下拉列表框,包括"常规"、"靠左（缩进）"、"居中"、

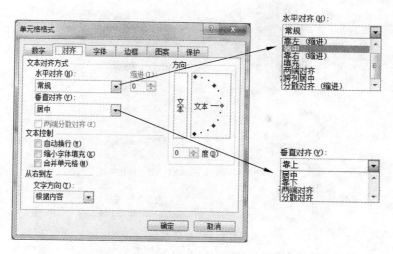

图 4.39 "单元格格式"对话框的"对齐"选项卡

"靠右"、"填充"、"两端对齐"、"跨列居中"和"分散对齐"等选项。

"常规"：选择本项，文本左对齐、数字右对齐、逻辑值和误差值居中对齐。

"填充"：选择本项，可在全部选定的单元格区域中，重复复制该区域中最左边单元格中的字符（要求选定单元格区域中所有要填充的单元格在执行填充操作之前必须是空的），直到填满整个单元格宽度为止。

"跨列居中"：选择本项，可将选定区域中最左方单元格的内容显示在选定区域的中间位置（要求所选区域除左方单元格非空外，其他单元格为空），单元格并没有合并。有时，对标题可用此功能置居中。

在该对话框中，选择一种对齐方式后单击"确定"按钮即可。

（2）垂直方向对齐。

在"单元格格式"对话框的"垂直对齐"下拉列表中，有"靠上"、"居中"、"靠下"、"两端对齐"和"分散对齐"5 个选项。

（3）数据沿任一方向对齐。

在"单元格格式"对话框的"对齐"选项卡中，如图 4.39 所示，"方向"框用于改变当前单元格中的数据旋转角度，角度范围为—90 度到 90 度。若方向选 0 度，为横向排列；若方向选 90 度，则为垂直排列；用户可选择任意角度，使数据沿该方向排列，而且单元格的高度也会随数据的旋转而自动改变。

3）字体格式

在实际工作中，为了使表格的外观美观或者符合用户的要求，用户需要对单元格中的数据外观进行相应的设置操作。在 Excel 环境中，对工作表中包含文字的单元格，可以使用不同的文字格式。最基本的文字格式是字体、字号、颜色及修饰。

选取需要设置字体格式的单元格区域，单击"格式"菜单中的"单元格"命令，在弹出的"单元格格式"对话框中，选择"字体"选项卡完成，如图 4.40 所示。也可以通过"格式"工具栏中的工具按钮完成设置。

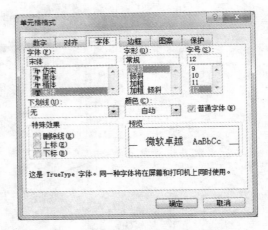

图 4.40 "单元格格式"对话框的"字体"选项卡

2．边框和底纹

1）设置边框

默认情况下，Excel 的表格线都是统一的淡虚线。这样的边线不适合于突出重点数据，打印时是不可见的，可以给表格加上其他类型、可见的边框线。

设置边框的常用操作步骤为：选定欲加边框的单元格或单元格区域，执行"格式"菜单中的"单元格"命令，弹出"单元格格式"对话框，在该对话框中，选择"边框"选项卡，如图 4.41 所示，首先在右侧"样式"框和"颜色"框中为边框线设置样式和颜色，在该选项卡中的"预置"框中选择边框，最后单击"确定"按钮。

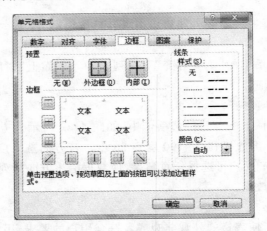

图 4.41 "单元格格式"对话框的"边框"选项卡

2）设置底纹

默认情况下，Excel 表格没有底纹，为了突出重点数据，可以给它加上底纹。设置底纹的操作方法为：选定欲添加底纹的单元格或单元格区域，然后在选定区域上单击鼠标右键，弹出快捷菜单，在快捷菜单中，单击"设置单元格格式"选项，弹出"单元格格式"对话框，在该对话框中选择"图案"选项卡，这时在该选项卡下的"颜色"框中选择要用的底纹颜色。如果需要进一步美化背景，还可以单击"图案"框右侧下拉按钮，在弹出的图案列表中选择所需的底纹图案，最后单击"确定"按钮。

3. 行高和列宽

在默认情况下，Excel 为工作表设置了标准的行高和列宽，用户可以根据实际情况重新调整行高和列宽。一般的调整操作有两种方法。可通过执行菜单命令来实现，还可使用鼠标拖动调整行高列宽。

1）调整行高

通过执行菜单命令调整行高的操作步骤为：先选定要改变行高的一行或多行，在"格式"菜单中，将鼠标指针指向"行"命令，在"行"命令的子菜单中，单击"行高"，弹出"行高"对话框，如图 4.42 所示；在框内输入行的高度点数数值（行高取值范围为 0 至 409，数值代表行高的点数，若输入数值 0，表示选定的行将被自动隐藏），最后单击"确定"按钮。

若不需要精确设置行的高度，可将鼠标指针指向欲调整行高的行号与下面一行行号的分隔线位置，待指针变成一个黑色粗十字带上下双向小箭头的形状时，按住鼠标左键向下或向上拖动，这样就可以增加或减少行的高度。

2）调整列宽

通过执行菜单命令调整列宽的操作步骤为：先选定要改变列宽的一列或多列，在"格式"菜单中，将鼠标指针指向"列"命令，在"列"命令的子菜单中，单击"列宽"，弹出"列宽"对话框，如图 4.43 所示；在该对话框中输入列的宽度数值（列宽取值范围为 0 至 255，数值代表在单元格中以标准字体所能显示的最大字符数。若输入值为 0 时，选定的列将被自动隐藏），最后单击"确定"按钮。

图 4.42　"行高"对话框

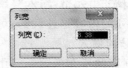

图 4.43　"列宽"对话框

若不需要精确的设置列宽，通过鼠标拖动就可以增加或减少列的宽度。

【例 4.1】　在"学生成绩"工作簿的"Sheet1"工作表中（如图 4.44 所示）完成如下操作：

（1）将工作表 Sheet1 重命名为"成绩单"。

（2）在"成绩单"工作表中输入如图 4.44 所示的数据。

（3）在列标题的上方插入表格标题"学生成绩单"。

（4）将工作表中的数据设置格式如下：

为表格添加标题"学生成绩单"，并设置格式为：字体为楷体、字号为 16、字形为加粗、字符颜色蓝色、标题在 A1 至 H1 单元格居中。

表格内容：字体为宋体、字号为 14、列标题字形加粗，列标题及数据在单元格内居中、平均分保留小数点后两位。

（5）将工作表中单元格区域 A2:F8 的外部边框设置为红色、双实边框线；内部边框设置为红色、单实边框线；单元格区域 A2:F2 的底纹设置为灰色-25%。

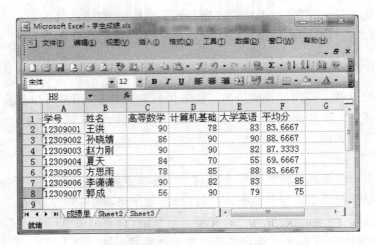

图 4.44　成绩单数据样表

（6）将工作表中第一行行高设置为 30，单元格区域 A2:F8 列宽设置为 12。

操作步骤如下：

（1）单击要重命名的工作表标签"Sheet1"，在快捷菜单中选择重命名，键入新名称"成绩单"来替换原有名称。

（2）各种类型数据的输入方法：

① 选取单元格输入相应数据，标题行的内容和"姓名"一列的数据都是文本，则数据在单元格中靠左对齐。表示各科成绩的数据是数值，则数据在单元格中为靠右对齐。

② 学号一列的内容是数字字符，需要在输入数字前键入一个单引号（注意是英文标点符号）。如选取 A2 单元格，输入"'12309001"。

③ 学号一列的内容是连续的，可以选取单元格 A2，使用鼠标拖动单元格 A2 的填充柄至 A8，完成学号的输入。

（3）选取列标题所在的第一行中任一单元格，单击"插入"菜单中的"行"命令；在新插入的一行中，选取单元格 A1，输入"学生成绩单"。

（4）将工作表中的数据做如下格式设置，如图 4.45 所示。

① 字体格式设置：选取单元格 A1，单击"格式"菜单中的"单元格"命令，在弹出的"单元格格式"对话框中，选择"字体"选项卡，在"字体"下拉列表框中单击"楷体"；在"字号"下拉列表框中单击"16"；在字形下拉列表框中单击"加粗"；在"字体颜色"调色板中单击"蓝色"，单击"确定"按钮完成操作。

选取单元格区域 A2:F8，设置字体为宋体、字号为 14，方法同上；选取单元格区域 A2:A8，设置字形加粗，方法同上，也可以通过单击"格式"工具栏上的工具按钮完成操作。

② 数字格式设置：选取单元格区域 F3:F8，单击"格式"菜单中的"单元格"命令，在弹出的"单元格格式"对话框中，选择"数字"选项卡，在"分类"列表的数值选项下，调整小数位数为 2，单击"确定"按钮完成操作。也可以单击"格式"工具栏上的"增加小数位" 和"减少小数位" 按钮完成操作。

③ 对齐方式设置：表格标题居中有两种方式，分别是跨列居中和合并居中，分别设置如下：

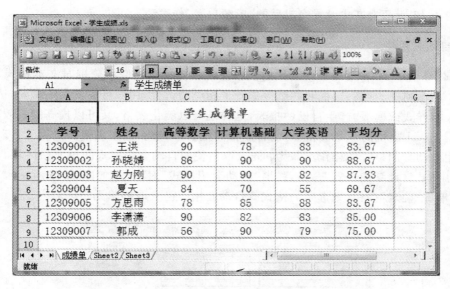

图 4.45　格式设置后的数据样表

跨列居中：选取单元格区域 A1:F1，单击"格式"菜单中的"单元格"命令，在弹出的"单元格格式"对话框中，选择"对齐"选项卡，在"水平对齐"下拉列表框中选择"跨列居中"，单击"确定"按钮完成操作，实现标题的跨列居中。

合并居中：选取单元格区域 A1:F1，单击"格式"菜单中的"单元格"命令，在弹出的"单元格格式"对话框中，选择"对齐"选项卡，先选中"合并单元格"选项，再选择"水平对齐"下拉列表框中的"居中"，单击"确定"按钮完成操作，实现标题的合并及居中，也可以单击"格式"工具栏上的"合并及居中"按钮完成操作。

单元格数据居中：选取单元格区域 A2:F8，单击"格式"菜单中的"单元格"命令，在弹出的"单元格格式"对话框中，选择"对齐"选项卡，在"水平对齐"下拉列表框中选择"居中"，单击"确定"按钮完成操作，实现数据在单元格中水平居中。也可以单击"格式"工具栏上的"居中"按钮完成操作。

（5）边框和底纹：选取单元格区域 A2:F8，单击"格式"菜单中的"单元格"命令，在弹出的"单元格格式"对话框中，选择"边框"选项卡，在线条"样式"列表中，选择双实线，在线条"颜色"列表中，选择红色，单击"预置"中的"外边框"选项。同理，选择单实线，红色，单击"预置"中的"内部"选项，单击"确定"按钮完成操作，实现表格边框的设置。

选取单元格区域 A2:F2，单击"格式"菜单中的"单元格"命令，在弹出的"单元格格式"对话框中，选择"图案"选项卡，在调色板中选择"灰色-25%"，单击"确定"按钮完成操作，实现表格中单元格区域的底纹设置。也可以单击"格式"工具栏上的"填充颜色"调色板按钮完成。

（6）行高列宽：选取单元格区域 A1:F1，单击"格式"菜单中的"行"命令，在"行"命令子菜单中选择行高命令，弹出的"行高"对话框中，输入行高 30，单击"确定"按钮完成操作。

选取单元格区域 A2:F8，单击"格式"菜单中的"列"命令，在"列"命令子菜单中选择列宽命令，弹出的"列宽"对话框中，输入列宽 12，单击"确定"按钮完成操作。

如图 4.45 所示为格式设置完成后的"成绩单"工作表。

4. 自动套用格式

Excel 提供了 17 种可以自动套用的表格样式和模板。它们已分别对文本格式、数字格式、对齐方式、列宽、行高、边框和底纹等进行了相应的设置,用户可根据实际需要,选择套用其中的表格样式或模板,产生自己的报表,这样既可以美化表格,又可以提高制表效率。

使用 Excel 提供的一些表格样式,将制作的报表格式化,这些表格样式称为自动套用格式。使用自动套用格式的操作步骤为:先选取欲使用自动套用格式的单元格区域,单击"格式"菜单中的"自动套用格式"命令,弹出"自动套用格式"对话框(如图 4.46 所示)。选择一种格式,单击"确定"按钮,则选定的格式就自动套用到已选取的单元格区域内。

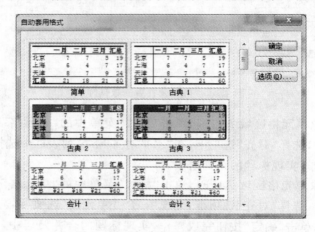

图 4.46 "自动套用格式"对话框

5. 条件格式

指定单元格区域中的值如果满足特定条件,就将底纹、字体、颜色等格式应用到该单元格中。一般在需要突出显示或监视单元格的值时使用条件格式。

【例 4.2】 现有一个学生成绩单(如图 4.47(a)所示),设置将高等数学、计算机基础、大学英语成绩低于 60 分的单元格数据用红色底纹显示。操作过程如下:选取高等数学、计算机基础、大学英语成绩单元格区域,选择"格式"菜单下的"条件格式"命令,在"条件格式"对话框中,输入"条件1",并设置单元格格式为红色底纹,若有其他条件,可单击"添加"按钮,最多同时满足三个条件,如图 4.47(b)所示,单击确定按钮后如图 4.47(c)所示。

若将条件格式删除,可单击如图 4.47(b)中的"删除"按钮,在弹出的"删除条件格式"对话框(如图 4.47(d)所示)中选择要删除的条件,最后单击"确定"按钮。

6. 格式的复制和清除

对已格式化的数据区域,如果其他区域也要使用该格式,可以不必重复设置格式,通过格式复制来快速完成,也可以把不满意的格式清除。

1)格式的复制

格式复制一般使用"常用"工具栏的 "格式刷" 按钮。操作方法:首先选定所需格式

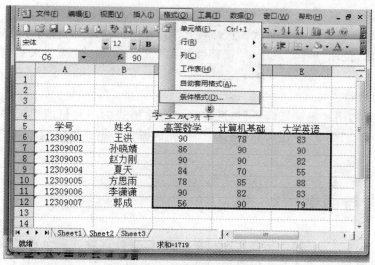

(a) 选择"条件格式"命令

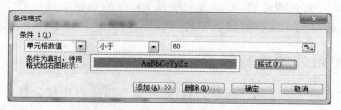

(b) "条件格式"对话框

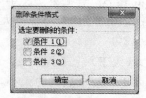

(c) 显示结果

(d) "删除条件格式"对话框

图 4.47 条件格式操作

的单元格或区域；然后单击"格式刷"按钮，这时鼠标指针变成刷子；再用鼠标指针指向目标区域拖曳即可（若双击"格式刷"按钮，格式复制可以执行多次）。

格式复制也可以对要复制格式的区域使用"编辑"菜单的"复制"命令确定复制的格式；再选定目标区域，使用"编辑"菜单中"选择性粘贴"命令的"格式"选项来实现对目标区域的格式复制。

2）格式的清除

当对已设置的格式不满意时，可以选定需要清除格式的单元格或单元格区域，选择"编辑"菜单中的"清除"命令，单击清除"格式"即可完成操作。格式清除后单元格中的数据以常规格式显示。

4.3　公式与函数

如果电子表格中只是输入一些数字和文本，那么字处理软件完全可以取代它。在大型数据报表中，计算、统计工作是不可避免的，Excel 2003 的强大功能正是体现在计算能力上，通过在单元格中输入公式和函数，可以大大增强 Excel 的数据处理功能。Excel 不仅提供了复杂的公式，而且还提供了大量的函数，以便满足用户运算的要求。

4.3.1　使用公式进行计算

Excel 中最常用的公式是数字运算公式，此外也可以进行比较运算、文字连接运算。它的特征是以"＝"开头。在工作表中，一个公式中可以包含常数、运算符、单元格地址和函数等。当用户要向工作表输入计算的数值时，就可以使用公式。

1. 运算符

在公式中可以使用数学运算符、比较运算符、文本（文字）运算符和引用运算符。

1）数学运算符

数学运算符主要包括：＋（加）、－（减）、*（乘）、/（除）、^（乘方）和％（百分比）。若在一个公式中混合使用运算符，则要遵循先乘方，再乘、除，后加、减的一般数学计算准则。

2）文本运算符

文本运算符是符号 &（连接），用于将两段文本连接为一段连续的文本。例如，在单元格 A_1 中输入"天津师范"，在单元格 A_2 中输入"大学"，在单元格 B_1 中输入公式"＝A_1&A_2"，当按回车键后，该单元格 B_1 中显示"天津师范大学"。

3）比较运算符

比较运算符包括：＝（等于）、＞（大于）、＜（小于）、＞＝（大于等于）、＜＝（小于等于）、＜＞（不等于）。使用这些运算符可比较两个数据的大小，其结果只能是一个逻辑值 TRUE（真）或者 FALSE（假）。

4）引用运算符

引用运算符包括：冒号（:）、空格及逗号（,）。

（1）冒号（:）用于定义一个单元格区域，以便在公式中使用。

例如,A3：A7代表A3、A4、A5、A6及A7五个单元格组成的区域。当要计算这5个单元格中的数据之和时,只要在单元格A9中输入公式"=SUM(A3：A7)"(SUM( )是求和函数),当按回车键确认后,A9中显示这5个单元格中的数据之和。

(2) 空格运算符是一种交集运算符,它表示只处理几个单元格区域之间互相重叠部分。

例如,在单元格A10中输入公式"=SUM(A3：A5 A4：A7)",当按回车键确认后,单元格A10中显示A4+A5的计算结果。

(3) 逗号(,)运算符是一种并集运算符,它用于连接两个或多个单元格区域。

例如,在单元格A11中输入公式"=AVERAGE(A3：A4,A6：A7)"(AVERAGE( )是求平均值函数),当按回车键确认后,单元格A11中显示的是A3、A4、A6及A7这4个单元格内数据的平均值。

5) 运算符的优先级

当多个运算符同时出现在一个公式中时,Excel对运算符的优先级作了严格规定,由高到低各运算符优先级是：()，%，^,乘除号(* 、/),加减号(+、−),&,比较运算符(=,>,<,>=,<=,<>)。如果运算优先级相同,则按从左到右的顺序计算。

2. 输入公式

输入公式的操作类似于输入文本数据。不同之处在于,用户输入一个公式时,首先输入一个等号"=",然后输入公式表达式。

通常在工作表中,输入公式的操作步骤如下：

(1) 单击要输入公式的单元格。

(2) 单击编辑栏输入框并在该框内输入一个等号"="。

(3) 在等号后面输入公式表达式。

(4) 按回车键或单击编辑栏上的 ✓ 按钮。

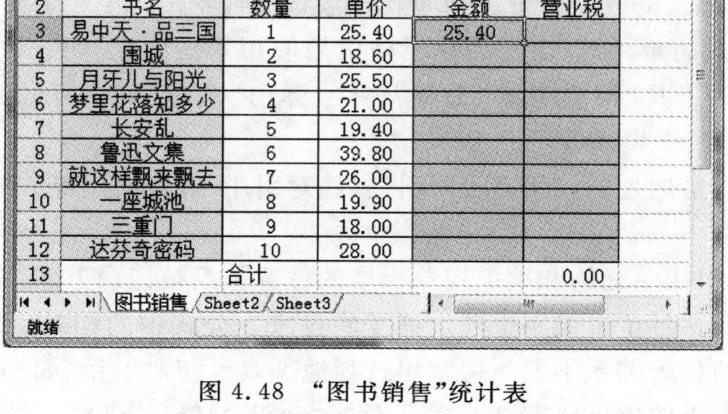

	D3		f_x	=B3*C3		
	A	B	C	D	E	F
1	图书销售			营业税率：0.05		
2	书名	数量	单价	金额	营业税	
3	易中天·品三国	1	25.40	25.40		
4	围城	2	18.60			
5	月牙儿与阳光	3	25.50			
6	梦里花落知多少	4	21.00			
7	长安乱	5	19.40			
8	鲁迅文集	6	39.80			
9	就这样飘来飘去	7	26.00			
10	一座城池	8	19.90			
11	三重门	9	18.00			
12	达芬奇密码	10	28.00			
13		合计			0.00	

图书销售 / Sheet2 / Sheet3

就绪

图 4.48 "图书销售"统计表

【例4.3】 现有如图4.48所示的图书销售统计表,在单元格D3中输入公式"=B3 * C3",计算图书《易中天·品三国》的销售金额。操作步骤如下：

(1) 单击D3单元格。

(2) 输入公式"= B3 * C3"。

（3）单击编辑栏上的 ✓ 即确认按钮或按回车键确认。

经过以上操作后，在 D3 单元格内显示"25.40"，在编辑栏的输入框显示"＝B3＊C3"。

在公式的输入过程中，总是用运算符来分隔公式中的运算对象，除了引用运算符的空格运算符外，在公式中不允许包含其他空格。如果要取消输入的公式，可把这里的第（3）步骤改为：单击编辑栏上的 ✕ 即取消按钮。

如果公式输入错误，则确认后，单元格中会显示错误信息，提醒用户重新输入。

三种类型的公式输入的例子如表 4.2 所示。

表 4.2　三种类型的公式输入示例

类　型	输　入	显　示　结　果
数值型	＝(5＋3＾2)＊12	在当前单元格中填入"168"
字符型	＝"Win"&"dows 98"	在当前单元格中填入"Windows 98"
逻辑型	＝F5＝1000	在当前单元格中填入相应的逻辑值（这里的第 1 个"＝"是公式标志，第 2 个"＝"是运算符）

在一个公式中允许使用多层圆括号。使用多层括号时，计算顺序为先内层，再外层。

3. 引用单元格地址

公式的复制可以避免大量重复输入公式的工作。当复制公式时，若在公式中使用单元格或区域，则在复制的过程中根据不同的情况使用不同的单元格引用。例如，在 B1 中输入 5，在 C1 中输入 10，然后在 A1 中输入公式"＝B1＋C1"，按回车键后，A1 单元格中显示 15。用户还可以任意改变 B1 和 C1 中的数值，当确认后就会在 A1 中自动显示出改变 B1 和 C1 数值后两数的和。由此可见，单元格地址（如 B1、C1 及 A1）是变量，可以任意修改，使用起来非常方便。

引用单元格时有两种引用模式。在默认情况下是使用 A1 模式；另一种模式是 R1C1 模式，R 后的数字表示行数（选值范围为 1 至 65 536），而 C 后的数字表示列数（选值范围为 1 至 256）。这两种模式的效果等价。例如，D3 与 R3C4 均表示第 3 行与第 4 列相交处的单元格。因为 A1 模式简单，所以通常的单元格引用使用系统的默认模式。如果用户想使用 R1C1 模式，可执行"工具"菜单中的"选项"命令，弹出"选项"对话框，在该对话框中的"常规"选项卡中选择 R1C1 模式即可。

在公式中，单元格地址的引用有相对引用、绝对引用、混合引用等方式。

1）相对引用

相对引用是指引用单元格和被引用单元格的位置关系被记录下来。当把这种引用再复制到其他单元格时，这种位置关系也随之被复制过来。公式中的相对引用随单元格的移动而修改，但是原来的位置关系不变。通常用行列地址表示相对引用（如 D9）。

例如，在某工作表的单元格 E11 中输入公式"＝SUM(E3:E7)"，当按回车键确认后，单元格 E11 中显示 E3 至 E7 这 5 个单元格中数值的和。单击 E11；执行"编辑"菜单中的"复制"命令；单击 F11；执行"编辑"菜单中的"粘贴"命令；按回车键确认。通过以上的复制和粘贴操作，把 E11 中的公式复制到单元格 F11 中。此时，F11 中显示 F3 至 F7 这 5 个单元格中的数值和，而编辑栏的编辑区显示公式"＝SUM(F3:F7)"。

【例 4.4】 如图 4.48 所示的图书销售统计表,在 D3 中输入"＝B3＊C3",然后使用相对引用操作,在 D4 到 D12 中填入相应公式来计算商品的销售金额。操作步骤如下:

(1) 单击 D3 单元格并输入公式"＝B3＊C3",按回车键,再单击 D3 并移动鼠标指针到 D3 单元格边框右下角的填充柄。

(2) 待鼠标指针变成实心十字形状时,向下拖动填充柄到 D12 为止。

(3) 松开鼠标左键,则把 D3 单元格中的公式依次复制到 D4 至 D12 的 9 个单元格中。结果如图 4.49 所示。

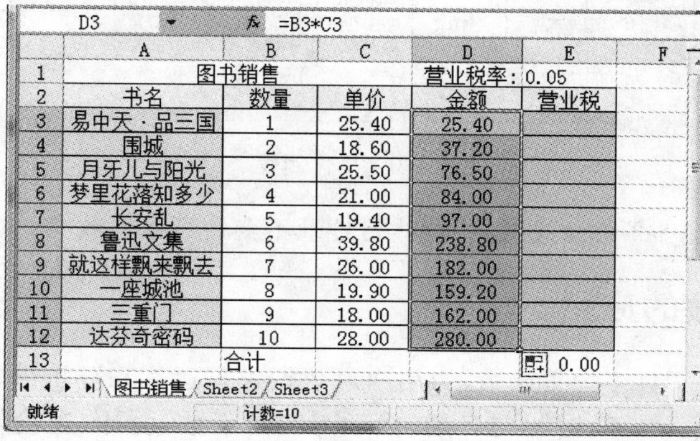

图 4.49 使用相对引用在 D4 至 D12 单元格中输入相应公式

从该图可以看出,把 D3 中的公式"＝B3＊C3"复制到 D12 中时,它就变成"＝B12＊C12"。这说明公式中的相对引用随单元格的移动而修改,但原来的位置关系不变。

2) 绝对引用

绝对引用是指引用单元格和被引用单元格的位置关系是固定的。公式中的绝对引用不会随单元格地址的变化而变化。通常在行、列地址前加"＄"符号表示绝对引用(如＄D＄9)。

例如,在某工作表的 C5 单元格中输入公式"＝＄C＄1＋＄C＄2＋C3",当把该公式复制到单元格 D5 中时,它就变为"＝＄C＄1＋＄C＄2＋D3"。C5 中的公式被 D5 引用后,前 2 个单元格地址保持不变(因是绝对引用),而第 3 个单元格地址由 C3 变为 D3(因为是相对引用)。

【例 4.5】 要利用公式"营业税＝金额＊营业税率"计算如图 4.48 所示的图书销售的各项营业税。操作步骤如下:

(1) 单击 E3 并输入"＝D3＊＄E＄1",按回车键确认。

(2) 单击 E3,拖动 E3 填充柄,向下至 E12 完成复制。

完成上述操作后的结果如图 4.50 所示。

以上在(1)的公式中,既有相对引用又有绝对引用;在(2)的操作过程中,E4 至 E12 单元格公式中的相对引用随着位置变化而变化,但绝对引用＄E＄1 没有发生变化。

3) 混合引用

在工作表使用的公式中,参数的行用相对地址,列用绝对地址表示,或列用相对地址而行用绝对地址表示,称为单元格的混合引用。例如,＄C3,A＄2 等。当含这种引用的单元格被复制时,公式中相对地址部分随公式地址变化而变化,绝对地址部分不随公式地址变化

E3		f_x	=D3*E1		
	A	B	C	D	E	F
1	图书销售			营业税率:	0.05	
2	书名	数量	单价	金额	营业税	
3	易中天·品三国	1	25.40	25.40	1.27	
4	围城	2	18.60	37.20	1.86	
5	月牙儿与阳光	3	25.50	76.50	3.83	
6	梦里花落知多少	4	21.00	84.00	4.20	
7	长安乱	5	19.40	97.00	4.85	
8	鲁迅文集	6	39.80	238.80	11.94	
9	就这样飘来飘去	7	26.00	182.00	9.10	
10	一座城池	8	19.90	159.20	7.96	
11	三重门	9	18.00	162.00	8.10	
12	达芬奇密码	10	28.00	280.00	14.00	
13		合计				

图 4.50　操作例表

而改变。例如,包含 A$2 的公式被复制时,行地址不变而列地址改变。

4.3.2　函数的应用

Excel 2003 提供了许多内置函数,为用户对数据进行运算和分析带来了极大方便。这些函数涵盖范围包括:财务、时间与日期、数学与三角函数、统计、查找与引用、数据库、文本、逻辑、信息等。

1. Excel 函数概述

函数可以提供特殊的数值、计算及操作。大多数 Excel 函数是常用公式的简写形式。很多复杂的数学计算、财务计算和统计计算都被设计成函数,使用户感觉到计算是简单迅速的。例如,SUM 函数用于计算给定区域内数值的总和。所有函数都是由函数名和位于其后的一系列参数组成,其形式为:

函数名(参数 1,参数 2,……,参数 n)。

函数名和左括号之间不允许有空格,相邻两个参数之间用逗号分隔。参数可以代表一个或多个区域。例如,SUM(A3:A6,C4:C6)的结果为两个区域内各单元格的数值之和。参数也可以代表数值或单元格等。例如,SUM(10,20,30,40)的结果为 4 个数值之和。参数有数值、字符和逻辑三种类型。

在函数名中,英文大小写字母的效果相同。当用户把函数名用小写字母输入时,Excel 会把正确的函数名以大写的形式存入单元格。

Excel 可以提供的函数类型有常用函数、财务函数、日期和时间函数、逻辑函数和信息函数等。用户均可以在"插入函数"对话框中看到它们的具体形式和功能。

2. 函数的输入

输入函数有两种方法,一种是手工输入函数,另一种是使用插入函数对话框输入函数。

1) 手工输入函数

如果用户对函数名称和参数意义都非常清楚,可以直接在单元格中输入该函数。手工输入函数同在单元格中输入一个公式的方法一样。只需先在编辑栏的编辑区输入一个等号"＝",然后再输入函数本身。例如,在单元格中输入＝SUM(E3:E12)。

函数输入后如果需要修改,可以在编辑栏中直接修改,也可用"插入函数"按钮或编辑栏的 *fx* 按钮进入参数输入框进行修改。

对于参数较多或者比较复杂的函数,应使用插入函数输入。

2) 使用插入函数输入

由于 Excel 有几百个函数,记住函数的所有参数难度很大。因此,使用插入函数成为用户经常使用的输入方法。采用这种方法,可以引导用户一步一步地输入一个复杂的函数,避免在输入过程中产生键入错误。常用操作步骤如下:

(1) 在某一工作表中,单击要输入函数的单元格,如 A6。

(2) 单击"常用"工具栏上的"插入函数"按钮或执行"插入"菜单中的"函数"命令,弹出如图 4.51 所示的"插入函数"对话框。

(3) 在对话框的"选择类别"列表框中,选择要用的函数类型,例如,要进行求和计算,可选择"常用函数"。

(4) 在对话框的"选择函数"列表框中,选择要用的函数,例如,求数据之和,可选择"SUM"(若用户不清楚某个函数的功能,则可在选择该函数后,观看对话框下部显示的功能说明或者单击"?"按钮寻求帮助)。

(5) 单击"确定"按钮,弹出如图 4.52 所示的"函数参数"对话框。

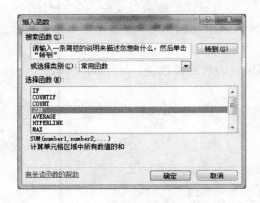

图 4.51 "插入函数"对话框

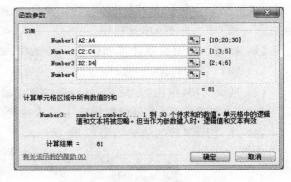

图 4.52 "函数参数"对话框

(6) 在对话框中输入数值或所要处理的单元格区域。

例如,计算单元格区域 A2:A4、C2:C4 和 D2:D4 所含 9 个单元格中的数据和。应进行如下输入操作:

单击"Number1"文本框并输入"A2:A4"。

单击"Number2"文本框(下面会自动出现"Number3"框)并输入"C2:C4"。

单击"Number3"文本框(下面会自动出现"Number4"框)并输入"D2:D4"。

(也可直接单击编辑栏上编辑区中所选择函数的参数位置并输入"A2:A4,C2:C4,D2:D4"。)

(7) 单击"确定"按钮,则所有 3 个区域包含的 9 个单元格中的数据之和,就出现在第一步操作所选择的单元格中,如图 4.53 所示。

3. 在公式中输入函数

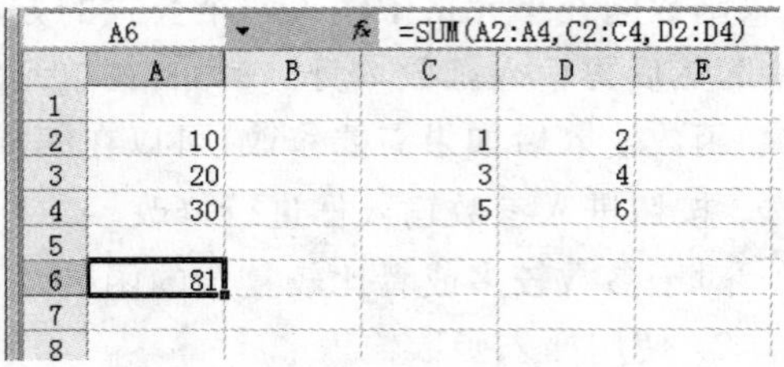

A6 =SUM(A2:A4,C2:C4,D2:D4)

	A	B	C	D	E
1					
2	10		1	2	
3	20		3	4	
4	30		5	6	
5					
6	81				
7					
8					

图 4.53 操作例表

在实际工作中，当进行比较复杂的运算时，往往需要在一个公式中输入函数。例如，要在工作表的某单元格中，输入公式"＝A1＋(B2＋D2)/SUM(B1:D2)"，其操作步骤如下：

(1) 选取要输入公式的单元格。

(2) 单击编辑栏上的编辑区，输入"＝A1＋(B2＋D2)/"，插入点位于"/"后面。

(3) 单击"常用"工具栏上的"插入函数"按钮，弹出"插入函数"对话框。

(4) 在"选择类别"列表框选择"常用函数"，在"选择函数"列表框选择"SUM"。

(5) 单击"确定"按钮，弹出"函数参数"对话框。

(6) 在"Number1"文本框中输入"B1:D2"。

(7) 单击"确定"按钮。

4. 自动求和

求和是 Excel 中常用函数之一，Excel 提供了一种自动求和功能，可以快捷地输入 SUM 函数。

如果要对一个区域中各行(各列)数据分别求和，可选择这个区域以及它右侧一列(下方一行)单元格，再单击"常用"工具栏的 Σ "自动求和"按钮。各行(各列)数据之和分别显示在右侧一列(下方一行)单元格中。

【例 4.6】 利用函数计算如图 4.50 所示图书销售的营业税合计。操作步骤如下：

(1) 选取 B13 并输入"合计"。

(2) 选取 E13，单击"常用"工具栏中的 Σ "自动求和"按钮，编辑栏中呈现"＝SUM(E3:E12)"，按回车键确认(也可以使用手工输入或插入函数)。

完成上述操作后的结果如图 4.54 所示。

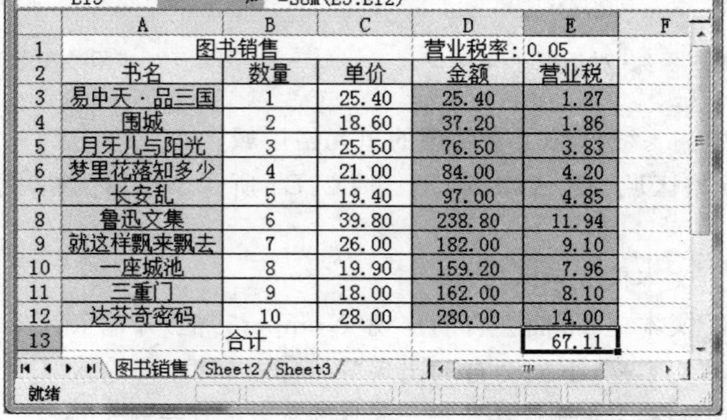

E13 =SUM(E3:E12)

	A	B	C	D	E	F
1	图书销售			营业税率:	0.05	
2	书名	数量	单价	金额	营业税	
3	易中天·品三国	1	25.40	25.40	1.27	
4	围城	2	18.60	37.20	1.86	
5	月牙儿与阳光	3	25.50	76.50	3.83	
6	梦里花落知多少	4	21.00	84.00	4.20	
7	长安乱	5	19.40	97.00	4.85	
8	鲁迅文集	6	39.80	238.80	11.94	
9	就这样飘来飘去	7	26.00	182.00	9.10	
10	一座城池	8	19.90	159.20	7.96	
11	三重门	9	18.00	162.00	8.10	
12	达芬奇密码	10	28.00	280.00	14.00	
13		合计			67.11	

图书销售 / Sheet2 / Sheet3

就绪

图 4.54 操作例表

5. 自动计算

Excel 2003 提供自动计算功能,利用它可以自动计算选定单元格的总和、均值、最大值等,其默认计算为求总和。在状态栏单击鼠标右键,可显示自动计算快捷菜单,设置自动计算功能菜单,选择某计算功能后,选定单元格区域时,其计算结果将在状态栏显示出来。

4.3.3 Excel 部分常用函数功能说明

1. AVERAGE

功能:返回给定参数表或给定单元格区域中所有数字的算术平均值。

语法:AVERAGE(number1,number2,……)。其中 number1,number2,……为要计算平均值的 1~30 个参数。

2. COUNT

功能:返回给定参数表或给定单元格区域中数字项的个数。

语法:COUNT(value1,value2,……)。其中 value1,value2,……是包含或引用各种类型数据的参数(1~30 个),但只有数字类型的数据才被计数。

3. COUNTIF

功能:计算给定区域内满足特定条件的单元格的数目。

语法:COUNTIF(range,criteria)。其中 range 为需要计算其中满足条件的单元格数目的单元格区域。criteria 为确定哪些单元格将被计算在内的条件,其形式可以为数字、表达式或文本。例如,条件可以表示为 32、"32"、">32"、"apples"。

4. MAX

功能:返回给定参数表或给定单元格区域中所有数字的最大数值。

语法:MAX(number1,number2,……)。其中 number1,number2,……为需要找出最大数值的 1 到 30 个数值。

5. MIN

功能:返回给定参数表或给定单元格区域中所有数字的最小值。

语法:MIN(number1,number2,……)。其中 number1,number2,……是要从中找出最小值的 1 到 30 个数字参数。

6. SUM

功能:返回给定参数表或给定单元格区域中所有数字之和。

语法:SUM(number1,number2,……)。其中 number1,number2,……为 1 到 30 个需要求和的参数。

4.4 数据图表

将单元格中的数据图表化，使工作表中的数据、文字和数据更加直观，易懂。当工作表中数据发生变化时，图表中对应项的数据将自动更新。

4.4.1 图表术语

数据系列：指图表中决定图形 y 轴取值的数值集合。

分类：指图表中决定数据系列的 x 轴的标题值。

坐标轴：图表的边。二维图表有一个水平 x 轴和一个垂直 y 轴。在三维图表中，x 轴和 y 轴代表图表底面的两条边，z 轴代表垂直平面的边。

图例：定义图表的不同系列。例如，柱形图的图例说明柱形图的每一立柱代表的含义。

网格线：帮助确定数据点在 y 轴或 x 轴刻度上的确切值。

4.4.2 创建图表

Excel 中的图表类型有十多种，每一类又有若干种子类型。创建图表有两类途径：①利用图表向导分 4 个步骤创建图表；②利用“图表”工具栏或按 F11 键快速创建图表。

一般先选定创建图表的数据区域，正确地选定数据区域是能否创建图表的关键。选定的数据区域可以连续，也可以不连续。但须注意，若选定的区域不连续，第 2 个区域应和第 1 个区域所在行具有相同的列数（或第 2 个区域应和第 1 个区域所在列具有相同的行数）；若选定的区域有文字，则文字应在区域的最左列或最上行，作为说明图表中数据的含义。

1. 利用图表向导

对初学者，用户可以在“图表向导”的指导下，按步骤建立图表。“图表向导”是一系列的对话框，可指导用户完成建立新图表或修改已存在的图表设置。

以如图 4.55 所示的“毕业生分配统计表”为例，来说明使用“图表向导”创建嵌入式图表的过程。操作步骤如下所述。

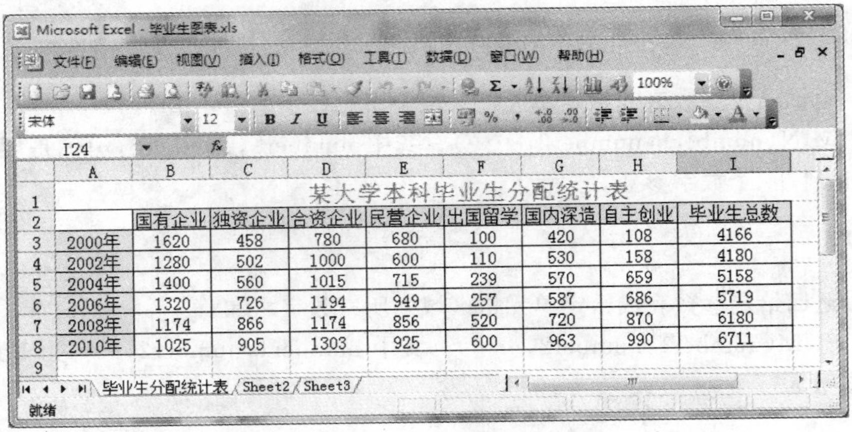

	国有企业	独资企业	合资企业	民营企业	出国留学	国内深造	自主创业	毕业生总数
2000年	1620	458	780	680	100	420	108	4166
2002年	1280	502	1000	600	110	530	158	4180
2004年	1400	560	1015	715	239	570	659	5158
2006年	1320	726	1194	949	257	587	686	5719
2008年	1174	866	1174	856	520	720	870	6180
2010年	1025	905	1303	925	600	963	990	6711

图 4.55 毕业生分配统计表

（1）选取要创建图表的数据区域 A2:G8。

（2）单击"常用"工具栏上的"图表向导"按钮或执行"插入"菜单中的"图表"命令，弹出如图 4.56 所示的"图表向导-4 步骤之 1-图表类型"对话框。

在该对话框中有"标准类型"和"自定义类型"两个选项卡，前者提供了许多标准的图表，后者用于在标准类型的基础上制作特殊类型的图表。本例选择"标准类型"选项卡中的柱形图，在子图表类型中，选择"簇状柱形图"，如图 4.56 所示。

（3）单击"下一步"按钮，弹出如图 4.57 所示的"图表向导-4 步骤之 2-图表源数据"对话框。

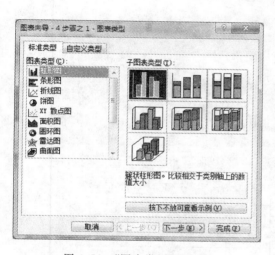

图 4.56 "图表类型"对话框

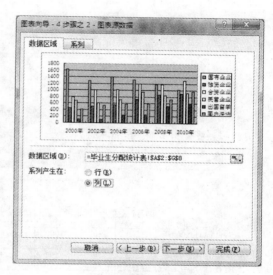

图 4.57 "图表源数据"对话框

在该对话框"数据区域"选项卡的"数据区域"文本框内显示步骤（1）中选择的单元格区域 A2:G8。若发现有问题，可在此重新输入新的单元格区域地址。

（4）选择"系列产生在"的"列"单选项，单击"下一步"按钮，弹出如图 4.58 所示的"图表向导-4 步骤之 3-图表选项"对话框。该对话框有 6 个选项卡，分别用于设置标题、坐标轴、网格线、图例、数据标志和数据表。

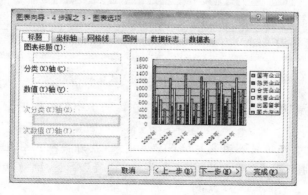

图 4.58 "图表选项"对话框

　　（5）单击"下一步"按钮，弹出如图4.59所示的"图表向导-4步骤之4-图表位置"对话框。在该对话框的"将图表"框中，有"作为新工作表插入"及"作为其中的对象插入"两个单选项，用户可从中选择一个。若选择前者，可把图表建在新工作表上，否则可把图表嵌入到指定的工作表上。本例选择"作为其中的对象插入"后，单击"完成"按钮，则创建的图表就会自动嵌入到当前的"毕业生分配统计表"上，如图4.60所示。

图4.59　"图表位置"对话框

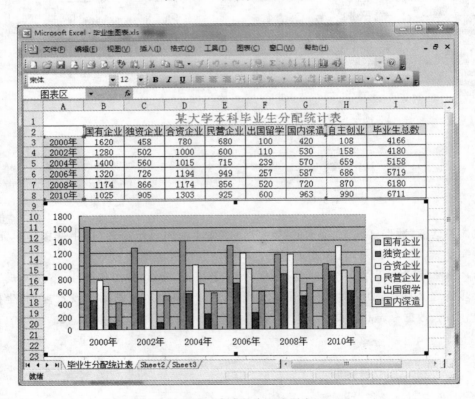

图4.60　完成的嵌入式图表

　　在使用"图表向导"建立图表的过程中，用户在每一步中都可以单击"上一步"按钮，回到上一步去重新选择。

　　注意：若要将创建好的嵌入图表转换成独立图表，或者将独立图表转换成嵌入式图表，只要单击图表，再选择"图表"菜单或快捷菜单的"位置"命令，按对话框进行相应的选择即可。

2.快速建立图表

利用"图表"工具栏的"图表类型"按钮或直接按 F11 键,可以对选定的数据区域快速地建立图表。其中按 F11 键创建的默认图表类型为"柱形图"的独立图表。单击"图表"工具栏的"图表类型"下拉列表框,显示 10 多种图表类型,帮助用户选择。

4.4.3 编辑图表

编辑图表是指对图表及图表中各个对象的编辑,在创建图表之后,可根据实际情况对图表进行各种编辑。编辑图表操作一般包括:改变图表类型、修改图表中数据、添加和删除数据系列、添加标题及数据标志、对图表进行移动及调整大小等。

在 Excel 2003 中,单击图表即可将图表选中,然后可对图表进行编辑。这时菜单栏中的"数据"菜单自动改为"图表";并且"插入"菜单、"格式"菜单的命令也自动作相应的变化。

1.图表对象

一个图表中由许多图表项即图表对象组成。对图表对象名的显示有三条途径:①单击"图表"工具栏"图表对象"下拉按钮,将图表对象列出,选中某对象时,图表中的该对象也被选中;②名字框也可显示在图表中选中的图表对象的对象名;③鼠标指针停留在某个图表对象上时"图表提示"功能将显示该图表对象名。

2.图表移动和缩放

图表的移动和缩放的操作与其他应用程序(如 Word)对图形对象的移动和缩放的操作相同:拖动图表进行移动;Ctrl+拖动鼠标对图表进行复制;拖动 8 个方向句柄之一进行缩放;按 Del 键为删除。当然也可以通过"编辑"菜单的"复制"、"剪切"和"粘贴"命令对图表在同一工作表或不同工作表间进行移动、复制。

3.改变图表类型

改变图表类型的操作步骤如下:

(1)单击嵌入图表(如图 4.60 所示"毕业生分配统计表"嵌入图表),使其处于选中状态。

(2)执行"图表"菜单中的"图表类型"命令或右键单击图表区中的空白位置,在弹出的快捷菜单中单击"图表类型"命令,弹出与如图 4.56 基本相同的"图表类型"对话框。

(3)在该对话框的"标准类型"选项卡下的"图表类型"列表框中,重新选择一种折线图类型及子图表类型来代替原来的柱形图。

(4)单击"确定"按钮,则用折线图代替原来的柱形图,如图 4.61 所示。

4.图表中数据系列的编辑

1)向图表中添加数据系列

当要给嵌入图表添加数据系列时,若要添加的数据区域连续,简单的方法只需选中该区域,然后将数据拖曳到图表区即可。若对添加的数据区域不连续或对独立图表添加数据系列,应使用"图表"菜单中的"添加数据"命令。在如图 4.60 所示的图表中添加"自主创业"数

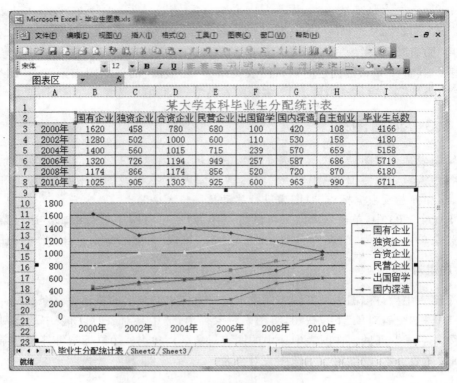

图 4.61　图表类型的修改

据系列,操作步骤如下:

(1) 单击要添加数据系列的图表(如图 4.60 所示),使其处于选中状态。

(2) 执行"图表"菜单中的"添加数据"命令,弹出如图 4.62 所示的"添加数据"对话框。

(3) 在该对话框中的"选定区域"文本框中,输入要添加数据系列所在的单元格地址(例如,=毕业生分配统计表!＄H＄2:＄H＄8),或单击该框右端的有红箭头的折叠按钮,弹出"添加数据-选定区域"对话框,然后在工作表中选择要添加数据系列的单元格区域(例如,H2:H8),再单击该对话框上有红箭头的折叠按钮,返回"添加数据"对话框。

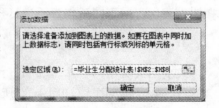

图 4.62　"添加数据"对话框

(4) 单击"确定"按钮。此时在图表中增加了如图 4.63 所示的"自主创业"柱形图。

2) 删除数据系列

如果只想删除图表中的数据系列而保留工作表中的相应数据,则进行如下操作:

(1) 单击要删除数据系列的图表,使其处于选中状态。

(2) 在图表中,单击要删除的数据系列图形(即单击如图 4.63 所示的"自主创业"数据系列)。

(3) 将鼠标指针指向"编辑"菜单中的"清除"命令,弹出"清除"子菜单(如图 4.64 所示),选择该子菜单中的"系列"命令,则要删除的数据系列图形(即"自主创业"柱形图)会从图表中自动消失,而其在工作表中的相应数据不变。

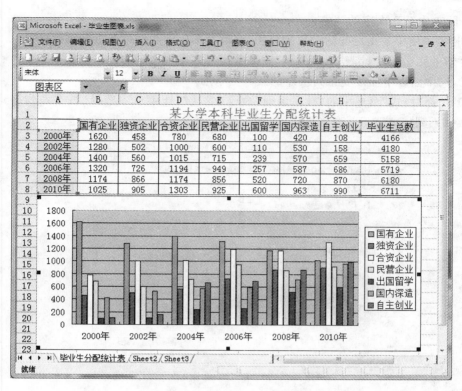

图 4.63　在图 4.55 中增加了"自主创业"柱形图

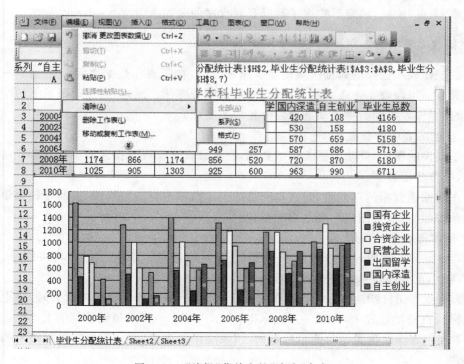

图 4.64　"编辑"菜单中的"清除"命令

3）图表中系列次序的调整

有时为了便于数据之间的对比和分析,可以对图表的数据系列重新排列。

以"毕业生分配统计表"图表为例,改变数据系列排列次序的操作步骤如下:

（1）选中图表中要改变系列次序的某数据系列。

（2）选择"格式"菜单中的"数据系列"命令（或从快捷菜单中选择"数据系列格式"）,显示其"数据系列格式"对话框（如图4.65所示）。

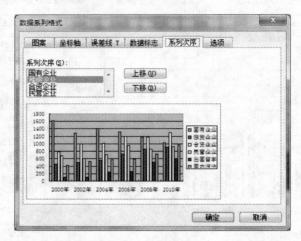

图4.65　"数据系列格式"对话框中"系列次序"选项卡

（3）在"系列次序"选项卡的"系列次序"列表框中,选中要改变次序的系列名称,再单击"上移"或"下移"按钮,确定后实现了数据系列次序的改变。

5. 修改图表中的数据

根据工作表中选择的数据区域创建了图表之后,在图表和数据之间就建立了一种动态的链接关系。当修改工作表中的数据时,图形也随着变化。反之,当拖动图形上的结点而改变图形时,工作表中的数据也动态地发生相应的变化。

1）修改图表中的数据

对于创建的图表,要修改图表中的数据,必须修改工作表数据区域中相应单元格内的数据才行,操作步骤如下:

双击要修改数据的单元格,对该单元格中的原数据进行编辑修改,按回车键或单击编辑栏上确认按钮后,嵌入图表也随之自动变化。

2）修改图表中的图形

（1）将鼠标指针指向要修改的系列结点,有间断地单击两次（不是双击）选择该结点。此时,有一小正方块显示在顶点上,即选择了该结点。

（2）将鼠标指针指向该系列图形的顶点上,待指针变成垂直的双向箭头时,向上或向下拖动鼠标。在拖动过程中,出现一个提示框,在框内动态地显示顶端数值的大小。

（3）当拖到预想位置后松开鼠标左键,该系列图形改变尺寸,而相应单元格中的数值也随之改变。

6. 增加图表标题和数据标志

使用图表向导创建图表时,可在如图4.58所示的"图表向导-4步骤之3-图表选项"对话框中加入图表标题和数据标志。如果在创建图表时没有使用标题和数据标志或标题和数据标志使用不当,则可在已建立的图表中添加和修改。先选中图表,然后选择"图表"菜单中的"图表选项"命令,在弹出的对话框中选"标题"选项卡,在其对话框中根据需要确定图表标题、分类轴标题、数值标题等。

增加图表标题和数据标志的操作步骤如下:

(1) 单击要添加标题及数据标志的图表,使其处于选中状态。

(2) 执行"图表"菜单中的"图表选项"命令,弹出"图表选项"对话框(如图4.53所示)。

(3) 在该对话框中选择"标题"选项卡,可添加或修改图表标题。

(4) 在该对话框中选择"数据标志"选项卡,在该选项卡中,若选取"显示数据标志"或"显示值"单选项,就会在预览图形中显示出相应的数据标志或数值;若选择"无"单选项,就取消数据标志或数值的显示。

(5) 单击"确定"按钮。

4.4.4 格式化图表

图表的格式化是指对各个图表对象的格式设置,包括文字和数值的格式、图案和改变数据的绘制方式等。格式设置可以有三种途径:①使用"格式"菜单中的"图表对象"命令;②鼠标指针指向图表对象,快捷菜单中选择该图表对象格式设置命令;③双击要进行格式设置的图表对象。

1. 改变图表文字、颜色及图案

对于已创建的图表,可以格式化整个图表区域或格式化一个图表对象。格式化不同图表对象的操作过程基本一致。下面只介绍改变图表区文字、颜色及图案的操作步骤。

(1) 单击图表空白区域的任意位置,使其处于选中状态。

(2) 执行"格式"菜单中的"图表区"命令或右键单击图表区域任意位置,在弹出的快捷菜单中选择"图表区格式"命令,弹出如图4.66所示的"图表区格式"对话框。

(3) 在该对话框中有"图案"、"字体"及"属性"3个选项卡,在"图案"选项卡中可以为图表增加边框设置样式、颜色和线形粗细等,可以为图表区域设置填充颜色;在"字体"选项卡下可设置字体、字形、字号、加粗、倾斜和下划线等;在"属性"选项卡中可选择对象的大小、位置是否随单元格变化而变化。用户可依据需要在这3个选项卡中改变图表文字、颜色及图案。

(4) 单击"确定"按钮。

2. 改变数据的绘制方式

对于已创建的图表,用户可改变图表中绘制数据的方式。常见的是改变数据系列在工作表中的行列依据来绘制,还可以倒转图表中分类数值的绘制次序,甚至还可以修改数据系列绘制的次序。

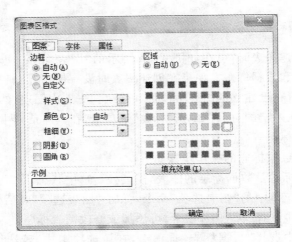

图 4.66 "图表区格式"对话框

1）在行或列中绘制数据系列

对于图表，可以通过使用"图表"菜单中"源数据"命令来改变数据系列的方向，从而产生不同类别的图表。例如，对于毕业生分配统计图表，当选定系列产生在"列"时，反映的是按照年度分类的毕业生分配统计情况；当选定系列产生"行"时，则反映的是按照不同类型的企业分类的年度统计情况。改变数据系列绘制依据的操作步骤如下：

（1）单击如图 4.60 所示的图表，使其处于选中状态。

（2）单击"图表"菜单中"源数据"命令，弹出"源数据"对话框（如图 4.57 所示）。

（3）在"数据区域"选项卡中的"系列产生在"框中，选择"行"单选项，单击"确定"按钮，即可得到依据"行"中数据绘制数据系列的图表如图 4.67 所示。

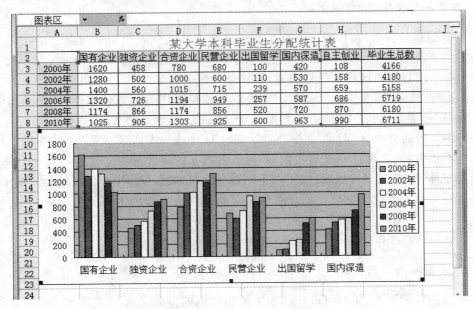

图 4.67 数据系列产生在"行"的图表

2）格式化坐标轴

（1）单击图表，使其处于选中状态。

（2）双击要格式化的坐标轴，弹出如图 4.68 所示的"坐标轴格式"对话框。

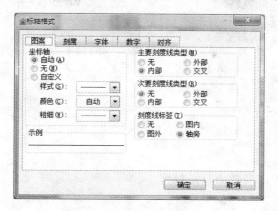

图 4.68 "坐标轴格式"对话框

（3）在该对话框上有"图案"、"刻度"、"字体"、"数字"及"对齐"选项卡，用户可在不同选项卡中为坐标轴及其文本设置粗细、刻度、数字类型、字体、字形、字号和对齐方式等。

（4）单击"确定"按钮即可改变坐标轴的格式。

例如，在"刻度"选项卡中，选择"分类次序反转"复选框后单击"确定"按钮，可用相反方向的坐标轴（相反次序）绘制图表。

3．显示效果的设置

显示效果的设置指对图表中的对象根据需要与否进行设置，包括图例、网格线、三维图表视角的改变等。

1）图例

图表中的图例用于解释图表中的数据。创建图表时，图例默认出现在图表的右边，用户可根据需要对图例进行显示、隐藏和移动等操作。

（1）显示图例：选中图表，单击"图表"工具栏的"图例"按钮（如图 4.69 所示）即可；也可选择"图表"菜单中的"图表选项"命令，在"图例"选项卡中（如图 4.70 所示），选中显示图例的设置。

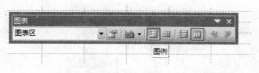

图 4.69 "图表"工具栏

（2）隐藏图例：选中图例，直接按 Del 键即可；也可选择"图表"菜单中的"图表选项"命令，在"图例"选项卡中，取消显示图例的设置。

（3）移动图例：选中图例，直接用鼠标将图例拖动到所需的位置即可；也可选择"图表"菜单中的"图表选项"命令，在"图例"选项卡中，进行图例位置的设置。

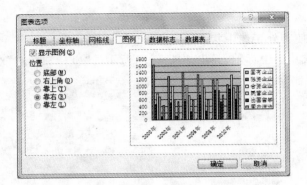

图 4.70 "图表选项"对话框中"图例"选项卡

2）网格线

图表中的网格线可以清楚地显示数据。

网格线的设置通过"图表"菜单中"图表选项"命令的"网格线"选项卡来设置，在其对话框（如图 4.71 所示）的对应复选框中选中为显示网格线，取消为隐藏网格线。

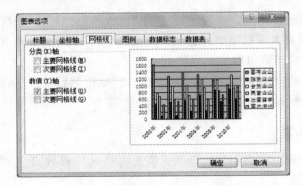

图 4.71 "图表选项"对话框"网格线"选项卡

3）三维图表视角的改变

当图表为"三维图表"时，用户选中图表的绘图区，用快捷菜单中的"设置三维视图格式"命令或选择"图表"菜单的"设置三维视图格式"命令显示其对话框（如图 4.72 所示），在对话框中可以精确地设置三维图表的俯仰角和左右旋转角；用户也可以通过"图表"菜单的"设置三维视图格式"命令来进行。但如果只要进行粗略的设置，还是用鼠标直接拖曳绘图区的 4 个角来改变更为方便。

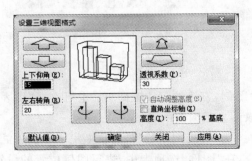

图 4.72 "设置三维视图格式"对话框

4.5 数据管理

Excel 不仅具有数据计算、数据统计的能力，还具有数据库管理的功能。另外，Excel 在制表、作图等数据分析方面比一般数据库管理系统更胜一筹，充分体现了其在表处理方面的优势。

4.5.1 数据清单

数据库是一个具有相同结构的数据集合，常用来存储、组织和检索数据。在 Excel 中，数据库是通过一个数据清单来实现的，用户可以理解为数据清单就是数据库。它与一张二维数据表非常相似，数据清单由若干行和若干列组成，其中行相当于数据库的记录，列相当于数据库的字段，每列有一个列标题，相当于数据库的字段名称。

在一个数据清单中，数据按记录存储。例如，一个人事考评数据清单中的列被认为是数据库的字段，列标记"姓名"、"年龄"、"性别"、"雇用日期"、"学历"、"部门"、"职务"及"考评分数"等被认为是数据库的字段名，而行中每一位职工的数据被认为是一条记录。

在 Excel 中，可以说数据清单是一种特殊的工作表。为了更好地对数据清单执行数据库的管理和分析的操作，对数据列表还有特殊规定：一张工作表只存放一个数据清单；数据清单的第 1 行中创建列标题；一个单元格只能存放一个列标题；各列标题(字段名)只能由汉字或字母组成，不能包含数字、数值公式及逻辑值；同一列中所有单元格的格式应一致(字段名所在的单元格除外)；数据清单不应有空行或空列；在同一个数据清单中，不能有同名的字段，也不能有完全相同的记录。

现有人事考评数据表(如图 4.73 所示)，是一张满足上述规定的数据清单。

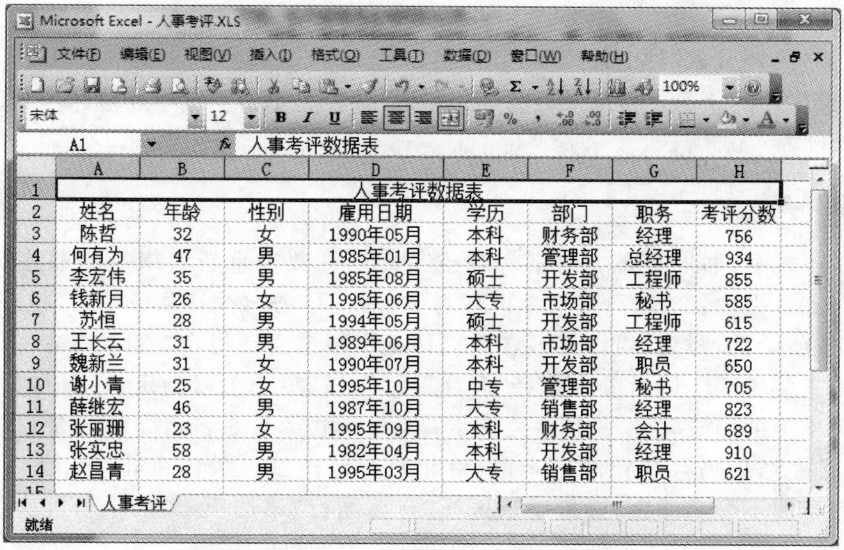

	A	B	C	D	E	F	G	H
1	人事考评数据表							
2	姓名	年龄	性别	雇用日期	学历	部门	职务	考评分数
3	陈哲	32	女	1990年05月	本科	财务部	经理	756
4	何有为	47	男	1985年01月	本科	管理部	总经理	934
5	李宏伟	35	男	1985年08月	硕士	开发部	工程师	855
6	钱新月	26	女	1995年06月	大专	市场部	秘书	585
7	苏恒	28	男	1994年05月	硕士	开发部	工程师	615
8	王长云	31	男	1989年06月	本科	市场部	经理	722
9	魏新兰	31	女	1990年07月	本科	开发部	职员	650
10	谢小青	25	女	1995年10月	中专	管理部	秘书	705
11	薛继宏	46	男	1987年10月	大专	销售部	经理	823
12	张丽珊	23	女	1995年09月	本科	财务部	会计	689
13	张实忠	58	男	1982年04月	本科	开发部	经理	910
14	赵昌青	28	男	1995年03月	大专	销售部	职员	621

图 4.73 "人事考评"工作表中的数据清单

数据清单既可像一般工作表一样进行编辑,又可通过"数据"菜单的"记录单"命令来查看、修改、添加及删除数据清单中的记录。鼠标单击列表中任一单元格,选择"数据"菜单的

图 4.74 "人事考评"对话框

"记录单"命令,在记录编辑对话框最左列显示记录的各字段名(列名),其后显示各字段内容,右上角显示的分母为总记录数,分子表示当前显示记录内容为第几条记录(如图 4.74 所示)。

在"记录单"对话框中,通过单击"新建"按钮,清空文本框,在空白文本框中输入新记录数据,新建记录位于数据表的最后;通过单击"条件"按钮,清空文本框,在空白文本框中输入指定查询条件,再通过"上一条"、"下一条"按钮按照条件进行定位查询,记录单只显示当前记录;在"记录单"对话框中,可以对当前记录进行修改;通过单击"还原"按钮,取消对当前记录的修改;通过单击"删除"按钮,删除当前记录。

4.5.2 数据排序

1. 简单数据排序

实际应用过程中,用户往往有按一定次序对数据重新排列的要求。对于按单列数据排序的要求,可使用"常用"工具栏排序按钮实现:选取要排序的列中任意单元格,单击"常用"工具栏的"降序"按钮,数据清单中的记录按照该列内容从高到低排列;按"升序"按钮后,数据清单中的记录按照该列内容从低到高排列。

【例 4.7】 在人事考评数据清单中(如图 4.73 所示),按考评分数从高到低的顺序排列数据。操作步骤如下:

(1) 选取"考评分数"列中任意单元格。

(2) 单击"常用"工具栏中的"降序"按钮,即可将职工记录按考评分数从高到低排列(如图 4.75 所示)。

2. 多重排序

在数据清单中,如果需要针对某一列或某几列的数据重新组织行的顺序,可以使用"排序"命令完成操作:选取数据清单内任意单元格,单击"数据"菜单中的"排序"命令,弹出如图 4.76 所示的"排序"对话框。在该对话框中根据需要指定"主要关键字"、"次要关键字"及"第三关键字",同时分别选择"升序"或"降序"单选项以指定该列值的排列次序。这样数据清单中的记录将先按主要关键字排序,对主要关键字相同的记录,按次要关键字排序,若排序结果仍存在相同记录,再对相同记录按第三关键字排序。为了保证数据清单中的列标题不参加排序,必须确认选择"有标题行"单选项,最后单击"确定"按钮,完成排序。

【例 4.8】 在人事考评数据清单中(如图 4.73 所示),以"性别"为主要关键字升序排列,对"性别"相同的记录,以"年龄"为次要关键字降序排列。操作步骤如下:

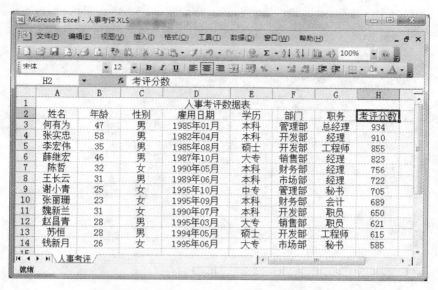

图 4.75 按"考评分数"从高到低的降序排列

（1）选取数据清单内任意单元格。

（2）执行"数据"菜单中的"排序"命令，弹出"排序"对话框。

（3）在"排序"对话框中，单击"主要关键字"框的下拉按钮，弹出字段名列表，从中选择"性别"为主要关键字，并指定该列值的排列次序为"升序"。

（4）在"次要关键字"字段名列表中，选择"年龄"作排序的次要关键字，再指定该列值的排列次序为"降序"。

（5）为了保证数据清单中的列标题不参加排序，必须确认选择"有标题行"单选项，如图 4.76 所示的"排序"对话框。

图 4.76 "排序"对话框

（6）单击"确定"按钮，完成排序，排序结果如图 4.77 所示。

3．排序数据的恢复

若要使数据清单内的数据恢复原来的排列次序，则有两种方法：

（1）执行"编辑"菜单中的"撤销排序"命令，恢复到原来的顺序。

（2）在排序操作前，可在数据库的最右边添加一个空白列，然后在该列输入记录号。当要恢复原来的排列次序时，以此列为主要关键字排序即可。

4.5.3 数据筛选

当数据清单中记录非常多时，可以使用 Excel 的数据筛选功能，即将不需要的记录暂时隐藏起来，只显示需要的数据。在 Excel 中，有"自动筛选"和"高级筛选"两种。

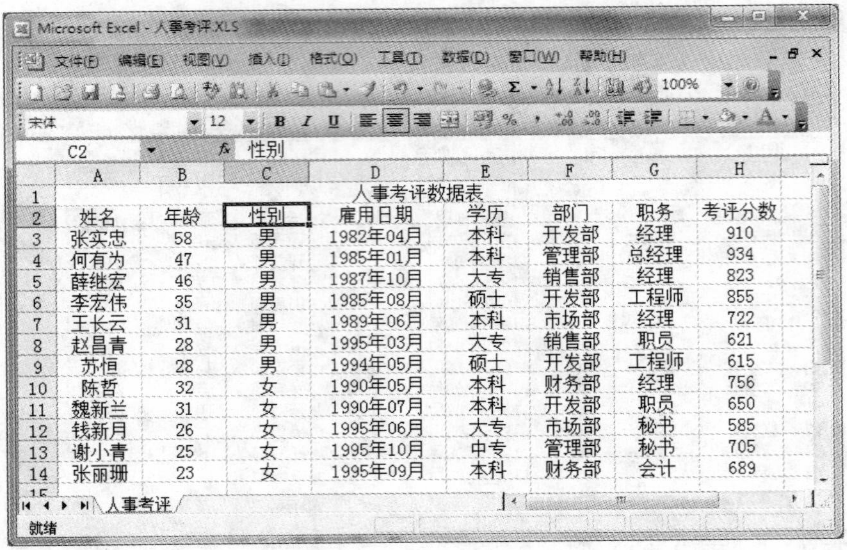

图 4.77　按"性别"升序、"年龄"降序的排序结果

1. 自动筛选

　　要执行自动筛选操作,在数据清单中必须有列标题。选取数据清单中的任意单元格,选择"数据"菜单中的"筛选"命令,在弹出的"筛选"子菜单中,选择"自动筛选",即可在数据清单中每一列标题(字段名)的右侧出现箭头向下的筛选按钮,单击各个筛选按钮就会出现相应的下拉菜单,可从其中选择筛选条件,完成自动筛选(如图 4.78 所示)。筛选条件包括:

　　"全部":通过该条件,显示全部记录。

　　"前 10 个…":筛选出该列取值最大或最小的前几项记录(或百分比)。

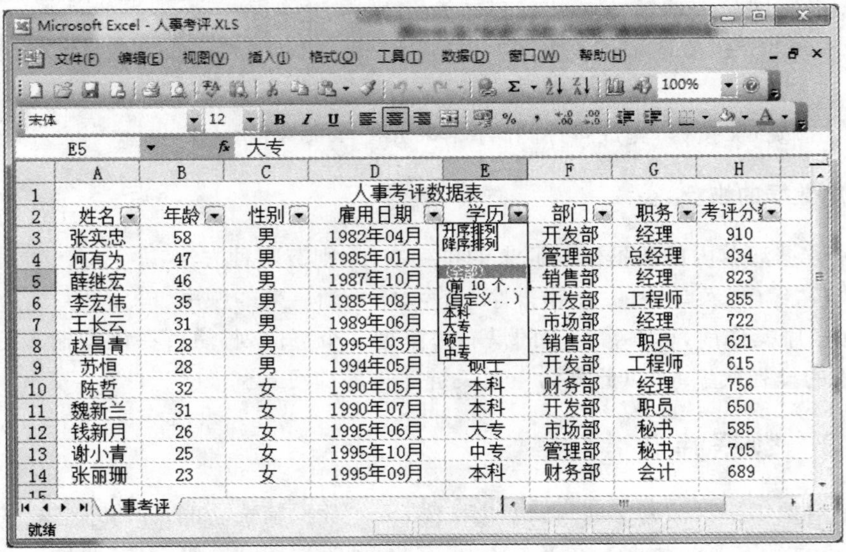

图 4.78　列标题"学历"的自动筛选条件

"自定义…"：通过自定义筛选方式，可显示用户指定的某一范围内的数据记录。

此外，还包括该列中的各类数据，通过选取某类数据，筛选出数据清单中相应记录。

【例4.9】 在人事考评数据清单中（如图4.73所示），筛选"考评分数"最高的5名员工的记录。操作步骤如下：

（1）选取数据清单中的任意单元格。

（2）将鼠标指针指向菜单栏"数据"菜单中的"筛选"命令，弹出"筛选"子菜单。

（3）选中"筛选"子菜单中的"自动筛选"，就可以在数据清单中每一列标题（字段名）的右侧出现箭头向下的筛选按钮。

（4）单击"考评分数"右侧的筛选按钮，弹出下拉菜单（如图4.79所示）；单击菜单中的"前10个"选项，弹出"自动筛选前10个"对话框，如图4.80所示。

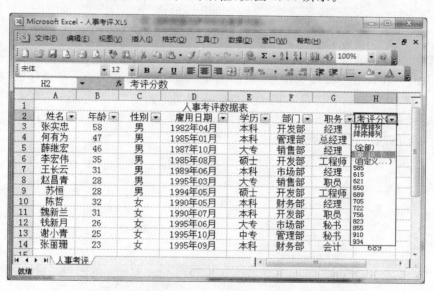

图4.79 使用自动筛选操作后的数据清单

（5）在对话框中左侧的下拉列表内有"最大"和"最小"两项，若选择"最大"，则显示考评分数最高的记录；否则显示考评分数最低的记录（本例选择"最大"）。

（6）在对话框的数值框内输入要显示的记录个数5（默认值为10）。

图4.80 "自动筛选前10个"对话框

（7）在对话框中右侧的下拉列表内也有两个选项，它们表示数值框中数值的单位，若选择"项"，则显示5个记录；若选择"百分比"则显示5％的记录（本例选择"项"）。

（8）单击"确定"按钮，则筛选出考评分数最高的前5名的员工记录（如图4.81所示）。

如果要恢复显示全部数据的记录，则单击如图4.81所示"考评分数"下拉列表中的"全部"选项或将鼠标指针指向菜单栏"数据"菜单中的"筛选"后，单击"筛选"子菜单中的"全部显示"命令。

如果要取消"自动筛选"状态，则将鼠标指针指向菜单栏"数据"菜单中的"筛选"命令，在

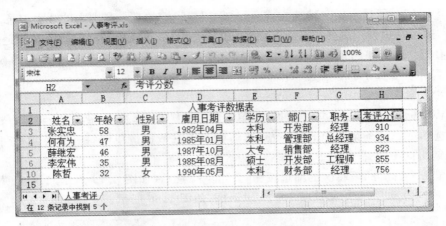

图 4.81 考评分数"前 5 名"的筛选结果

弹出的子菜单中再次单击"自动筛选"命令即可取消筛选状态。

【例 4.10】 在人事考评数据清单中(如图 4.79 所示),筛选显示"考评分数"在 700 分至 900 分(包含 900 分在内)的员工记录。操作步骤如下:

(1)单击"考评分数"右侧的筛选按钮,弹出下拉菜单,单击菜单中的"自定义"选项,弹出"自定义自动筛选方式"对话框(如图 4.82 所示)。

图 4.82 "自定义自动筛选方式"对话框

(2)在该对话框"显示行"下方"考评分数"框的第 1 个下拉列表中选择"大于"项,并在其右侧的列表框中输入"700",然后在其下方的列表框中选择"小于或等于",并输入"900"。选择对话框中的"与"单选项,这样只显示同时满足上述两个条件的记录。

(3)单击"确定"按钮,则筛选出考评分数大于 700 分且小于等于 900 分的员工记录(如图 4.83 所示)。

【例 4.11】 在人事考评数据清单中(如图 4.78 所示),筛选"学历"为"本科"的员工记录。操作步骤如下:

单击"学历"右侧的筛选按钮,弹出下拉菜单,单击菜单中的"本科"选项,则筛选出"学历"为"本科"的员工记录(如图 4.84 所示)。

2. 高级筛选

高级筛选可以指定复杂的筛选条件,也可以将筛选结果放置在指定区域。因此,在高级

	A	B	C	D	E	F	G	H
1	人事考评数据表							
2	姓名	年龄	性别	雇用日期	学历	部门	职务	考评分数
5	薛继宏	46	男	1987年10月	大专	销售部	经理	823
6	李宏伟	35	男	1985年08月	硕士	开发部	工程师	855
7	王长云	31	男	1989年06月	本科	市场部	经理	722
10	陈哲	32	女	1990年05月	本科	财务部	经理	756
13	谢小青	25	女	1995年10月	中专	管理部	秘书	705
15								

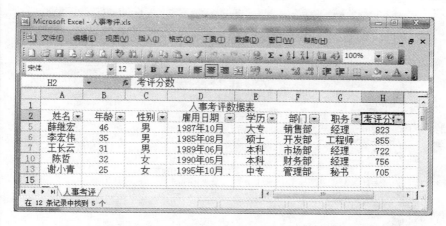

图 4.83 “考评分数”大于 700 分且小于等于 900 分的筛选结果

	A	B	C	D	E	F	G	H
1	人事考评数据表							
2	姓名	年龄	性别	雇用日期	学历	部门	职务	考评分数
3	张实忠	58	男	1982年04月	本科	开发部	经理	910
4	何有为	47	男	1985年01月	本科	管理部	总经理	934
7	王长云	31	男	1989年06月	本科	市场部	经理	722
10	陈哲	32	女	1990年05月	本科	财务部	经理	756
11	魏新兰	31	女	1990年07月	本科	开发部	职员	650
14	张丽珊	23	女	1995年09月	本科	财务部	会计	689
15								

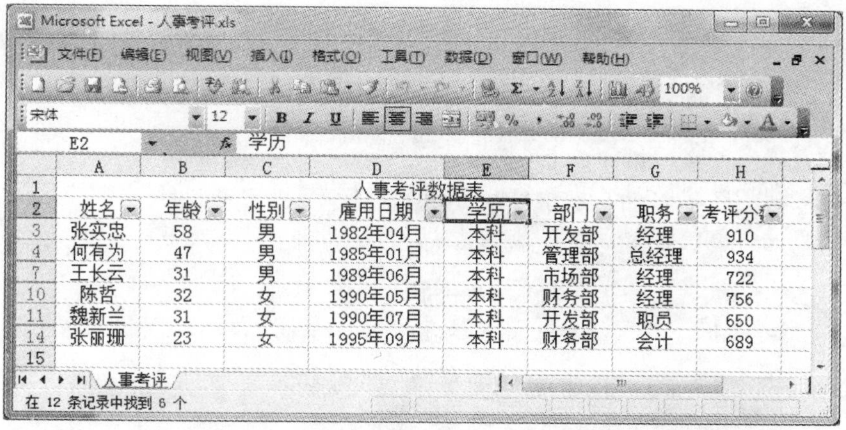

图 4.84 “学历”为“本科”的筛选结果

筛选前，需要设置条件区域，利用“高级筛选”对话框，完成筛选。

【例 4.12】 在人事考评数据清单中(如图 4.78 所示)，筛选“开发部考评分数>900 分”以及学历为“硕士”的员工记录。操作步骤如下：

(1) 首先在数据清单以外的单元格区域(如＄A＄17：＄C＄19)输入筛选条件涉及的列标题，在列标题下方输入条件值(如图 4.85 所示)，同一行的数据表示条件之间是“与”的关系，不同行的数据表示条件之间是“或”的条件。

(2) 选取数据清单中的任意单元格。

(3) 单击“数据”菜单下的“筛选”命令，选择“筛选”子菜单中的“高级筛选”，在弹出的“高级筛选”对话框中设置显示方式为“将筛选结果复制到其他位置”，列表区域为“＄A＄2：＄H＄14”，条件区域为“＄A＄17：＄C＄19”，复制到为“＄A＄21：＄H＄27”(如图 4.86 所示)。

(4) 单击“确定”按钮，则筛选出“开发部考评分数>900 分”以及学历为“硕士”的员工记录(如图 4.87 所示)。

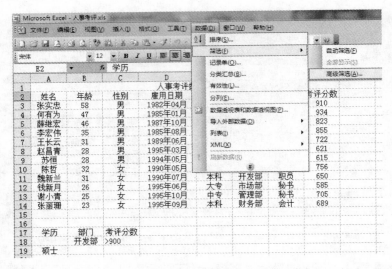

图 4.85　条件区域的设置

图 4.86　"高级筛选"对话框

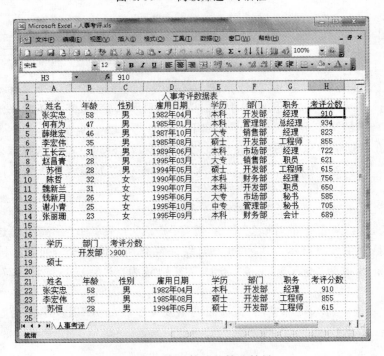

图 4.87　高级筛选的筛选结果

若在"高级筛选"对话框的方式选项组中选择了"在原有区域显示筛选结果",确定后筛选结果将覆盖原有数据区域;若要恢复原数据,则单击"数据"菜单下"筛选"子菜单中的"全部显示"命令即可。

4.5.4　数据分类汇总

1. 分类汇总

实际应用中经常要用到分类汇总。例如,仓库的库存管理中,经常要统计各类产品的库存总量;商店的销售管理中,经常要统计各类商品的售出总量;在学生成绩管理中,经常统计每门课程的平均成绩,等等。它们的共同特点是首先要进行分类,将同类别数据放在一起,然后再进行数值的汇总运算。Excel 2003的分类汇总功能,并不局限于求和,也可以进行计数、求平均值等其他运算。

【例4.13】　在人事考评数据清单中(如图4.73所示),统计各个部门考评分数的平均值,即按"部门"进行分类,汇总"考评分数"的平均值。操作步骤如下:

(1) 将数据清单按要分类汇总的字段(如"部门")进行排序(如图4.88所示)。

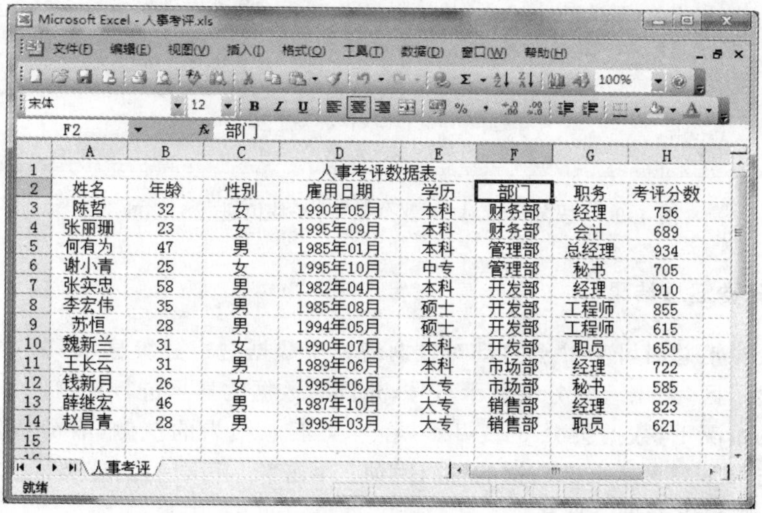

图4.88　对数据清单按"部门"排序

(2) 在要进行分类汇总的数据清单中,单击任意一个单元格。

(3) 单击"数据"菜单中的"分类汇总"命令,弹出"分类汇总"对话框(如图4.89所示)。

(4) 在该对话框的"分类字段"下拉列表中,选择要分类汇总的字段名(如"部门")。

(5) 在"汇总方式"下拉列表中,选择想用来进行分类汇总的数据函数(如"平均值")。

(6) 在"选定汇总项"框中,选择要进行汇总的数值字段复选框(如"考评分数")。

图4.89　"分类汇总"对话框

（7）单击"确定"按钮，屏幕则显示按"部门"对"考评分数"的平均值进行分类汇总的结果（如图 4.90 所示）。

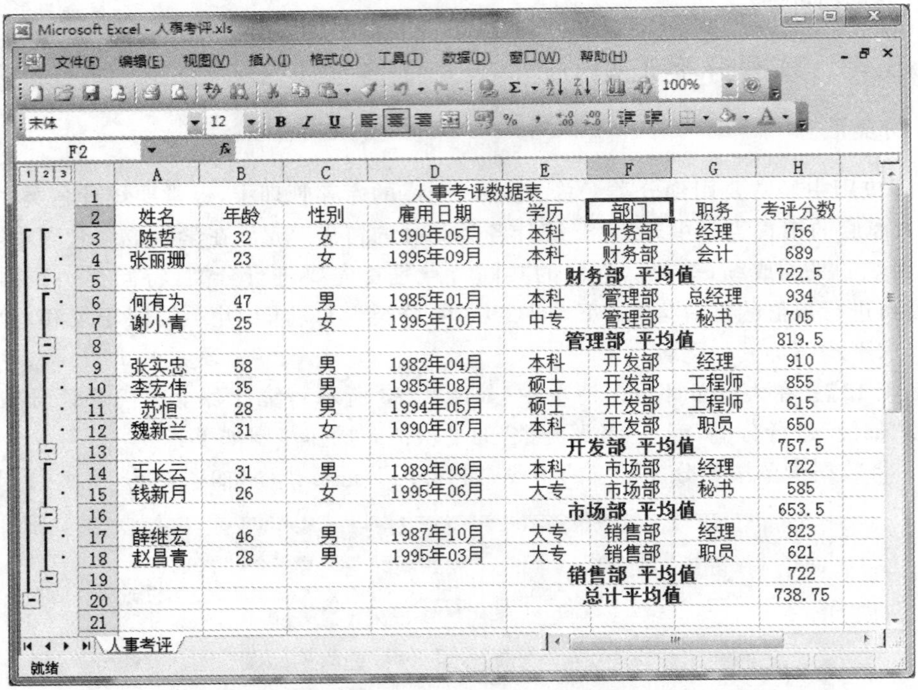

图 4.90　按"部门"对"考评分数"的平均值进行汇总的结果

2．显示分类汇总结果

在进行分类汇总时，Excel 会自动对数据清单中数据进行分级显示，在工作表窗口左侧会出现分级显示区，列出一些分级显示符号，允许对数据的显示进行控制。

在默认的情况下，数据会分 3 级显示，在分类汇总结果的左侧，有分级显示符号"1"、"2"、"3"，单击"1"，只显示全部数据的"总计"值；单击"2"，可以看到分类汇总的结果及总计值；单击"3"，则可以看到全部数据。

"1"为最高级，"3"为最低级，分级显示区中有"＋"、"－"等分级显示符号。"＋"表示高一级向低一级展开数据，"－"表示低一级折叠为高一级数据，如"2"按钮下的"＋"可展开该分类汇总结果所对应的各明细数据。"1"按钮下的"－"则将"2"按钮显示内容折叠为只显示总计结果。当分类汇总方式不止一种时，按钮会多于 3 个。

数据分级显示可以设置，选择"数据"菜单的"组及分级显示"命令，子菜单中选择"清除分级显示"可以清除分级显示区域，选择"自动建立分级显示"则显示分级显示区域。

例 4.13 中如图 4.90 所示，单击"－"按钮，则可隐藏某个部分的数据，如隐藏"财务部"的员工记录。单击"＋"按钮，则将隐藏的某部分数据再显示出来。

3．删除分类汇总结果

对于不再需要或错误的分类汇总结果，用户可以将它们删除，操作步骤如下：

（1）单击分类汇总数据清单中的任意单元格。

（2）执行"数据"菜单中的"分类汇总"命令，弹出"分类汇总"对话框（如图4.89所示）。

（3）在该对话框中，单击"全部删除"按钮。

4.6 页面设置与打印

工作表建好后，为了提交或者留存、查阅方便，常常需要把它打印出来，而且希望打印的格式清晰、美观。打印Excel文档，需要先设置打印区域，再进行页面设置，最后完成打印。

4.6.1 设置打印区域和分页

1. 打印区域的设置

Excel 2003自动选择工作表中有文字的最大行和列作为其默认的打印区域。如果用户只需要打印工作表中部分数据和图表，可以通过设置打印区域来解决。设置打印区域的操作方法如下：

（1）打开需要打印的工作簿文件。

（2）在工作表中选取需要打印的单元格区域。

（3）选择"文件"菜单中的"打印区域"命令，在"打印区域"子菜单中选择"设置打印区域"命令。另外，"页面设置"对话框的工作表选项卡中也提供此项功能。

（4）选择"视图"菜单中的"分页预览"命令，屏幕显示"分页预览"视图，如图4.91所示。如果事先没有设置打印区域，此时，在屏幕上可以看到系统默认的打印区域用蓝色边框（蓝色的分页符）包围。

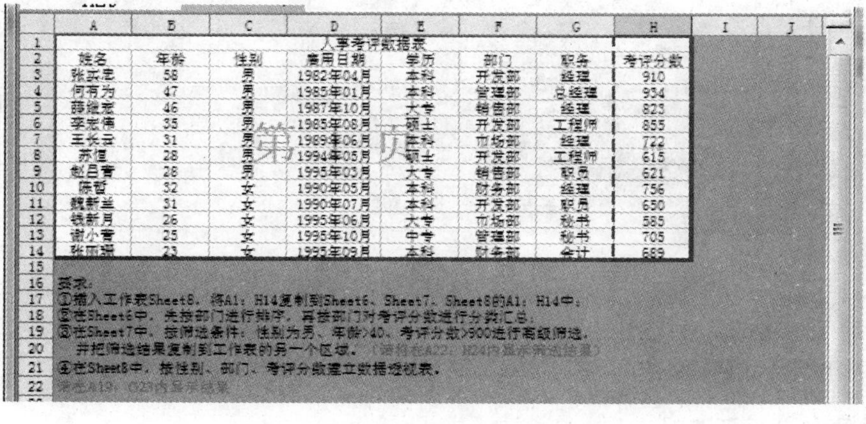

图4.91 "分页预览"视图方式显示

（5）如果打印区域的设置不够满意，可以重新设置打印区域，将鼠标指针指向蓝色外框的下边框，待指针变为上下双向小箭头形状时，向下拖曳边框到合适位置时释放鼠标左键；再用同样方法拖动蓝色右边框到合适位置，则新的打印区域设置完毕（如图4.92所示）。

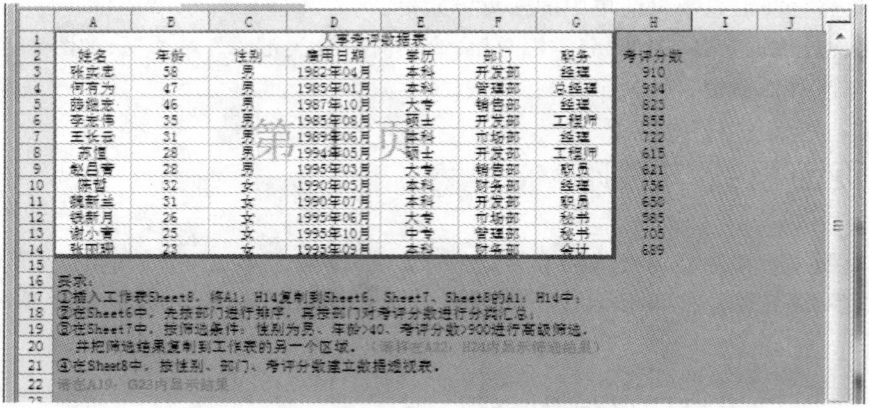

图 4.92　改变打印区域的设置

如果要删除新设置的打印区域,可将鼠标指针指向"文件"菜单栏中的"打印区域"项,弹出"打印区域"子菜单,单击该子菜单中的"取消打印区域"命令,可使打印区域恢复到默认的打印区域。

另外,在如图 4.91 所示的"打印区域"中有一条垂直的虚线,该线是当工作表的内容多于一页时,Excel 自动插入的分页符,用以标识打印工作表时会从这条线的位置自动分页。如果用户要更改这种分页方式,可以将鼠标指针指向此虚线,待指针变成双向小箭头时,按下鼠标左键拖动该线到适当位置,此时虚线会变为实线(如图 4.93 所示)。

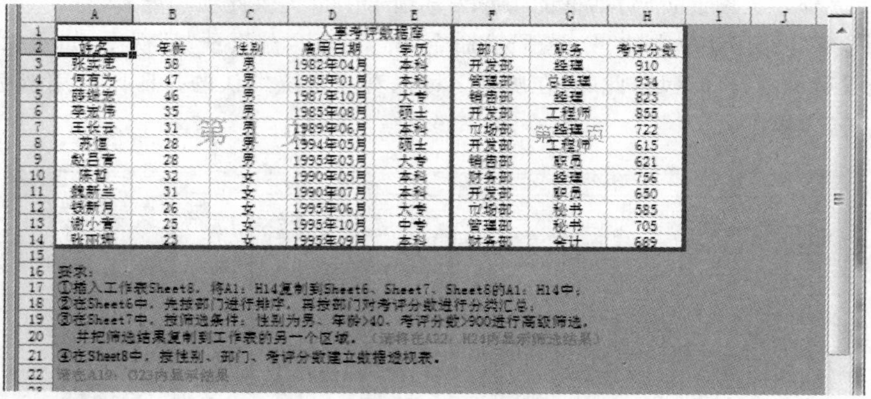

图 4.93　改变分页方式

打印时只有被选定的区域中的数据被打印,而且工作表保存后,今后再打开该工作表时设置的打印区域仍然有效。

2. 分页与分页预览

前面提到,当工作表较大时,Excel 一般会自动为工作表分页打印,如果用户不满意这种分页方式,可以根据自己需要,对工作表进行人工调整。

1) 插入和删除分页符

分页包括水平分页和垂直分页。插入水平分页符的操作步骤为:

（1）单击要另起一页的起始行行号，或选择该行最左边的那个单元格；选择"插入"菜单的"分页符"命令，此时在起始行上端将出现一条水平虚线，表示已分页成功。

插入垂直分页符与插入水平分页符的方法类似。

（2）单击要另起一页的起始列列号，或选择该列最上端的那个单元格；选择"插入"菜单的"分页符"命令，在该列左边出现一条垂直分页虚线，表示已分页成功。

如果选择的不是最左或最上的单元格，插入分页符将在该单元格上方和左侧各产生一条分页虚线。

删除分页符可选择分页虚线的下一行或右一列的任一单元格，选择"插入"菜单的"删除分页符"命令即可；若选中整个工作表，然后选择"插入"菜单的"重设所有分页符"，可删除工作表中所有人工插入的分页符。

2）分页预览

"分页预览"功能可以在窗口中直接查看工作表分页的情况。在分页预览时，可以编辑工作表，可以直接改变设置的打印区域大小，还可以方便地调整分页的位置。

对工作表分页后，选择"视图"菜单的"分页预览"命令，便进入分页预览视图。视图中蓝色粗实线表示了分页情况，每页区域中都有暗淡页码显示，如果事先设置了打印区域，可以看到最外层蓝色粗边框以外，为非打印区域，非打印区域为深色背景，打印区域为浅色背景。分页预览时同样可以设置、取消打印区域，插入、删除分页符。

选择"视图"菜单的"普通"命令可结束分页预览回到普通视图中。

4.6.2　页面设置

Excel 有默认的页面设置值，因此，通常情况下用户可直接打印输出工作表。使用页面设置可以设置工作表的打印方向、缩放比例、纸张大小、页边距、页眉、页脚等。通过对打印页面的这些设置，就决定了打印出的页面格式。选择"文件"菜单的"页面设置"命令，出现"页面设置"对话框，在该对话框中，完成设置。

1. 设置页面

要进行页面设置，其操作步骤为：执行"文件"菜单中的"页面设置"命令，弹出"页面设置"对话框。在该对话框中选择"页面"选项卡（如图 4.94 所示）。

在该选项卡中，可进行以下打印页面的基本设置：

"方向"：选择"纵向"或"横向"单选项。

"缩放"：若选择"缩放比例"单选项，可在 $10\%\sim400\%$ 之间选择，其默认值为 100%；若选择"调整为"单选项，需输入打印工作表内容所需要的页数，打印的数据不超出指定的页数范围。

"打印质量"：框表示每英寸打印的线数，不同的打印机，线数不一样，打印质量越好，线数越大。

"起始页码"：可输入打印的首页页码，后续页的页码自动递增。

最后，单击"确定"按钮，完成页面的基本设置。

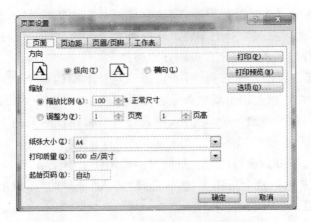

图 4.94　"页面设置"对话框的"页面"选项卡

2．设置页边距

设置页边距是打印工作表的用户常要考虑的问题。用户要想设置页边距，其操作步骤为：

执行"文件"菜单中的"页面设置"命令，弹出"页面设置"对话框；在该对话框中选择"页边距"选项卡（如图 4.95 所示）。

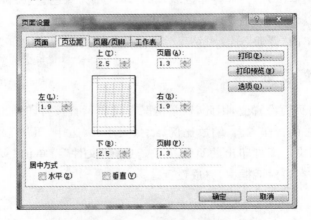

图 4.95　"页面设置"对话框的"页边距"选项卡

各选项含义分别为：

"上"、"下"、"左"、"右"框：确定打印的工作表内容距纸边缘的距离。

"居中方式"框：确定表在纸上的水平位置和垂直位置是否居中。

进行完相应的设置后，单击"确定"按钮。

3．设置页眉/页脚

有些工作表需要在每页的顶端和底端加入一些叙述性的文字，如"第 1 页"、"第 1 页，共 8 页"、当前日期等，这可通过设置页眉/页脚来实现。在当前工作表中设置页眉/页脚的操作步骤如下：

（1）用鼠标单击"文件"菜单中的"页面设置"命令，弹出"页面设置"对话框。

（2）在该对话框中选择"页眉/页脚"选项卡（如图4.96所示）。

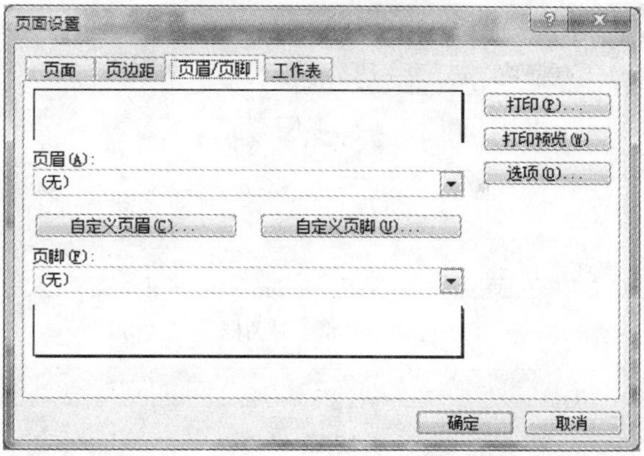

图4.96 "页面设置"对话框的"页眉/页脚"选项卡

（3）在该选项卡中，单击"页眉"或"页脚"下拉按钮，在弹出的下拉列表中均有系统预置的页眉或页脚形式，如"第1页"、"第1页，共？页"、"Sheet1"、"机密，当前日期，第1页"等。用户从列表框中选择某种预置的页眉或页脚时，它们将同时显示在相应预览框中，其中页眉"居中对齐"显示，页脚"右对齐"显示。

（4）设置完成后，单击"确定"按钮。

如果系统预置的页眉或页脚不符合自己的需要，可单击对话框中的"自定义页眉"按钮或"自定义页脚"按钮重新设置。

在该对话框中，单击"自定义页眉"按钮，弹出"页眉"对话框。在该对话框中的"左"、"中"、"右"3个文本框输入的文本内容将分别出现在页眉位置的左、中、右3处。另外，该对话框中还提供了7个按钮，这7个按钮从左至右分别表示为："字体"、"页码"、"总页数"、"日期"、"时间"、"文件名"和"工作表名称"。单击"字体"会弹出"字体"对话框；单击其他按钮会在插入点位置插入形式如 &[…] 的信息，标识其值会随当前具体情况而变化，如页码的值。如"页眉"右对齐输入文字"计算机应用基础"（如图4.97(a)所示）。

定义好页眉后，单击"确定"按钮返回"页眉/页脚"选项卡。

在"页眉/页脚"选项卡中，单击"自定义页脚"按钮，弹出"页脚"对话框，该对话框除标题为"页脚"外，其他部分同"页眉"对话框相同，含义也相同。如"页脚"居中插入"页码"（如图4.97(b)所示）。

4. 设置标题行

当一个较大的工作表被分成多页打印时，会出现除第1页外其余页不是看不见列标题，就是看不见行标题的情况，这时就很不方便。因此，常常需要在每一页上打印行标题或列标题，Excel允许二者兼有，它们仅作为标题使用。列标题出现在每一页的顶部，行标题出现在每一行的左端。

在当前工作表中将指定的行或列作为打印标题的操作方法如下：

（1）选择"文件"菜单中的"页面设置"命令，弹出"页面设置"对话框。

（2）在该对话框中选择"工作表"选项卡（如图4.98所示）。

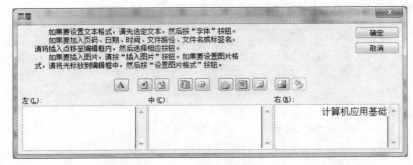

(a) "页眉" 对话框

(b) "页脚" 对话框

图 4.97 "页眉"与"页脚"对话框

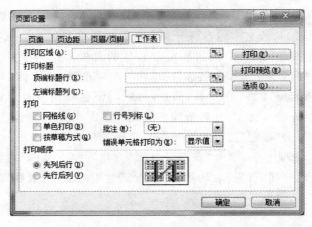

图 4.98 "页面设置"对话框中的"工作表"选项卡

（3）在该选项卡的"打印标题"组框中，有"顶端标题行"和"左端标题列"两个文本框。如果选择"顶端标题行"，用户可单击"顶端标题行"框右边的折叠按钮，则将"页面设置"对话框暂时折叠成"页面设置-顶端标题行"对话框。在将作为标题的行中单击或拖动选择一个或多个单元格，则所选择单元格区域的绝对地址自动加载到"顶端标题行"框中。单击"页面设置-顶端标题行"框右边的折叠按钮将对话框恢复成原状。如果需要选择"左端标题列"，其操作方法与选择"顶端标题行"完全相同。

（4）单击"确定"按钮。

在"工作表"选项卡中，除了可以设置工作表的标题行外，还可以编辑、修改打印区域，选择是否打印工作表的网格线及选择打印顺序等。

"打印区域"框：允许用户单击右侧对话框折叠按钮，以便选择打印区域。

"网格线"复选框：作表带表格线输出，否则只输出工作表中数据，不输出表格线。

"行号列标"复选框：允许用户打印时输出行号和列标，默认是不输出。

"按草稿方式"：可加快打印速度，但会降低字符打印的质量。

"先列后行"：如果工作表较大，超出一页宽和一页高度时，"先列后行"规定垂直方向先分页打印完，再考虑水平方向分页，此为默认打印顺序；

"先行后列"：规定水平方向先分页打印，再考虑垂直方向分页打印。

4.6.3　打印预览

在正式打印工作表之前，用户常常需要了解实际打印的版面效果，Excel 设立了"打印预览"功能，通过该功能可在屏幕上模拟显示打印的效果，对工作表中的表格、插图的编排结果进行检查，有问题便于及时重新设置，在预览效果满意后，再正式打印输出。

打印预览的方法为：单击"常用"工具栏上的"打印预览"按钮或执行"文件"菜单中的"打印预览"命令，显示如图 4.99 所示的"打印预览"窗口。该窗口包含有几个按钮，它们的功能分别为：

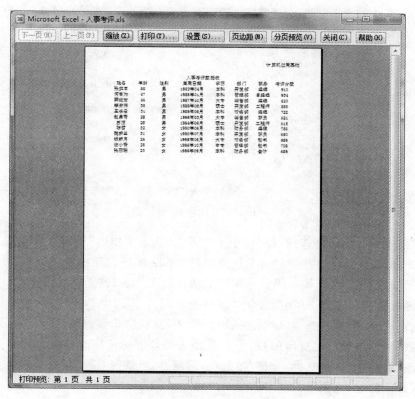

图 4.99　"打印预览"窗口

"上一页"、"下一页"：当工作表一页打印不下时，可在预览过程中上、下翻页显示。

"缩放"：可将预览表放大，以便清晰地查看工作表中的数据内容，再次单击又恢复原状。

"打印"：执行打印功能，即打印输出。

"设置"：单击该按钮，弹出"页面设置"对话框，可对页面设置进行调整。

"页边距"：单击该按钮，屏幕上将显示虚线表示的页边距。虚线两端各有一个控制柄（小方块），用鼠标指向控制柄或虚线，待指针变为十字双向小箭头形状时，拖动控制柄或虚线到什么位置，该边距就固定在什么位置。另外，在对应每列的上端各有一个控制柄，用鼠标拖动控制柄可以改变列宽，但这里定义的列宽度仅用于打印，并不影响工作表的列宽度。

"分页预览"：单击该按钮，可以切换到"分页预览"视图，在"分页预览"视图中可以调整当前工作表的分页符，还可以改变打印区域的大小，并编辑工作表。

"关闭"：单击该按钮，可关闭"打印预览"窗口，并返回到当前工作表的编辑状态。

可以注意到，在预览过程中，鼠标指针形状变为放大镜的形状，如果想把某部分内容看清楚，单击鼠标指针所在位置，可以将该位置放大预览，再次单击就恢复原状。

4.6.4　打印工作表

执行"文件"菜单中的"打印"命令，弹出"打印"对话框（如图 4.100 所示）。在该对话框中有"范围"、"打印"、"份数"等选项组框。

图 4.100　"打印内容"对话框

"打印"框中有 3 个单选按钮，即"整个工作簿"、"选定工作表"和"选定区域"。

"整个工作簿"：选定该按钮会将工作簿中各工作表顺序打印出来。

"选定工作表"：选定该按钮将只打印当前活动的工作表，此为默认设置。

"选定区域"：如果执行"打印"命令之前事先设定了一个区域，再选择"选定区域"框，可只打印该选定区域，但这种选定区域是一次性的，不像前述"设置打印区域"可以重复使用。

在"份数"组框中，默认"打印份数"为 1，若需要打印多份可修改其值。

在"范围"组框中，默认选择"全部"单选项，若需要，可选择"页"，但必须在"由"及"至"框中选择输入打印的起、止页号。

在"打印机"组框中有"打印到文件"复选框，如果选择该框，可将要打印的信息保存到指定的磁盘文件中(默认不选择此框)。

用户可根据具体需要进行以上的打印设置,然后单击"确定"按钮即可打印输出。

4.7　本章小结

本章主要介绍了 Excel 2003 的工作窗口,工作簿、工作表、单元格及单元格区域的基本操作,包括数据输入、数据编辑与格式化,公式与函数,图表,数据管理,页面设置和打印等。Excel 主要突出对表格的格式化,数据计算及数据管理,是非常实用的软件之一。

思考题

1. Excel 2003 中,在一个单元格中输入=F3=500,第一个"="是公式标志,第二个"="是________运算符。[数学运算符、文本运算符、较运算符、引用运算符]

2. Excel 2003 为用户提供了大量的函数,利用插入函数功能,了解下列函数的含义和使用方法:IF、SUMIF,TODAY,NOW,DATE,YEAR,MONTH,DAY。

3. 现有"学生成绩"工作簿中(如图 4.101 所示),在单元格区域 E10:E14 中,分别计算"大学英语"各分数段人数;在单元格 E15 中,计算"大学英语"成绩的合格率。

提示:利用函数构造公式。

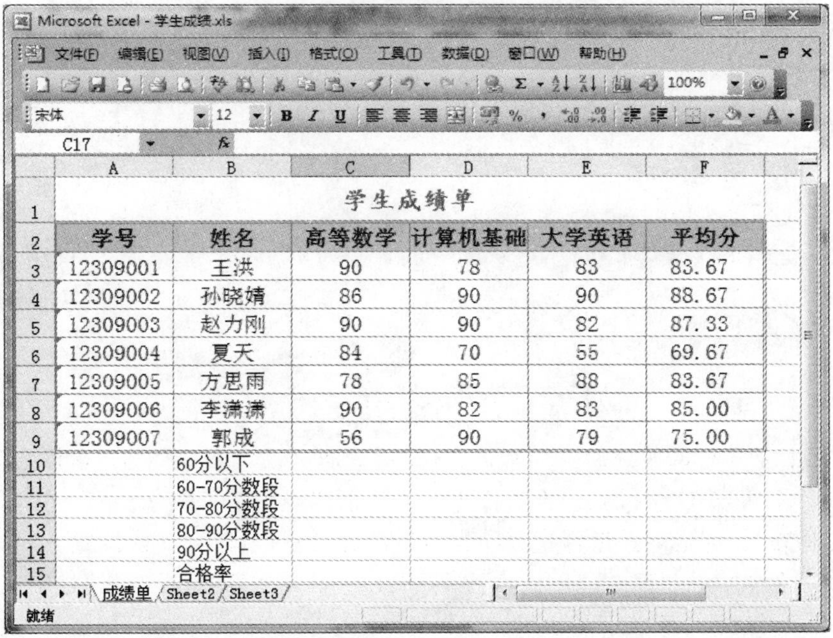

	A	B	C	D	E	F
1	学生成绩单					
2	学号	姓名	高等数学	计算机基础	大学英语	平均分
3	12309001	王洪	90	78	83	83.67
4	12309002	孙晓婧	86	90	90	88.67
5	12309003	赵力刚	90	90	82	87.33
6	12309004	夏天	84	70	55	69.67
7	12309005	方思雨	78	85	88	83.67
8	12309006	李潇潇	90	82	83	85.00
9	12309007	郭成	56	90	79	75.00
10		60分以下				
11		60-70分数段				
12		70-80分数段				
13		80-90分数段				
14		90分以上				
15		合格率				

图 4.101　学生成绩统计

4. 在"毕业生分配情况统计表"中(如图 4.55 所示),根据各年度(A2:A8)与"出国留学"(F2:F8)两项数据绘制三维饼图,系列产生在"列"上,图表名称为"出国留学人数统计图",显示百分比的数据标志。

5. 如何改变图表中图表区、绘图区、数据系列、坐标轴及图例等图表对象的文字、颜色及图案格式。

6. 在人事考评工作簿(如图 4.73 所示)中,按照"学历"从高到低(硕士、本科、大专、中专)排序。

提示:在"自定义序列"中添加新序列(硕士、本科、大专、中专),利用"数据"菜单下"排序"命令的"选项"对话框中,指定"自定义排序次序"。

第 5 章
PowerPoint 2003及其应用

PowerPoint 2003 是微软公司推出的,以幻灯片方式放映演示文稿的软件包,主要用于制作、编辑、维护、并播放幻灯片。

5.1 演示文稿的基本操作

本节重点介绍 PowerPoint 2003 的相关基本操作,首先介绍 PowerPoint 2003 的主要功能,然后讲述 PowerPoint 2003 的启动和退出、窗口组成、6 种视图及其特点。

5.1.1 PowerPoint 2003 的功能

PowerPoint 2003 是用于制作、维护和播放幻灯片的应用软件,利用它可以方便地创建演示文稿、讲义、提纲、演讲注释以及透明胶片等。可以在幻灯片中编辑文本、表格、组织结构图、剪贴画、图片、艺术字、公式、音频和视频等。

PowerPoint 2003 与以前的版本相比,新增了许多功能,主要功能包括以下几个方面。

(1) 将幻灯片打包成 CD 功能:利用 PowerPoint 2003 可以直接将幻灯片、播放器及相关的文件刻录到光盘上,制作成一个可自动播放的光盘。

(2) 播放器功能改进:PowerPoint 2003 中的播放器功能得到了很大改进,具有高保真输出功能,它与 Windows Media Player 集成,可以全屏播放视频和流式音频,也可以从幻灯片内显示视频播放控件。

(3) 墨迹注释功能:墨迹注释功能可以在做演示时使用墨迹标注幻灯片。PowerPoint 2003 在这方面有了很大的改进,它提供了多种字迹,而且可以随意擦除和保存墨迹。

(4) 智能标记功能:在 Word、Excel 中已经具有智能标记功能,现在 PowerPoint 2003 中也增加了该项功能。

5.1.2 PowerPoint 2003 的启动与退出

启动 PowerPoint 2003 主要有三种方式,第一种是在开始菜单中打开"所有程序→Microsoft Office→Microsoft Office PowerPoint 2003"启动 PowerPoint;第二种是在知道程序安装文件位置时,可以直接找到安装文件图标直接双击或在开始菜单下打开运行,浏览安装文件,确定打开;第三种方式为提前在桌面上建立 PowerPoint 2003 程序快捷方式,双击快捷方式打开程序。启动 PowerPoint 2003 后,打开 PowerPoint 2003,并新建一个空的演示文稿。

要退出 PowerPoint 2003 也有多种方法,在 PowerPoint 2003 窗口文件菜单单击"退出"按钮可以退出 PowerPoint 2003,另外单击标题栏关闭按钮、单击窗口控制按钮选关闭、双击窗口控制按钮或使用快捷组合键 Alt+F4 同样可以退出 PowerPoint 2003。

5.1.3　PowerPoint 2003 的窗口

PowerPoint 2003 的窗口组成与 Microsoft Office 软件中的其他界面类似,如图 5.1 所示,主要包括标题栏、菜单栏、工具栏、幻灯片编辑区、滚动条和状态栏。

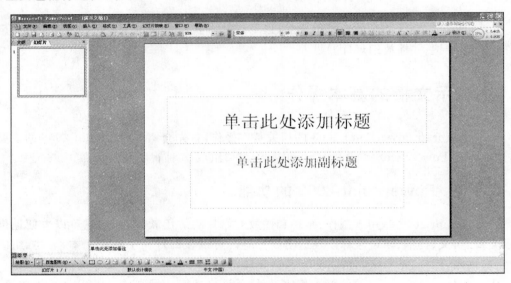

图 5.1　PowerPoint 启动窗口

5.1.4　PowerPoint 2003 的视图

PowerPoint 2003 提供了 6 种视图方式,即普通视图、幻灯片浏览视图、幻灯片放映视图、备注页视图、大纲视图和幻灯片视图。其中前三种视图为 PowerPoint 2003 的常用视图。用户可以根据建立、编辑、浏览或放映幻灯片的需要在视图菜单下进行幻灯片视图状态的切换,或者在 PowerPoint 2003 窗口水平滚动条左侧或窗口左侧窗格上侧单击相应按钮进行视图的切换。

1. 普通视图

在视图菜单下单击"普通"命令或在窗口水平滚动条左侧单击普通视图按钮图标 可以切换至普通视图,如图 5.2 所示。

普通视图是主要的编辑视图,主要功能可用于撰写或设计演示文稿。该视图有三个工作区域:左侧为可在幻灯片文本大纲("大纲"选项卡)和幻灯片缩略图("幻灯片"选项卡)之间切换的选项卡;右侧为幻灯片窗格,以大视图显示当前幻灯片;底部为备注窗格(备注窗格:在普通视图中键入幻灯片备注的窗格。可将这些备注打印为备注页或在将演示文稿保

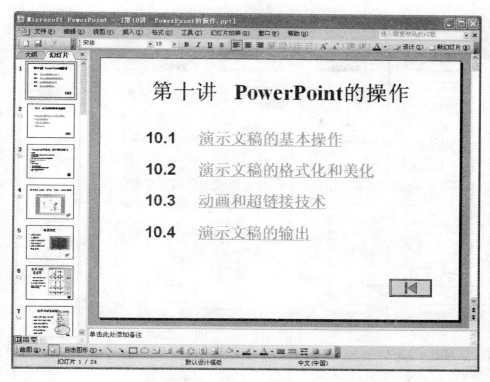

图 5.2　普通视图

存为网页时显示它们)。当窗格变窄时,"大纲"和"幻灯片"选项卡变为显示图标。如果仅希望在编辑窗口中观看当前幻灯片,可以用右上角的"关闭"框关闭选项卡。

2. 幻灯片浏览视图

在视图菜单下单击"幻灯片浏览"命令或在窗口左下角单击幻灯片浏览视图按钮图标 可以将演示文稿切换至幻灯片浏览视图。幻灯片浏览视图是将当前所有的幻灯片按其在演示文稿中的顺序,并以缩略图的形式显示幻灯片的视图,如图 5.3 所示。

结束创建或编辑演示文稿后,幻灯片浏览视图显示演示文稿的整个图片,在幻灯片浏览视图下主要可以对当前演示文稿中所有的幻灯片进行浏览,并可以方便地对幻灯片进行重新排列、移动、复制、添加或删除等基本操作;另外,在切换到幻灯片浏览视图下,出现了一个特殊的工具栏,即"幻灯片浏览"工具栏,在该工具栏上可以方便地设置隐藏幻灯片、设置幻灯片切换等效果。在幻灯片浏览视图下,每张幻灯片缩略图下显示了该幻灯片在文稿中的排序;另外,如果该幻灯片已设置切换效果,则其左下角还会显示切换效果显示图标,单击该图标可以预览幻灯片切换和动画效果。

3. 幻灯片放映视图

在视图菜单下单击"幻灯片放映"命令或在窗口左下角单击幻灯片放映按钮图标 可以将幻灯片切换到幻灯片放映视图。幻灯片放映视图的特点是当前选的幻灯片占据整个计算机屏幕,就像对演示文稿在进行真正的幻灯片放映,如图 5.4 所示。

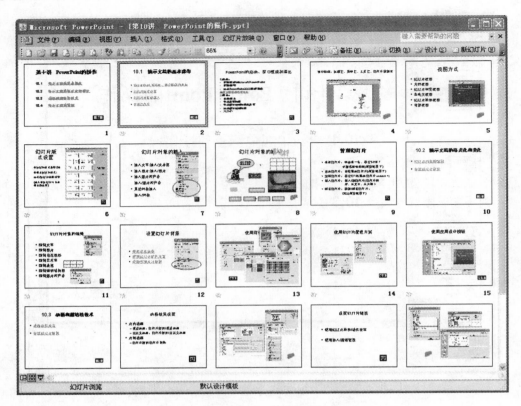

图 5.3　幻灯片浏览视图

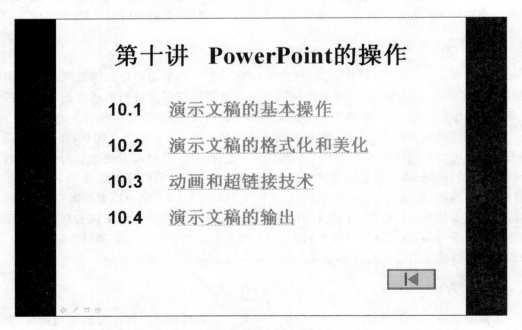

图 5.4　幻灯片视图

在这种全屏幕视图中，主要功能是对编辑的幻灯片进行预览，看到的幻灯片就是演示文稿放映时的模式，包括图形、时间、影片、动画（动画：给文本或对象添加特殊视觉或声音效果）元素以及将在实际放映中看到的切换效果。

4. 备注页视图

在视图菜单下单击"备注页"命令或在普通视图下使用鼠标调整幻灯片窗格和备注页窗格之间的分割线都可以打开备注页视图，备注页视图的特点为窗口上半部分为幻灯片编辑区，下半部分为备注窗格，如图5.5所示。

在备注页视图下，用户可以根据自己的需要针对当前幻灯片在备注窗格输入备注，备注内容一般为演示者对每张幻灯片的注释或提示，制作演示文稿的时候，用户可以使用这些备注，但在放映幻灯片时，这些备注内容不显示。

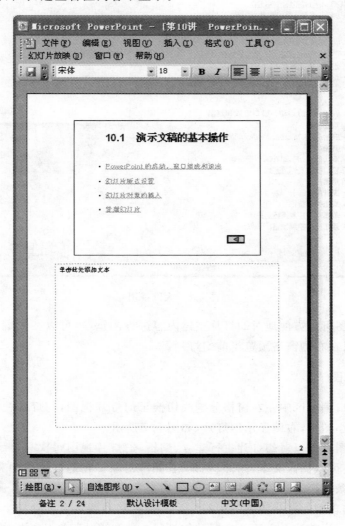

图5.5　备注页视图

5. 大纲视图

单击窗口左侧窗格上方的"大纲"标签可切换到大纲视图,大纲视图的特点是左侧显示幻灯片大纲,即每张幻灯片的各级标题,右侧显示当前选定幻灯片的缩略图,如图 5.6 所示。

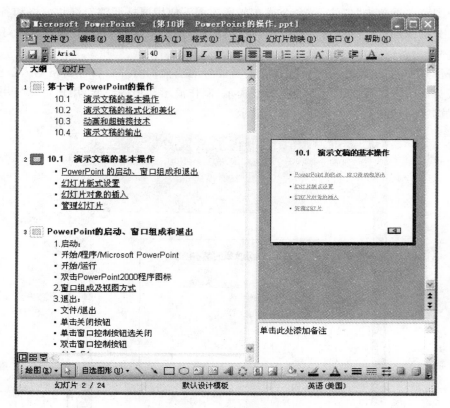

图 5.6　大纲视图

使用大纲视图可以方便地对幻灯片整体内容进行浏览,也可以在大纲上直接修改大纲内容,同时也可以在右侧窗格预览当前幻灯片。

6. 幻灯片视图

通过调节窗口编辑区中左右窗格分割线切换至幻灯片视图,幻灯片视图的特点是窗口左侧显示幻灯片小图标,右侧显示幻灯片,如图 5.7 所示。

在幻灯片视图下可以对幻灯片进行建立、编辑,幻灯片视图每次只显示一张幻灯片,在幻灯片视图下,还可以插入文本、图片、视频、音频等对象。在幻灯片视图和普通视图下,可以通过垂直滚动条切换幻灯片的显示,或者使用垂直滚动条上下端的"上一张幻灯片""下一张幻灯片"按钮实现到上一张或下一张幻灯片。鼠标移动到垂直滚动条上,按住鼠标左键,光标左下角会显示当前演示文稿的标题及幻灯片总数和当前幻灯片的排序。

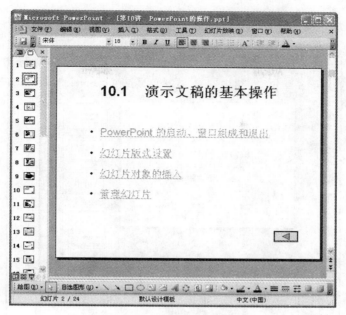

图 5.7　幻灯片视图

5.2　演示文稿的基本编辑

建立一个演示文稿后,可以对其每一张幻灯片进行编辑,主要包括演示文稿的创建和保持、幻灯片版式设置、幻灯片对象的插入及幻灯片管理。

5.2.1　演示文稿的创建和保存

创建演示文稿有两种方式,一是初次启动 PowerPoint 2003 会默认建立一个空演示文稿,或者在 PowerPoint 2003 已经启动的情况下使用新建命令 🗋 在窗口右侧打开新建演示文稿窗格,如图 5.8 所示。用户可以在该窗格选择相应的命令创建演示文稿。

1. 建立空演示文稿

启动 PowerPoint 2003 时默认建立空演示文稿,另外在图 5.8 所示新建演示文稿窗格中单击"空演示文稿"命令,可建立一个空演示文稿,界面如图 5.9 所示。空演示文稿中不包含

图 5.8　新建演示文稿窗格

任何的背景或其他效果修饰,用户可以根据自己的需要通过设置背景、添加文本、图片、音乐等对象建立具有自己的风格的演示文稿。在空演示文稿窗口右侧显示出了幻灯片版式任务窗格,用户单击相应的版式设置新幻灯片版式。对于不同的版式,有不同的占位符,用户可以根据占位符提示修饰幻灯片,或者添加或删除占位符。

图 5.9　建立空演示文稿

2. 根据设计模板创建演示文稿

在图 5.8 所示新建演示文稿窗格中单击"根据设计模板"命令,打开"应用设计模板"窗格,此时单击相应的应用模板,可利用 PowerPoint 提供的现有的模板自动快速创建演示文稿,如图 5.10 所示。

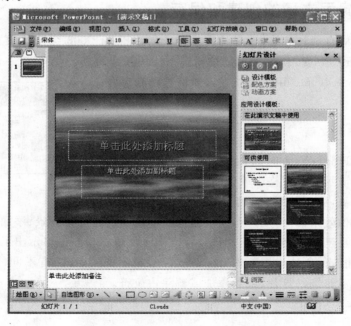

图 5.10　根据设计模板创建演示文稿

　　单击应用设计模板窗格下方的"浏览"按钮,可打开应用设计模板对话框,如图 5.11 所示。在该对话框中,用户可以选择 PowerPoint 2003 提供的演示文稿设计模板或用户下载的演示文稿。应用设计模板后,还可以根据自己的需要对各张幻灯片进行编辑或修饰。

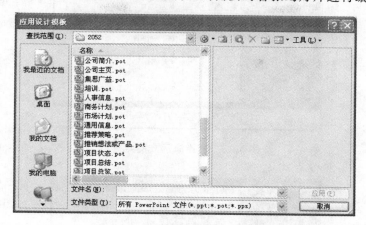

图 5.11　"应用设计模板"对话框

3. 根据内容提示向导创建

　　另外 PowerPoint 2003 还为用户提供了创建演示文稿的内容向导,具体方法为在图 5.8 所示新建演示文稿窗格中单击"根据内容提示向导"命令,打开"内容提示向导"界面,如图 5.12 所示。

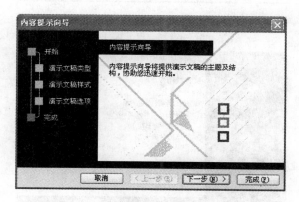

图 5.12　创建演示文稿内容提示向导

　　根据提示向导单击"下一步"按钮,选择演示文稿类型,如图 5.13 所示。列表中列出了多种类型的演示文稿类型,如常规、企业、项目、销售/市场、成功指南、出版物等。另外用户可以根据需要单击"添加"按钮,浏览本地其他演示文稿类型,添加到该列表中,或者选中某个类型后单击"删除"按钮,删除相应类型。鼠标单击选择相应的演示文稿类型,如"培训",单击"下一步"按钮,跳转到演示文稿样式选择对话框,如图 5.14 所示。

　　在此界面中选择使用的输出类型,可选的输出类型有屏幕演示文稿、Web 演示文稿、黑白投影机、彩色投影机、35 毫米幻灯片,选择输出类型前的单选钮,如"黑白投影机",单击"下一步"按钮,打开"演示文稿选项"界面,如图 5.15 所示。

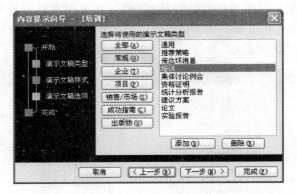

图 5.13 选择演示文稿类型

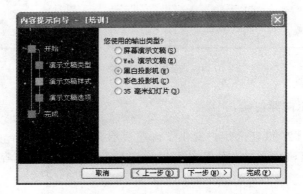

图 5.14 选择演示文稿样式

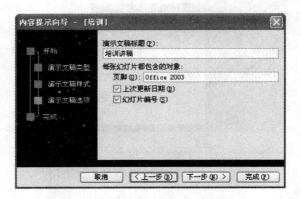

图 5.15 演示文稿选项

在演示文稿选项界面添加演示文稿标题,并设定每张幻灯片都包含的对象,如页脚、更新日期及幻灯片编号,设定相应选项内容,如输入演示文稿标题为"培训讲稿",页脚为"Office 2003",选中"上次更新日期"和"幻灯片编号"前的复选框,然后继续单击"下一步"按钮,打开完成向导对话框,如图 5.16 所示。

在完成内容向导对话框单击"完成"按钮,完成创建,此时便建立了一个按内容提示向导创建的演示文稿,如图 5.17 所示。此时建立的演示文稿只是按照提示建立一个演示文稿的概貌,用户可以在此基础上对其中的各张幻灯片的对象进行更加细致的修改、编辑或美化,最终完成演示文稿的创建。

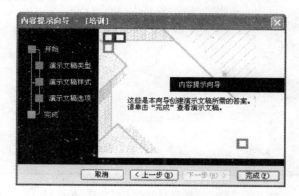

图 5.16　"内容提示向导"完成对话框

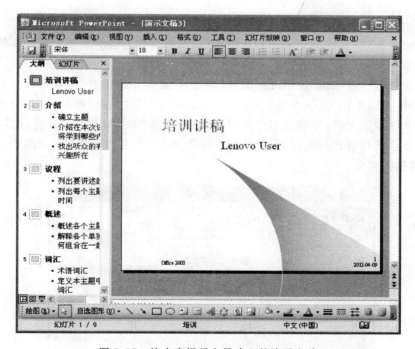

图 5.17　按内容提示向导建立的演示文稿

4. 根据现有演示文稿进行创建

用户还可以根据现有的演示文稿对新的演示文稿进行创建,具体操作方法为在图 5.8所示的"新建演示文稿"窗格单击"根据现有演示文稿"命令,打开根据现有演示文稿新建对话框,如图 5.18 所示。用户在此浏览计算机本地的演示文稿,单击创建后即可创建一个演示文稿,当前演示文稿的内容即为刚选择的本地的演示文稿,然后用户根据需要在此基础上对其进行进一步的修改、编辑或美化,最终得到满意的演示文稿。

图 5.18　"根据现有演示文稿新建"对话框

5. 创建相册

PowerPoint 2003 还提供了创建相册的功能,具体操作方法为在图 5.8 所示的新建演示文稿窗格中单击"相册"命令按钮,打开"相册"对话框,如图 5.19 所示。在该对话框单击"文件/磁盘"或"扫描仪/照相机"按钮选择图片,确定后"相册中的图片"列表中将显示选择的图片列表,另外还可以单击"新建文本框"按钮,添加一张幻灯片,创建相册后,用户可以单击幻灯片中的文本框输入文字,添加完幻灯片对象后,可以在图片列表中对其进行排序或删除,最后设置相册选项和版式,单击"创建"按钮完成创建,然后用户可以继续对演示文稿进行进一步修改、编辑或美化。

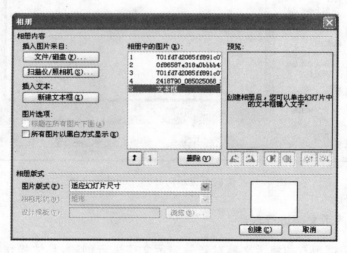

图 5.19　创建相册

当创建演示文稿时,PowerPoint 默认演示文稿名字为"演示文稿 1",对于新建的演示文稿,通过文件菜单下的"另存为"或"保存"命令,可打开"另存为"对话框,如图 5.20 所示。在此用户在文件名文本框输入文件名、在保存类型处选择文件保存类型,并选择保存位置,单击"保存"按钮后,完成演示文稿的保存。对于已经保存过的演示文稿,如果单击"保存"命令或工具栏上的保存命令图标,则按原文件名保存在文件原位置,如果单击"另存在"命令,则打开另存为对话框,用户同样输入新的文件名和类型,并选择保存位置,则在保留演示文稿原文件的基础上再保存一个文件副本。

图 5.20　"另存为"对话框

对于已创建并保存的演示文稿,用户可以打开对其进行浏览、编辑等操作,打开已有的演示文稿的方式主要有两种,一种为首先启动 PowerPoint 2003,在开始菜单下单击"打开"命令,或在工具栏上单击"打开"命令图标 ,打开"打开"对话框,如图 5.21 所示。用户浏览选择演示文稿,单击"打开"按钮,打开演示文稿。第二种方法为直接浏览选择演示文稿图标,双击打开即可。

图 5.21　"打开"对话框

5.2.2　幻灯片版式设置

1. 幻灯片版式的功能

幻灯片版式是 PowerPoint 软件中一种常规排版的格式,主要指幻灯片内容在幻灯片上的排列方式。版式由各占位符组成,占位符是一种带有虚线或阴影线边缘的框,绝大部分幻灯片版式中都有这种框。在这些框内可以放置标题及正文,或者是图表、表格和图片等对象。在占位符中可放置文字(例如,标题和项目符号列表)和幻灯片内容(例如,表格、图表、图片、形状和剪贴画(剪贴画:一张现成的图片,经常以位图或绘图图形的组合的形式出现))。PowerPoint 2003 提供了四组版式,分别为文字版式、内容版式、文字和内容版式、其他版式。

2. 幻灯片版式的设置

通过幻灯片版式的设置可以对幻灯片中的文字、图片等对象快捷合理的完成布局,对于初次建立空演示文稿时会自动打开幻灯片版式任务窗格,或者建立演示文稿后,在格式菜单下执行"幻灯片版式"命令打开幻灯片版式窗格,每次添加新幻灯片时,都可以在"幻灯片版式"窗格中选择一种版式,也可以选择一种空白版式,幻灯片版式窗格设置如图 5.22 所示。用户根据需要选择相应的版式,选定预设置幻灯片后单击版式图标即可将该版式应用于当前幻灯片,或者在幻灯片版式上单击右键选择"应用于选定幻灯片"也可以将该版式应用于当前幻灯片。另外,在版式上单击鼠标右键执行"插入新幻灯片"命令,即在当前幻灯片的后面插入一张以该版式为格式的新幻灯片。

图 5.22　幻灯片版式设置

用户可以对已设定好版式的幻灯片进行编辑,通过单击幻灯片中的占位符键入文本或图片、表格等对象,对于已设定好的版式,用户可以根据需要对其进行重排,例如将版式中的占位符移动到不同位置,调整其大小,以及使用填充颜色和边框设置其格式等,另外也可以对已应用版式的幻灯片进行修改,例如在文字版式中插入图片,或通过执行插入菜单中的"文本框"命令在原有的幻灯片版式中插入文本框占位符,进而进行进一步编辑。

在对幻灯片版式进行修改时也可以使用母版进行统一设置,具体操作方法在后面的章节中会有详细讲解。

5.2.3　幻灯片对象的插入

要制作内容丰富的演示文稿,需要在幻灯片中插入各种形式的对象,主要分为以下几种:

1.插入文字

在文字版式、文字和内容版式或其他版式中可以直接单击版式中的文本占位符键入文本,或者在插入菜单下执行"文本框"命令可以插入横排文本框或竖排文本框,然后在插入的文本框中键入文本。

2.插入图片

在 PowerPoint 2003 中可以插入图片对幻灯片进行修饰,可插入的图片包括剪贴画、来自文件的图片、来自扫描仪或照相机的图片、自选图形、艺术字及组织结构图,具体操作方法为打开插入菜单栏,鼠标移动到"图片"命令处弹出其子菜单,单击子菜单中的相应命令可插入相应图片。

1) 剪贴画

通过"插入→图片→剪贴画"可以在窗口右侧打开剪贴画任务窗格,如图 5.23 所示。在窗格中可以输入搜索剪贴画关键字,选择搜索范围(所有收藏集位置、我的收藏集、Web 收藏集)及结果类型(所有媒体类型、剪贴画、照片、影片、声音),单击"搜索"按钮,开始搜索符合条件的相关文件并显示,用户通过单击搜索结果插入一张剪贴画。

2) 来自文件的图片

在 PowerPoint 中可以插入计算机文件中的图片,执行"插入→图片→来自文件"打开"插入图片"对话框,如图 5.24 所示。用户可以在插入图片对话框中选择要插入的图片,单击"插入"命令按钮即可将其插入到幻灯片中。

图 5.23　"剪贴画"窗格　　　　　　　　图 5.24　"插入图片"对话框

3）来自扫描仪或照相机的图片

在计算机已连接照相机或扫描仪的情况下，在 PowerPoint 2003 中可以插入来自扫描仪或照相机中的图片，执行"插入→图片→来自扫描仪或照相机"，开始搜索当前连接的扫描仪或照相机设备，如果未连接相关设备，则提示未找到，如果已连接，则打开"插入来自扫描仪或照相机的图片"对话框，如图 5.25(a)所示，在该对话框选择连接的设备，单击"自定义插入"按钮，打开获取图片对话框，如图 5.25(b)所示，在此选择要插入的图片，单击"获取图片"命令按钮，即可将图片插入到幻灯片中。

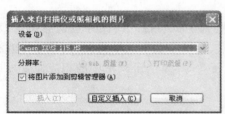

(a)"插入来自扫描仪或照相机的图片"对话框　　　　(b)获取图片对话框

图 5.25　插入来自扫描仪或照相机的图片

4）自选图形

在 PowerPoint 2003 中可以插入自选图形，执行插入/图片/自选图形打开自选图形工具栏，如图 5.26 所示。单击自选图形工具栏上的相关按钮图标打开相关图形集，鼠标单击选择某种自选图形，然后在幻灯片上通过拖动鼠标即可画出一个自选图形。

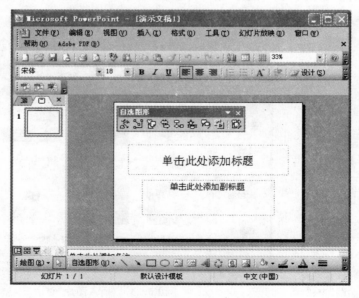

图 5.26　插入自选图形

5）艺术字

在 PowerPoint 2003 中可以插入艺术字，执行插入/图片/艺术字打开艺术字库，如图 5.27 所示。在艺术字库中选择一种艺术字样式，单击"确定"命令按钮，打开编辑"艺术字"文字对话框，如图 5.28 所示，在此键入艺术字的内容，并设置其字体、字号和字形，确定完成艺术字的插入。

图 5.27　"艺术字库"对话框

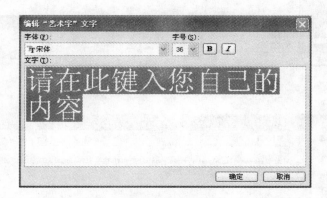

图 5.28　"编辑'艺术字'文字"对话框

6）组织结构图

在 PowerPoint 2003 中可以插入组织结构图，执行"插入→图片→组织结构图"插入一个组织结构图模板，同时打开组织结构图工具栏，如图 5.29 所示。然后在组织结构图模板中单击相应的形状添加文本，也可以通过使用组织结构图工具栏完成插入文本框形状、设置形状版式、选择相关形状等操作。

3．插入影片和声音

在 PowerPoint 2003 中可以插入影片和声音等多媒体文件使演示文稿更加生动，在"插入→影片和声音"的下拉菜单中选择相应的按钮可以插入影片，单击"剪辑管理器中的影片"可以插入剪辑管理器中的影片，单击"文件中的影片"可以打开"插入影片"对话框，如图 5.30 和图 5.31 所示。选择相应的视频文件后，单击"确定"按钮后插入影片，插入影片后幻灯片将出现视频播放界面,如图 5.31 所示。

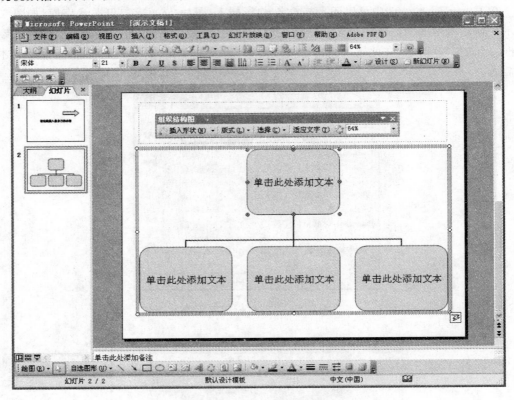

图 5.29 插入组织结构图

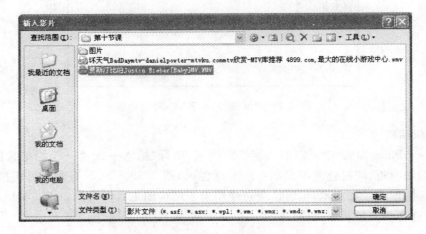

图 5.30 "插入影片"对话框

在"插入→影片和声音"下使用"剪辑管理器中的声音"命令、"文件中的声音"命令、"播放 CD 乐曲"命令、"录制声音"命令可以插入声音文件,打开"插入声音"对话框,如图 5.32 所示,选择相应的声音文件后确定插入,完成插入后幻灯片界面上会出现一个小喇叭的声音图标 ,播放幻灯片时,可以通过控制该图标播放声音。

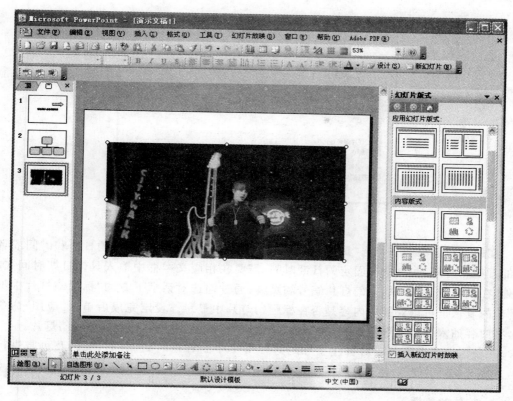

图 5.31　插入影片

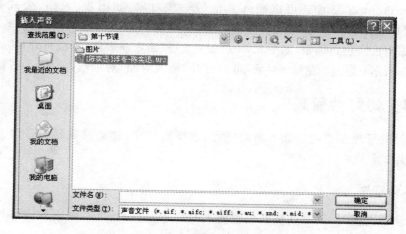

图 5.32　"插入声音"对话框

4. 插入日期和时间

在 PowerPoint 2003 中可以插入日期和时间作为幻灯片或备注和讲义的页眉页脚,插入日期和时间的方式有两种,在插入菜单下执行"日期和时间"命令,或者在视图菜单下执行"页眉和页脚"命令,都可以打开"页眉和页脚"对话框,在此可以插入日期和时间,如图 5.33所示。

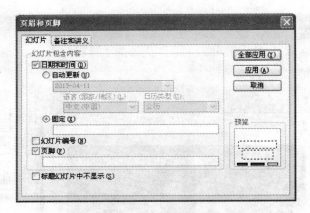

图 5.33 "页眉和页脚"对话框

在幻灯片选项卡下勾选"日期和时间"复选框,然后选择自动更新的日期和时间或者固定的日期和时间,如果选择固定的日期时间,需要在相应文本框中输入具体日期时间文本。另外,在该窗口还可以插入幻灯片编号和页脚,通过勾选对话框下方的"标题幻灯片中不显示"前的复选框可设置插入内容是否在标题幻灯片中显示。设定完成后单击"应用"命令按钮,将内容插入到当前选定幻灯片,单击"全部应用"按钮,将内容插入到每张幻灯片。

在备注选项卡下可以对备注页和幻灯片讲义中的日期时间、页眉、页码及页脚进行设置,方法与幻灯片选项卡下的内容插入相同。

5．其他对象插入

在 PowerPoint 2003 中还可以插入其他的一些对象,如图表、表格、公式等,通过"插入→图表"可以在幻灯片上插入图表模板,同时显示图表对应的数据表,用户可以通过对数据表中的数据对图表进行编辑,如图 5.34 所示;通过"插入→表格"可以打开"插入表格"对话框,如图 5.35 所示;通过"插入→对象"可以打开"插入对象"对话框,如图 5.36 所示。

5.2.4　幻灯片管理

对幻灯片的管理主要包括插入新幻灯片、选择幻灯片、移动或复制幻灯片、插入幻灯片及删除幻灯片。

1．插入幻灯片

在编辑演示文稿时,可以在任意位置插入幻灯片,包括插入一张新的幻灯片、幻灯片副本、从文件插入幻灯片、从大纲插入幻灯片,下面介绍具体操作方法。

(1) 插入新幻灯片:插入新幻灯片即在指定位置插入一张空白幻灯片,用户可以选择其版式并对其进行进一步的编辑。

首先通过鼠标单击两种幻灯片之间的空隙或选中第一张幻灯片,确定插入幻灯片的位置,然后在插入菜单下执行"新幻灯片"命令,则在两张幻灯片之间插入一张新的幻灯片;或者普通视图下鼠标单击幻灯片窗格中两张幻灯片之间的空隙,确定插入位置后按回车(Enter)键,则在鼠标选择位置添加一张新幻灯片。

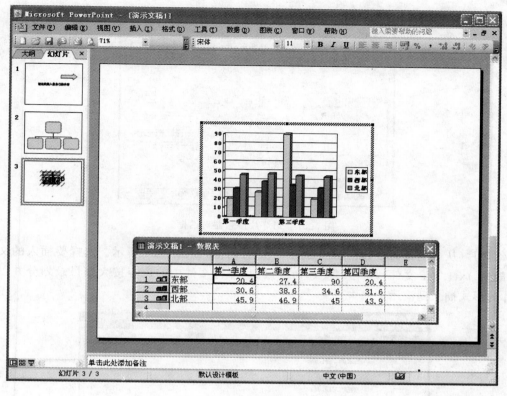

图 5.34　创建图表

图 5.35　创建表格　　　　　　图 5.36　"插入对象"对话框

（2）插入幻灯片副本：插入幻灯片副本是指首先选择一张幻灯片，然后在插入菜单下执行"幻灯片副本"命令，则在当前幻灯片的后面插入其副本。

（3）插入来自文件的幻灯片：如上操作，首先选择插入幻灯片的位置，在插入菜单下执行"幻灯片（从文件）"命令，则打开幻灯片搜索器对话框，如图 5.37 所示。单击"浏览"命令按钮选择相关演示文稿，确定后幻灯片搜索器中将显示演示文稿中的幻灯片，用户可以单击"全部插入"按钮将该演示文稿中的所有幻灯片插入到当前演示文稿中，或者选择其中部分幻灯片，执行"插入"命令按钮，即可将选中的几张幻灯片插入到当前幻灯片。

（4）插入来自大纲的幻灯片：如上操作，首先选择插入幻灯片的位置，在插入菜单下执

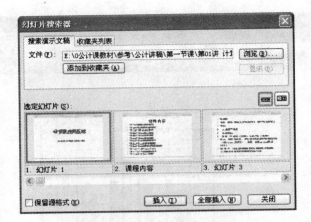

图 5.37　幻灯片搜索器对话框

行"幻灯片(从大纲)"命令,则打开"插入大纲"对话框,如图 5.38 所示。选择要插入的文件(一般为.txt、.doc 文件),单击"插入"命令按钮,即将文件中的内容按大纲目录划分并以幻灯片的形式插入到演示文稿中。

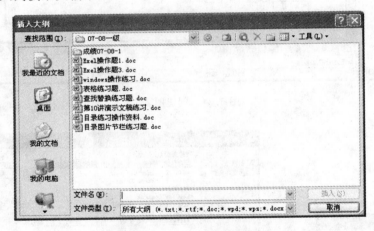

图 5.38　"插入大纲"对话框

2.选择幻灯片

如果对幻灯片进行操作,首先需要选中幻灯片,幻灯片的选择一般在浏览视图下完成,主要有以下几种方法:

(1)鼠标单击选择一张幻灯片。

(2)选择一张幻灯片后,按住 Ctrl 键添加或取消多张幻灯片的选择。

(3)选择一张幻灯片后,按住 Shift 键单击另一张幻灯片,选择两张幻灯片之间的连续区域。

(4)在浏览视图下,使用鼠标拖动的方式选择多张连续的幻灯片。

3.移动或复制幻灯片

幻灯片的移动或复制一般在浏览视图下完成,首先选择要执行操作的幻灯片,执行移动或复制命令(在编辑菜单下执行剪切或复制命令或者使用剪切或复制的快捷组合键),然后确定幻灯片的粘贴位置,执行粘贴命令(在编辑菜单下执行粘贴命令或者使用粘贴的快捷组合键)。另外,还可以通过直接拖动幻灯片到指定位置,完成幻灯片的移动,按住 Ctrl 键拖动可以实现幻灯片的复制操作。

4. 删除幻灯片

如果要删除幻灯片可以在幻灯片视图或浏览视图下选择相应幻灯片,然后在编辑菜单下执行"删除幻灯片"命令,完成幻灯片的删除,或者选中幻灯片后直接按 Del 键也可以完成幻灯片的删除操作。

5.3 演示文稿的格式化和美化

在 PowerPoint 2003 中,可以对幻灯片及其中的对象进行格式化和美化,主要包括对幻灯片中对象的格式设置、幻灯片背景的设置、应用设计模板的使用及幻灯片模板的使用。

5.3.1 幻灯片对象格式设置

幻灯片中对象格式的设置主要包括对文本格式的设置、图片格式的设置、声音格式的设置及视频格式的设置等。

1. 文本格式设置

幻灯片中对于文本的移动、复制、删除与 Word 中的操作类似,在此不做赘述,在对文本进行格式化之前首先需要对文本进行选择,除了通过鼠标拖动的方式进行选择外,还可以通过单击文本所在文本框的边框对文本框内的所有文本进行选择,然后对其进行格式化操作,下面主要介绍文本格式的设置。

1) 文本的字体、字形、字号设置

首先选择要进行格式化的文本或文本框,然后在格式菜单下选择"字体"命令,打开字体设置对话框,如图 5.39 所示。在该对话框中选择所需的字体、字形、字号、颜色及其他效果,单击"确定"按钮即可。

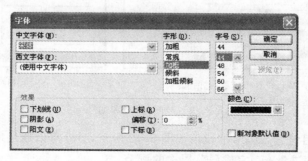

图 5.39 "字体"对话框

2）文本对齐方式

首先选择要设置对齐方式的文本或文本框，在格式菜单下打开"字体对齐方式"的下拉菜单，单击选择相应的对齐方式，包括顶端对齐、居中对齐、罗马方式对齐及底端对齐，另外还可以在工具栏上直接单击相应的对齐方式按钮进行操作，如左对齐 、居中对齐、右对齐、分散对齐。

3）段落行距设置

在演示文稿中，同样可以设置段落间或段落内行与行之间的距离。首先选择要进行设置的段落，然后打开格式菜单执行"行距"命令打开"行距"对话框，如图 5.40 所示。

图 5.40 行距对话框

在此对段内行距、段前及段后距离进行设置后，单击"确定"按钮即可完成操作，此时对于占位符里的文本会随行距的变化调整大小以适应占位符的大小。

4）项目符号和编号

在演示文稿中可以通过使用项目符号和编号增强讲稿的层次性和条理性，使文稿更易阅读，项目符号和编号一般用在层次小标题的开始位置，添加项目符号或编号的具体操作步骤为：首先选取要添加项目符号或编号的段落，然后打开格式菜单执行"项目符号和编号"命令，打开"项目符号和编号"对话框，如图 5.41（a）所示。选择相应的项目符号或编号，单击"确定"按钮后完成项目符号或编号的添加。在添加项目符号或编号时可以调整符号或编号的高度和颜色，另外对于项目符号除了常用的 7 种外，还可以单击"图片"按钮，在打开的"图片"项目符号对话框中选择相应图片添加为项目符号，如图 5.41（b）所示。

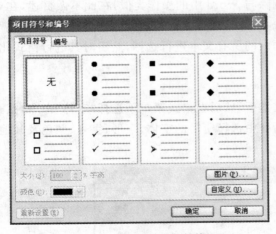

(a)"项目符号和编号"对话框　　　　(b)"图片项目符号"对话框

图 5.41　项目符号和编号

对于添加完项目符号或编号的段落如图 5.42 所示，另外可以通过使用工具栏上的减少缩进量和增加缩进量完成段落层次的调节。

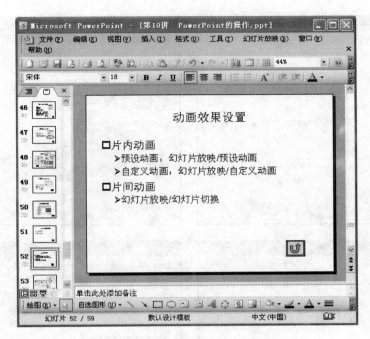

图 5.42　添加项目符号后的效果

2．文本框格式设置

在演示文稿中可以对文本框进行格式设置，具体操作方法为首先通过单击文本框边框选中预进行设置的文本框，然后在格式菜单下执行"占位符"命令或在右键快捷菜单中执行"设置占位符格式"，打开"设置占位符格式"对话框，如图 5.43 所示。在"颜色和线条"选项卡中可以设置对话框的填充颜色、线条及箭头形状大小等，在"尺寸"选项卡下可以设置文本框的尺寸和旋转角度、缩放比例等，在"位置"选项卡下可以设置文本框在幻灯片上的位置，在文本框对话框下可以设置文本锁定点、内部边距等，另外还有"图片"选项卡和"Web"选项卡分别可以对图片和 Web 格式进行设置。

3．图片格式设置

在演示文稿中也可以对图片对象进行格式化，具体方法与 Word 中类似，主要通过图片工具栏完成相关操作，单击图片或在视图菜单→工具栏中可以打开图片工具栏，如图 5.44 所示。

4．声音格式设置

在幻灯片中插入声音时，会自动弹出对话框询问"您希望在幻灯片放映时如何开始播放声音？"，用户可以在对话框中选择"自动"或"在单击时"设定声音播放的方式，如图 5.45 所示。插入声音后在声音图标 ⏺ 上单击右键，在弹出的快捷菜单中选择"编辑声音对象"命令，可以打开"声音选项"对话框，如图 5.46 所示。在该对话框中可以设置声音的播放模式、音量、声音图标的显示等属性。

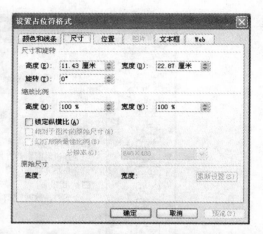

图 5.43　"设置占位符格式"对话框

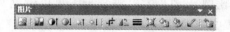

图 5.44　图片工具栏

图 5.45　设置声音播放方式

图 5.46　"声音选项"对话框

5. 视频格式设置

在幻灯片中插入视频文件时,同样会弹出对话框询问"您希望在幻灯片放映时如何开始播放影片?",用户可以在对话框中选择"自动"或"在单击时"设定视频开始播放的方式,如图 5.47 所示。插入视频后在影片图标上单击右键,在弹出的快捷菜单中选择"编辑影片对象"命令,可以打开"影片选项"对话框,如图 5.48 所示。在此对话框可以设置影片的播放模式、声音音量、播放时显示选项等属性进行设置。

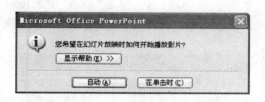

图 5.47　播放影片选项对话框

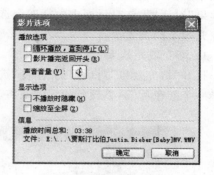

图 5.48　"影片选项"对话框

5.3.2　幻灯片背景设置

通过对幻灯片的颜色、背景图片或填充效果的更改,可以使幻灯片的背景获得不同的效果,使演示文稿更加美观。在格式菜单下单击"背景"命令,打开背景对话框可以对幻灯片的背景进行设置,如图 5.49 所示。

1. 颜色填充

可以对幻灯片的背景颜色进行修改,在"背景"对话框中单击下拉列表按钮,单击列表中列出的几种颜色色块选择背景填充颜色,或者单击其他颜色,在打开的"颜色"对话框中选择相应颜色,如图 5.50 所示;也可以在"颜色"对话框的自定义选项卡下选择颜色模式,输入各颜色指标数值,确定后背景对话框中将出现填充效果预览,单击"预览"按钮预览幻灯片填充效果,单击"全部应用"按钮可将当前颜色填充效果应用于演示文稿中所有幻灯片,单击"应用"按钮将当前颜色填充效果应用于当前选定幻灯片,单击"取消"按钮,取消填充。

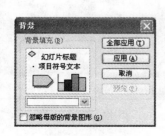

图 5.49　"背景"对话框

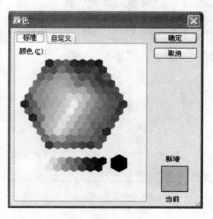

图 5.50　"颜色"对话框

2．填充效果

PowerPoint 2003 中为幻灯片的背景色提供了 4 种填充效果,即渐变效果、纹理效果、图案效果及图片填充效果。在背景对话框中的下拉列表中单击"填充效果"命令可以打开"填充效果"对话框,该对话框中包括四个选项卡,用户可以根据需要选择相应的选项卡进行背景填充效果的设置。

1）渐变填充效果

打开"填充效果"对话框的"渐变"选项卡,如图 5.51(a)所示。单击"单色"单选按钮,可选择一个颜色后,调整颜色的深浅及将底纹样式设置为幻灯片背景;单击"双色"单选按钮,

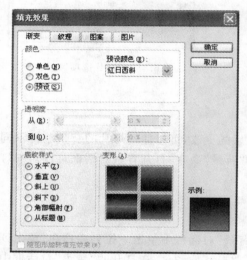

(a)"渐变"选项卡

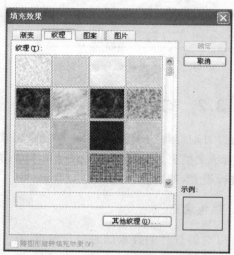

(b)"纹理"选项卡

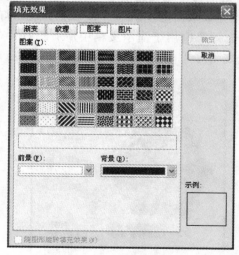

(c)"图案"选项卡

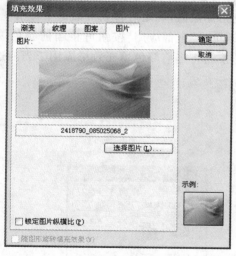

(d)"图片"选项卡

图 5.51　填充效果

可选择两种颜色，并在"底纹样式"下设置样式后确定设置为背景颜色；单击"预设"单选按钮，可在预设颜色列表中选择相应的预设效果，并可以设置其底纹样式，确定为幻灯片背景。

2）纹理填充效果

在"填充效果"对话框单击"纹理"选项卡打开纹理填充效果对话框，如图 5.51（b）所示。选择相应的纹理样式后，单击"确定"按钮将其设置为幻灯片背景。也可以在此选项卡下单击"其他纹理"按钮，选择本地的纹理样式并将其设置为幻灯片背景。

3）图案填充效果

在"填充效果"对话框单击"图案"选项卡打开图案填充效果对话框，如图 5.51（c）所示。在图案选项卡下选择一种图案样式，设定图案的前景色和背景色，确定设置为幻灯片的背景。

4）设置图片背景

在"填充效果"对话框单击"图片"选项卡打开图片填充效果对话框，如图 5.51（d）所示。在该选项卡下单击"选择图片"按钮，选择本地一张图片后，确定设置为幻灯片背景。

5.3.3　应用配色方案

配色方案中包含八种常用对象的颜色设置，用于演示文稿中的各组件颜色格式的设置，即背景、文本和线条、阴影、标题文本、填充、强调、强调文字和超链接，以及强调文字和已访问的超链接。

在格式菜单下执行"幻灯片设计命令"或在工具栏上单击"设计"命令图标打开幻灯片设计窗格，单击"配色方案"图标按钮即可打开 PowerPoint 2003 中提供的配色方案窗格，如图 5.52 所示。单击某一配色方案即可将该配色方案应用于演示文稿中的所有幻灯片，或者在某一配色方案上单击鼠标右键，在弹出的快捷菜单中可以选择将该配色方案应用于当前幻灯片或者应用于所有幻灯片，另外在右键快捷菜单中可以设置配色方案图标的显示方式是否为大型预览。

对于现有的配色方案，用户可以根据需要对其进行编辑，具体操作方法为：首先选择一种配色方案，在"幻灯片设计"窗格下方单击"编辑配色方案"按钮，打开"编辑配色方案"对话框，在"编辑配色方案"对话框中有两个选项卡，"标准"选项卡和"自定义"选项卡，如图 5.53 所示。在标准选项卡下可以应用配色方案或删除配色方案。在自定义选项卡下，可以对配色方案的各部分颜色进行修改，如背景颜色、文本和线条颜色、填充颜色等，并可将修改后的配色方案添加为标准配色方案，或直接应用。

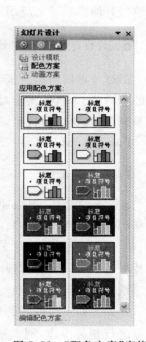

图 5.52　"配色方案"窗格

5.3.4　应用设计模板的使用

建立演示文稿后可以应用设计模板对其进行美化，使用设计模板与根据设计模板创建

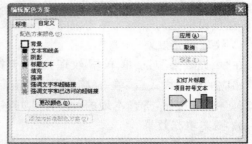

图 5.53 "编辑配色方案"对话框

演示文稿的方式类似,即在建立演示文稿后,在格式菜单下执行"幻灯片设计"命令或在工具栏单击设计图标打开"幻灯片设计"窗格,如图 5.10 所示。单击窗格中显示的应用设计模板可以将该设计模板应用于所有幻灯片,在相应模板缩略图上单击鼠标右键,在打开的快捷菜单中可以选择将该模板应用于所有幻灯片或当前幻灯片,同样也可以在该快捷菜单中设置是否显示模板的大型预览。另外,还可以在"幻灯片设计"窗格的下方单击"浏览"按钮,选择本地的其他模板确定应用。

5.3.5 幻灯片母版的使用

幻灯片母版是指一张已设置了特殊格式的占位符,通过母版可以对演示文稿各幻灯片中的标题、文本以及其他对象进行统一设置。使用母版建立演示文稿,可以快速地对幻灯片对象进行格式化,而且能够使演示文稿的风格更加统一。

PowerPoint 2003 中提供了三种母版,即幻灯片母版、讲义母版和备注母版。

1. 幻灯片母版

在演示文稿中,可以通过幻灯片母版的设置对所有幻灯片及其中对象的属性进行设置,包括幻灯片中文本、字号、占位符大小及位置等,另外还能在幻灯片母版中设置幻灯片背景色、项目符号样式等。对于在每张幻灯片的相同对象,例如相同的图片或文本,也可以在幻灯片母版中插入,使幻灯片的编辑更加快捷。

通过"视图→母版→幻灯片母版"命令打开幻灯片母版的编辑窗口,如图 5.54 所示。

在此界面下可以对幻灯片中的各对象格式进行设置,另外在幻灯片母版视图工具栏中可以进行相关操作,例如插入新幻灯片母版 ▣,插入新标题母版 ▣(对标题幻灯片和其他幻灯片的格式分别进行设置)、删除母版 ▣、保护模板 ▣(防止删除应用该母版的幻灯片时将母版自动删除)、重命名母版 ▣、设置母版版式 ▣,设置完母版格式后在工具栏上单击"关闭模板视图"即可应用该母版。

2. 讲义母版

使用讲义母版主要可以实现对幻灯片讲义中的各对象格式进行设置,主要包含讲义中幻灯片的布局,页眉、页脚、日期区及数字区占位符的重新定位、调整大小及其他格式的设

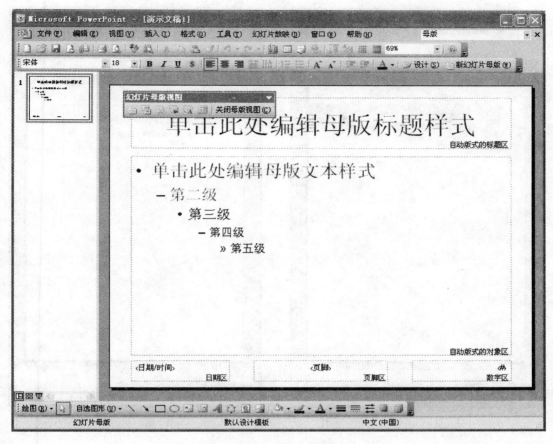

图 5.54　幻灯片母版

置。对讲义母版所做的任何更改在打印大纲时也会显示出来。

通过"视图→母版→讲义母版"打开讲义母版窗口,并同时打开讲义母版视图工具栏,如图 5.55 所示。使用"讲义母版视图"工具栏上的按钮可以改变讲义中幻灯片的讲义位置,如显示每页 4 张幻灯片的讲义位置 ,显示每页 6 张幻灯片的讲义位置 等。另外还可以直接使用鼠标拖动的方式调整讲义中页眉、页脚、日期区及数字区占位符的位置及大小,也可以在相应占位符上单击鼠标右键,执行"设置占位符格式"命令,对占位符格式进行详细设置。设定完讲义母版后,单击讲义母版视图工具栏上的"关闭母版视图"命令应用该母版。

3. 备注母版

执行"视图→母版→备注视图"打开备注视图编辑窗口及备注母版视图工具栏,如图 5.56所示。在备注母版中包含幻灯片模板的缩小画面和备注编辑区,在该视图下可以对备注占位符的格式进行设置,另外还可以对页眉区、页脚区、日期区及数字区的格式进行设置,设置完成后单击备注母版视图工具栏上的"关闭母版视图"即可应用该母版。

图 5.55　讲义母版

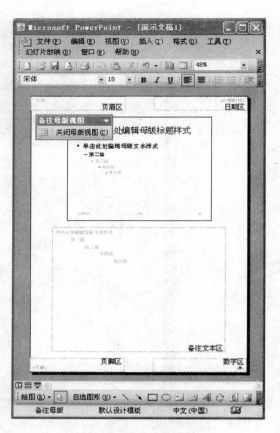

图 5.56　备注母版

5.4　演示文稿的高级编辑

　　完成了演示文稿的基本操作后,可以对其进行高级编辑,使演示文稿更加美观、易操作。演示文稿的高级编辑主要包括幻灯片动画效果的设置、超级链接的使用及动作按钮的使用。

5.4.1　幻灯片动画设置

　　设置动画效果不但可以为幻灯片设计更加丰富的版面,还能在很大程度上提高演示文稿的趣味性,幻灯片动画包括片内动画和片间动画。为幻灯片中的对象设置动画效果可以采用动画方案和自定义动画两种方式,可应用的动画设置方法有以下几种:

1. 动画方案

　　使用预设的动画方案的具体步骤为:首先打开预设置动画效果的演示文稿,选择相应的幻灯片,在幻灯片菜单下执行"动画方案"命令打开动画方案任务窗格,如图 5.57 所示,在"应用于所选幻灯片"下的列表中单击相应动画方案,即可完成选中幻灯片中的对象的动画设置。单击窗格下的"应用于所有幻灯片"按钮可以将所选动画方案应用到当前演示文稿的所有幻灯片。单击"播放"按钮可以在当前视图下预览幻灯片的动画效果,或者选中"自动预览"前的复选框,则每次设定完动画方案后可以自动预览动画效果。若想删除已设定的动画方案,在"应用于所选幻灯片"下的动画列表中单击"无动画"即可。

图 5.57 "动画方案"窗格

图 5.58 "自定义动画"窗格

2. 自定义动画

设置自定义动画的具体步骤为:首先显示要设置自定义动画的幻灯片,然后选择幻灯片内设置动画的对象,打开幻灯片放映菜单执行"自定义动画"命令,打开自定义动画任务窗格,如图 5.58 所示,单击"添加效果"按钮右侧的三角图标 ▼,打开自定义动画效果列表,选择相应的动画效果进行设置。

1)"进入"动画效果

选择"进入"命令,在下拉列表中选择动画效果,如图 5.59 所示。对选中的对象进入幻灯片的效果进行设置,或者选择"其他效果"命令,可以查看更多的自定义动画效果。

(a) "进入"动画效果

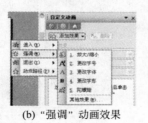

(b) "强调"动画效果

(c) "退出"动画效果

(d) "动作路径"动画效果

图 5.59 添加动画效果

2）"强调"动画效果

可以对幻灯片中的文本或对象设置进入幻灯片后的效果，例如通过改变字体、字号达到强调的效果，在"强调"命令下选择相应的动画效果即可。

3）"退出"动画效果

如果想设定幻灯片中的对象在退出幻灯片时发生动画，可以在"退出"命令下选择相应的退出动画效果。

4）"动作路径"动画效果

在"动作路径"命令下还可以为对象设置动画路径或绘制动画路径。

动画效果设定完后在自定义动画窗格中将显示已设定的对象动画列表，如图 5.60 所示。然后针对某一动画的属性可以进行详细设置。首先通过鼠标单击的方式选中某一自定义动画项，通过执行"更改"命令或"删除"命令实现该动画效果的修改或删除；在"开始"列表中设定动画开始播放的方式；在"方向"列表下设定动画的播放方向，如选择动画效果为"百叶窗"，通过"方向"列表的选择可以设置是水平百叶窗还是垂直百叶窗；在"速度"列表下可以设定动画播放的速度；通过动画列表下的"向上"⬆或"向下"按钮⬇调整各动画的播放顺序，或者直接通过鼠标拖动的方式调整其播放顺序。

在已设定好的动画列表上单击右键，在弹出的快捷菜单中可以实现对动画的高级设置。

3．幻灯片切换效果的设置

在 PowerPoint 中可以对幻灯片设置切换效果，这种效果将在移走当前幻灯片并显示新幻灯片时出现。

设置幻灯片的切换效果的具体操作步骤为：首先选择要设置切换效果的幻灯片，然后在幻灯片放映菜单下执行"幻灯片切换"命令，打开"幻灯片切换"任务窗格，如图 5.61 所示。在"应用于所选幻灯片"列表中选择相应的切换效果，即可完成为所选幻灯片切换效果的设置。另外也可以通过选择切换效果后，单击窗格中的"应用于所有幻灯片"按钮，将该切换效果应用于演示文稿中所有幻灯片。如果要取消幻灯片切换效果，则直接在"应用于所选幻灯片"列表下选择"无切换"即可。

图 5.60 "自定义动画"列表

图 5.61 "幻灯片切换"窗格

选择切换效果后可以对其进行进一步的设置，具体操作方法为选择切换效果，然后在"修改切换效果"标签下可以设置幻灯片切换的速度（快速、中速、慢速）和切换声音；在"换片方式"标签下可以设置在"单击鼠标时"切换或"每隔几秒"切换；在窗格下单击"播放"按钮可以在当前视图下预览幻灯片的切换效果，如果已勾选"自动预览"，则在每次设置幻灯片切换效果后都会自动预览其效果，单击"幻灯片放映"则可将演示文稿切换至幻灯片放映视图。

5.4.2　幻灯片超级链接的设置

在演示文稿中，可以为幻灯片中的对象设置超级链接，主要通过鼠标单击或移动为演示文稿中的文本或其他对象创建超链接，实现与演示文稿中另一张幻灯片、另一份演示文稿、某个 Word 文档或 Internet 地址之间的跳转，或者鼠标移动或单击时启动播放声音等动作。在演示文稿中有两种方式可以创建超级链接，即插入超级链接和动作设置。

1. 插入超级链接

（1）打开要设置超级链接的幻灯片，并确保该演示文稿已保存，如果没有保存文稿直接设置超级链接，则不能建立演示文稿与链接文件的相对链接。

（2）选择要设置超级链接的文本或对象。

（3）在插入菜单下执行"超链接"命令，打开"插入超链接"对话框，如图 5.62 所示。

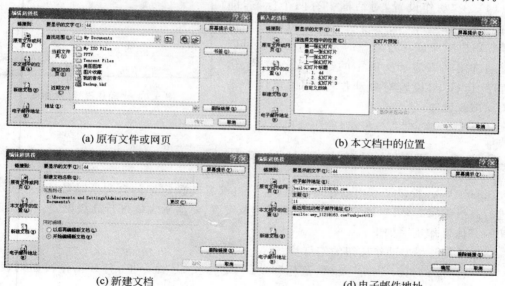

(a) 原有文件或网页　　(b) 本文档中的位置

(c) 新建文档　　(d) 电子邮件地址

图 5.62　"插入超级链接"对话框

（4）在插入超链接对话框中可以链接到四类位置，首先可以链接到"原有文件或网页"，单击"原有文件或网页"按钮，然后在对话框中可以选择本地已保存文件或输入网页地址，确定完成超级链接，如图 5.62(a)所示。然后在幻灯片放映视图下，单击设置超级链接的对象后则会打开链接文件或网址；单击"本文档中的位置"按钮，对话框中将列出当前演示文稿中的幻灯片标题，如图 5.62(b)所示，用户选择相应的幻灯片标题，确定设置超级链接，在幻灯片放映视图下,单击设置超级链接的对象后则会跳转到链接到的幻灯片;单击"新建文档"按钮,在对话框中输入新建文档名称及存储路径,确定即可完成超级链接的设置,如图5.62(c)所示。在幻灯片放映视图下,单击设置超级链接的对象即可打开链接文档;或者单击"电子邮件地址"按钮,在打开的对话框中输入电子邮件地址,设置链接到相关邮件,如图5.62(d)所示。

设置超级链接还可以对它进行设置,具体方法为选择已设置超级链接的对象,单击鼠标右键,在弹出的快捷菜单中选择"编辑超级链接"或"删除超级链接"可以实现超级链接的编辑或删除操作。

2. 动作设置

除了使用"插入超链接"为幻灯片对象设置链接之外,还可以使用为对象设置动作,实现链接的效果,具体操作步骤如下:

(1) 打开预设置动作的幻灯片。

(2) 选择要设置超级链接的文本或对象。

(3) 打开幻灯片放映菜单,执行"动作设置"命令,打开"动作设置"对话框,如图5.63所示。

(4) 在"动作设置"对话框中有两个标签,即"单击鼠标"标签和"鼠标移动"标签,可以分别设置鼠标单击对象或移过对象时发生的动作。可以设置超链接到该演示文稿中的某一张幻灯片、运行程序、运行宏、设置对象动作等,同时可以为动作添加声音设置。

图5.63 "动作设置"对话框

(5) 单击"确定"命令按钮,完成动作设置。

5.4.3　幻灯片动作按钮的使用

PowerPoint提供了一组动作按钮,这些按钮都有其预定好的含义及功能,在对演示文稿进行高级编辑时,可以通过动作按钮的添加及设置,对演示文稿进行高级设置。添加动作按钮的具体操作步骤如下:

(1) 打开要添加动作按钮的幻灯片。

(2) 打开"幻灯片放映"菜单,鼠标移动到"动作按钮"命令上,打开动作按钮列表,如图5.64(a)所示。

(3) 鼠标单击一种要插入的按钮,光标变成十字形。

(4) 在幻灯片选定位置上单击鼠标即可插入一个动作按钮,同时打开"动作设置"对话框,如图5.64(b)所示。

(5) 在"动作设置"对话框中有两个标签,即"单击鼠标"和"鼠标移过",分别设置当鼠标单击或移过时发生的动作。

(6) 打开"单击鼠标"标签,在对话框中可以设置单击鼠标时发生的动作,如链接到演示文稿中的某一张幻灯片、运行程序、运行宏或设置对象动作,同时还可以为鼠标单击时设置

(a) "动作按钮"对话框　　　　　　　(b) "动作设置"对话框

图 5.64　动作按钮及设置

声音。

（7）打开"鼠标移过"标签，在对话框中可以设置鼠标移过时发生的动作，具体设置方法与设置单击鼠标时相同。

（8）单击"确定"完成动作按钮的设置。

在幻灯片放映视图下，单击动作按钮，即可链接到某张幻灯片、执行动作或播放声音。

5.5　演示文稿的放映与输出

5.5.1　设置幻灯片放映方式

1. 幻灯片放映

完成演示文稿的编辑后，可以对幻灯片进行放映，主要有以下 4 种方式：

（1）打开"视图"菜单，执行"幻灯片放映"命令。

（2）单击屏幕左下方的"幻灯片放映"按钮。

（3）打开"幻灯片放映"视图，执行观看放映命令。

（4）按 F5 键。

其中第二种方式的效果是从当前幻灯片开始放映，其他三种方式为从第一张幻灯片开始播放。

2. 设置放映方式

在放映之前需要对其放映方式进行设置，并最终将演示文稿输出。

设置幻灯片放映方式的具体步骤为：

（1）打开"幻灯片放映"菜单执行"设置放映方式"命令，打开"设置放映方式"对话框，如图 5.65 所示。

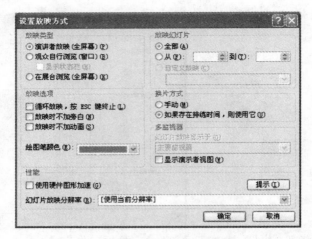

图 5.65 "设置放映方式"对话框

（2）在"放映类型"标签下设置演示文稿放映类型，其中包括：

① 演讲者放映（全屏幕）：以全屏幕形式放映幻灯片，放映时，演讲者可以通过鼠标单击、空格、PageUp、PageDown 键或快捷菜单实现幻灯片的切换，幻灯片播放完或单击 Esc 键可退出放映模式。另外在幻灯片放映时，演讲者可以使用绘图笔在演示文稿上做勾画。

② 观众自行浏览（窗口）：以窗口形式显示幻灯片，可以通过垂直滚动条或浏览菜单实现幻灯片的切换，通过 Esc 键或编辑菜单下的"编辑幻灯片"命令可以退出演示文稿的放映。

③ 在展台浏览（全屏幕）：以全屏幕形式在展台上演示，放映幻灯片时，除了保留鼠标指针用于选择屏幕对象外，其余功能全部失效，通过按 Esc 键退出幻灯片放映视图。

（3）在"放映幻灯片"标签下设置放映幻灯片的范围，如可以设置放映全部幻灯片，可以放映演示文稿中几张连续的幻灯片，如果提前已经设置了自定义放映，可以选择放映自定义放映。

（4）在"放映选项"标签下对放映方式进行设置，例如可以设置循环放映幻灯片，按 Esc 键终止放映；设置在放映幻灯片时不加旁白；设置幻灯片放映时不加动画；或者设置绘图笔颜色。

（5）在"换片方式"标签下设置手动换片或在提前设定排练时间的情况下，设置使用排练时间。

（6）另外还可以在"多监视器"、"性能"标签下对幻灯片放映方式进行设置。

（7）设定完成后单击"确定"按钮，完成幻灯片放映方式的设置。

5.5.2 创建自定义放映

在演示文稿中可以设置自定义放映，选择现有演示文稿中部分幻灯片建立子演示文稿，并播放观看，通过这项功能，可以针对不同的观众设置不同的幻灯片放映。

创建自定义方式的具体步骤为：

（1）打开"幻灯片放映"菜单执行"自定义放映"命令，打开"自定义放映"对话框，如图 5.66 所示。

（2）在"自定义放映"对话框中单击"新建"按钮，打开"定义自定义放映"对话框，如图 5.67 所示，在此为自定义幻灯片命名，通过鼠标选择"在演示文稿中的幻灯片"列表中的幻灯片，单击"添加"按钮，将选择的幻灯片添加到"在自定义放映中的幻灯片"列表中，也可以将该列表中的幻灯片删除。

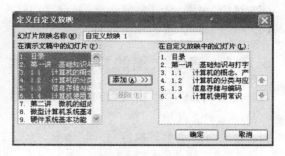

图 5.66　"自定义放映"对话框　　　　　图 5.67　"定义自定义放映"对话框

（3）单击"确定"按钮，完成自定义幻灯片的建立。

（4）新建立的自定义幻灯片将在"自定义放映"对话框列表中显示，然后用户可以在此对自定义幻灯片进行编辑、删除或复制。

（5）设置完成后，单击"关闭"按钮，完成设置，也可以直接单击"放映"按钮，直接放映自定义幻灯片。

设置完自定义放映幻灯片后，在"设置幻灯片放映方式"中设置放映自定义幻灯片，即可在幻灯片放映视图下放映自定义幻灯片。

5.5.3　设置放映时间

演示文稿的放映速度会直接影响观众的观看效果，所以可以在正式放映幻灯片之前，使用 PowerPoint 2003 的一些功能进行排练，以掌握最理想的放映速度。对幻灯片放映进行排练主要有两种方法，即自动设置排练时间和人工定时。

1. 自动设置排练时间

（1）打开"幻灯片放映"菜单，执行"排练计时"命令，即可启动排练模式，开始放映幻灯片，并同时打开"预演"对话框，如图 5.68 所示。工具栏上显示了当前幻灯片放映时间和到目前为止该演示文稿播放时间，用户可以根据该显示对幻灯片播放速度进行调整。

（2）完成演示文稿放映后，退出幻灯片放映视图时会打开 Microsoft Office PowerPoint 对话框，如图 5.69 所示。用户确认排练时间，单击"是"按钮表示选用该时间，单击"否"按钮表示不接受该时间。

图 5.68　"预演"对话框　　　　　　　图 5.69　"提示"对话框

2．人工定时

（1）在"幻灯片放映"菜单下执行"幻灯片切换"命令打开幻灯片切换任务窗格。

（2）在任务窗格中的"换片方式"标签下取消"单击鼠标时"前的复选框。

（3）选中"每隔……"前复选框，并设置幻灯片播放时间。

（4）单击"播放"按钮预览效果。

5.5.4　演示文稿的打印

在 PowerPoint 2003 中可以对演示文稿幻灯片或讲义进行打印输出，具体操作步骤如下：

（1）在"文件"菜单下执行"打印"命令，打开"打印"对话框，如图 5.70 所示。

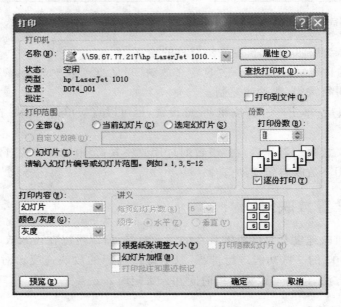

图 5.70　"打印"对话框

（2）在对话框中选择打印机名称。

（3）在"打印范围"标签下通过勾选单选按钮设置打印范围，可以选择打印全部幻灯片、当前幻灯片、选定幻灯片，或通过选择幻灯片编号或范围打印演示文稿中的部分幻灯片，在已定义"自定义放映"后，可以选择打印"自定义幻灯片"。

（4）在"打印内容"标签下可以选择打印内容为幻灯片、讲义、备注页或大纲视图，在设定打印内容为讲义时，可以设置每页幻灯片的数目及顺序为水平或垂直。另外可以设置打印幻灯片颜色为颜色、灰度或纯黑白。

（5）在"份数"标签下设置打印份数，并设置是否"逐份打印"。

（6）另外还可以设置是否"根据纸张调整大小"或给"幻灯片加框"。

（7）完成设置后，可以单击"预览"按钮，对幻灯片的打印效果进行预览。

（8）单击"确定"命令按钮，打印演示文稿。

5.5.5 演示文稿的打包

一般对于制作好的演示文稿需要复制到异地的计算机上进行播放,此时需要携带演示文稿。因此便于演示文稿的携带可以对演示文稿进行打包。演示文稿打包工具使用很方便,而且有很强的可靠性,如果将播放器和演示文稿一起打包,便可以在没有安装 PowerPoint 2003 的计算机上播放此演示文稿。

1. 打包演示文稿

打包演示文稿的主要步骤如下:

(1) 打开需打包的演示文稿。

(2) 在"文件"菜单下执行"打包成 CD"命令,打开"打包成 CD"对话框,如图 5.71 所示。

(3) 单击"添加文件"命令按钮打开"添加文件"对话框,选择本地文件进行打包文件的添加。

(4) 单击"选项"命令按钮,打开"选项"对话框,如图 5.72 所示。在此设置打包包含的文件,如 PowerPoint 播放器、链接的文件、嵌入的 TrueType 字体等。并可以设置打开文件的密码以保护 PowerPoint 文件。执行"确定"命令按钮,完成选项设置。

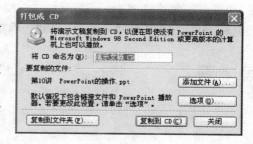

图 5.71 "打包成 CD"对话框

(5) 在"打包成 CD"对话框中单击"复制到文件夹"命令按钮,打开"复制到文件夹"对话框,如图 5.73 所示,键入文件夹名称和存储位置,确定完成。

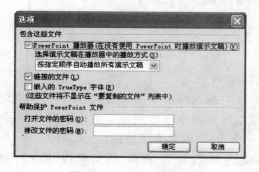

图 5.72 "选项"对话框

图 5.73 "复制到文件夹"对话框

(6) 单击"关闭"按钮,完成演示文稿的打包。

2. 播放演示文稿

已打包的演示文稿在异地计算机上进行播放之前需对其进行解包操作,具体步骤如下:

(1) 插入存放演示文稿的移动盘。

(2) 将资源管理器定位到移动盘,双击打开 Pngsetup.exe,弹出"打包安装程序"对话框。

(3) 在"打包安装程序"对话框中选择存放解压演示文稿的位置,可选择系统中的任一个硬盘区。

(4) 单击"确定"按钮,解压演示文稿。

(5) 解压完成后,打开询问对话框。

(6) 用户单击"是"按钮,系统开始播放演示文稿。

5.6　本章小结

本章主要介绍了 PowerPoint 2003 的功能、启动退出等操作、演示文稿的基本编辑、格式化和美化、动画和超级链接等高级编辑,以及演示文稿的放映和输出等。通过本章的学习,读者可以熟练使用 PowerPoint 2003 制作幻灯片,包括文本、图片、音频、视频等的插入和编辑,幻灯片放映效果等设计,以制作满意的演示文稿。

思考题

1. 简答题

(1) 简述 PowerPoint 2003 的新特性。

(2) PowerPoint 2003 中有几种视图方式? 简述其功能。

(3) PowerPoint 2003 工作窗口由哪几部分组成?

2. 操作题

(1) 建立一个演示文稿,创建一张幻灯片,设置版式为标题和横排文本,标题内容为"欢迎您进入我的网站",字体为宋体加粗,字号为 44,字颜色为黑色;段落文本内容为:

朋友信箱

个人爱好和兴趣

玩转天地

将幻灯片背景设为预设的雨后初晴的填充效果。

(2) 插入一张幻灯片,版式为"空白",在幻灯片中插入标题文本框为"我的简介",在幻灯片中插入一个横向文本框,内容为"我来自中国",字体为楷体加粗斜体且带阴影,字号为48,字颜色为黑色。标题文本框的格式:填充色为金色,边框色为深蓝色。

(3) 插入一张幻灯片,设置版式为"标题和两栏文本",采用"海洋"设计模板,插入一张图片,幻灯片标题用艺术字输入"个人爱好和兴趣",字体为楷体、加粗、斜体、阴影、字号为96,字颜色为红;在正文位置输入内容"音乐"、"书法"、"羽毛球",字体为宋体、加粗、斜体、40 号字,并用飞入的自定义动画效果;把图片的自定义动画设为"盒状收缩"。

(4) 设置全部幻灯片的切换方式为"向右擦除"、"慢速"、声音为"激光"。

(5) 设置第一张幻灯片中"个人爱好和兴趣"文本到第 3 张幻灯片的超链接。在第 3 张幻灯片中插入动作按钮,返回第一张幻灯片。

(6) 将演示文稿存在 D 盘根目录下,以"自我介绍"命名。

第6章

计算机网络基础

6.1 计算机网络概述

随着计算机技术的迅速发展,计算机的应用已经渗透到各个技术领域和整个社会的方方面面。社会信息化的发展趋势、数据的分布处理,以及各种资源共享等方面的要求,推动了计算机技术向着群体化的方向发展,促使计算机及其应用技术与通信技术的紧密结合。尤其是进入 21 世纪以来,世界的信息化和网络化的发展,使得计算机网络的概念已经深入人心。

6.1.1 计算机网络的概念及特点

1. 计算机网络的概念

计算机网络是地理上分散的计算机资源的集合,它们彼此用传输介质相互连接,遵守共同的协议进行通信,使用户能够随时随地共享信息资源和交换信息。所谓计算机网络,是指分布在不同地理位置上的具有独立功能的多个计算机系统,通过通信设备和通信线路相互连接起来,在网络软件的管理下实现数据传输和资源共享的系统。

计算机网络是计算机技术和通信技术相结合的产物。网络从结构上分为两层:一层是面向数据处理的计算机和终端,另一层负责数据通信的通信控制处理机和通信线路。从网络组成角度分为:资源子网和通信子网。资源子网包括主机、终端、网络软件;通信子网包括通信控制处理机、通信线路和通信设备。

2. 计算机网络的特点

20 世纪 80 年代末期,计算机网络技术进入一个新的发展阶段,以光纤通信应用于计算机网络、多媒体技术、综合业务数字网络(ISDN)、人工智能网络等为主要标志。20 世纪 90 年代至 21 世纪初又是计算机网络高速发展的时期,尤其是 Internet 网的建立,推动了计算机网络的飞速发展。

计算机网络具有以下三个特点:

(1)开放式的网络体系结构,使不同软硬件环境、不同网络协议的网可以互连,真正达到资源共享、数据通信和分布式处理的目标。

(2)向高性能发展,追求高速、高可靠性和高安全性,采用多媒体技术,提供文本、声音、图像等综合性服务。

（3）计算机网络的智能化，提高了网络性能和综合的多功能服务，使其能够合理地进行网络各种业务的管理，真正以分布和开放的形式向用户提供服务。

随着社会及科学技术的发展，对计算机网络的发展提出了更高的要求，同时也为其发展提供了更加有利的条件。计算机网络与通信网的结合，可以使众多的个人计算机不仅能够同时处理文字、数据、图像、声音等信息，而且还可以使这些信息及时地与全国乃至全世界的信息进行交换。

6.1.2　计算机网络的分类

计算机网络的种类可以从不同角度进行划分，按照覆盖的地理范围可以将计算机网络分成局域网、城域网和广域网。

1. 局域网

局域网（Local Area Networks，LAN）又称为局部网，它的覆盖范围一般在 10km 以内，它以一个单位或一个部门的小范围为限。例如：同一建筑、同一企业、同一教室等，由这些部门或单位单独组建，用于共享资源和交换信息。它的覆盖面积较小，组网方便，传输效率高。计算机教学机房中大多数组建的是局域网。

2. 城域网

城域网（Metropolitan Area Networks，MAN）比局域网大，可以说是局域网的集合，它所连接的计算机或其他设备一般建立在一个城市或者一个地区，范围在 10～100km。城域网所采用的技术与局域网相似，但有可能涉及当地的有线电视网。同时，由于城域网覆盖范围较大，通常要使用多种传输介质。

3. 广域网

广域网（Wide Area Networks，WAN）又称远程网，是远距离、大范围的计算机网络，覆盖范围通常在 100km 以上。广域网是用网络互连设备将各种类型的城域网和局域网互连起来形成的网络，地理范围可以覆盖一个国家或整个世界。广域网一般由多个部门或多个国家联合组建，能实现大范围内的资源共享。由于广域网连接的计算机可能相隔很远，不可能像局域网一样使用专用线路连接。它一般是租用电信部门的线路来连接网络，通信速率一般要低很多，它是网络中速度最慢的网络。

因特网（Internet）是典型的广域网。因特网的出现，使计算机网络将全世界连成一体。随着计算机网络技术和通信技术的迅猛发展，我们相信在不远的将来，对于计算机网络的划分将会消失，全世界的计算机就如同我们正在使用的电话一样，不受网络类型和距离的限制，所有的计算机都能连在一起，形成单一的网络。

计算机网络按照使用范围可以分成公用网和专用网。

公用网（Public Network）通常指的是国家电信部门建造的网络。"公用"的意思指凡是按照邮电部门规定缴纳费用者都可以使用这个公用网。它是面向全社会所有人提供服务的。

专用网（Private Network）通常指的是某个部门为本单位的特殊业务工作需要而组建

的网络,这种网络一般不向非本单位的人提供服务。例如,铁路、电力、军队等系统的专用网络。

计算机网络从网络组成的逻辑功能角度可以分为资源子网和通信子网。资源子网包括主机、终端、网络软件;通信子网包括通信控制处理机、通信线路和通信设备。

计算机网络还可以按传输介质的不同分成有线网络和无线网络。

6.1.3 计算机网络的功能

计算机网络的功能主要体现在三个方面,分别是信息交换、资源共享和分布式处理。

1) 信息交换

信息交换是计算机网络最基本的功能,主要完成计算机网络中各个结点之间的通信。用户可以在网络上发送电子邮件、发布新闻消息、进行电子购物、电子贸易、远程电子教育等。

2) 资源共享

所谓资源是指构成系统的所有要素,包括软、硬件资源。比如,计算机处理能力、大容量磁盘、高速打印机、绘图仪、通信线路、数据库、文件和其他计算机上的有关信息。由于受经济和其他因素的制约,这些资源并非所有用户都能独立拥有。因此,网络上的计算机不仅可以使用自身的资源,也可以共享网络上的资源,从而增强了计算机在网络上的处理能力,提高了计算机软硬件的利用率。

3) 分布式处理

一项复杂的任务可以划分成许多部分,由网络内各个计算机分工协作并行完成有关部分,使整个系统的性能得到很大的增强。

6.1.4 计算机通信方式

计算机通信是指在计算机与计算机之间或计算机与终端设备之间通过信道传输数据或信息的过程,其数据传输方式包括基带(数字信号)传输和频带(模拟信号)传输,其通信方式可分为单工通信、半双工通信、全双工通信。

(1) 单工通信,又称单向通信,即只能有一个方向的通信而没有反方向的交互,发送方不能接收信息,接收方不能发送信息。无线电广播以及有线电视广播都属于这种类型。

(2) 半双工通信,又称双向交替通信,即通信的双方都可以发送信息,但不能双方同时发送或同时接收信息。这种通信方式是一方发送另一方接收,过一段时间后再反过来。航空和航海无线电台以及对讲机等都属于这种类型。

(3) 全双工通信,又称双向同时通信,即通信的双方可以同时进行信息的发送和接收。现代的电信通信就属于这种类型,其要求通信双方都有发送和接收设备,而且要求信道能提供双向传输的双倍带宽,传输效率最高,所以全双工通信设备较为昂贵。

6.2 计算机网络的主要性能指标

计算机网络最主要的两个性能指标就是带宽和时延。

6.2.1　带宽

带宽(bandwidth)本来是指某个信号具有的频带宽度。一个特定的信号往往由多种不同的频率组成,一个信号的带宽是指该信号的各种不同的频率所占据的频率范围。带宽的单位是赫(或千赫、兆赫)。在过去很长一段时间,通信的主干线路都是用来传送模拟信号,所以表示通信线路允许通过的信号频带范围就称为线路的带宽。当通信线路用来传送数字信号时,数据率就应当成为数字信道最重要的指标。但人们还是习惯将"带宽"作为数字信道所能传送的"最高数据率"的同义词。

数字信道传送数字信号的速率称为"数据率"或者"比特率"。比特(bit,可简写为 b)是计算机中的数据的最小单位,它也是信息量的度量单位。英文 bit 的意思是一个"二进制数字",因此一个比特就是二进制数字中的一个 1 或 0。如此,网络带宽的单位就是"比特每秒",即"bit/s(b/s 或 bps)",更常用的带宽单位是千比特每秒 kb/s,兆比特每秒 Mb/s,吉比特每秒 Gb/s 或太比特每秒 Tb/s。

6.2.2　时延

时延是指一个报文或分组(即网络传输数据的数据块)从一个网络的一端传送到另一端所用的时间。它包括发送时延、传播时延、处理时延。

发送时延是结点在发送数据时使数据块从结点进入到传输媒体所需要的时间,也就是从数据块的第一个比特开始发送算起,到最后一个比特发送完毕所需要的时间。

传播时延是电磁波在信道中需要传播一定的距离而花费的时间。

处理时延是指数据在交换结点为存储转发而进行一些必要的处理所花费的时间。

这样,数据经历的总时延就是以上三种时延之和。

6.3　计算机局域网的构成

许多网络用户经常接触局域网,这些用户也往往是通过局域网再连接到互联网上。本节简要介绍计算机局域网,内容包括局域网的硬件构成、局域网的操作系统、局域网的拓扑结构和通信协议。

6.3.1　局域网的硬件构成

局域网由网络硬件和网络软件两大部分组成,局域网的网络硬件由网络服务器、网络工作站、网络适配器、传输介质、集线器、中继器、交换机和路由器等设备构成。

1. 网络服务器

网络服务器是为网络提供共享资源并对这些资源进行管理的计算机。服务器有文件服务器、打印服务器、异步通信服务器等,其中文件服务器是最基本的。

文件服务器的配置一般较高,它要有丰富的资源,如足够大的内存、大容量的硬盘等,这些资源能为网络用户共享。文件服务器将共享数据放在大容量硬盘里,通过完善的文件管理系统对文件进行统一的管理,为工作站提供完整的数据、共享主目录的文件。

打印服务器是指安装了打印服务程序的文件服务器或专用的微机。共享打印机可以接在文件服务器上或者专门的打印服务器上。在多用户环境下,各个工作站上的用户直接将打印数据传送到服务器的打印队列中,再将数据传递到打印机上。

通信服务器装有相应的通信软件,选用相应的网卡和传输介质,利用调制解调器(Modem)通过电话线或专用通信线路异步地连接到远程工作站,提高网络性能。

按照信息量的多少和用户的组网要求,一个服务器可以完成多项任务,一个网络中也可以安装多个服务器。

2. 网络工作站

网络工作站是用户在网上操作的计算机。用户通过工作站从服务器中取出程序和数据,并由工作站来处理。网络工作站分为有盘工作站和无盘工作站两种。有盘工作站可以由硬盘上的引导程序引导,与网络中的服务器连接。无盘工作站的引导程序则放在网络适配器的 EPROM 中,加电后引导程序自动执行,使其与网络中的服务器连接。

3. 网络适配器

网络适配器又称网卡,如图 6.1 所示,它是将服务器、工作站连接到传输介质上并进行电信号的匹配、实现数据传输的部件。网卡与普通的扩展卡如声卡、显卡外形相似,接口有ISA 和 PCI 等几种。组网时,将网卡插在工作站和服务器主板的相应扩展槽中,然后用通信电缆通过网卡把它们连接在一起,构成局域网络。

4. 传输介质

传输介质充当网络中数据传输的通道和信号能量的载体,在很大程度上决定了网络的传输速率、网络段的最大长度、传输的可靠性以及网卡的复杂性。常用的传输介质主要分为两类,分别是有线介质和无线介质。有线介质包括双绞线、同轴电缆和光纤,无线介质包括微波、卫星和红外线等。

图 6.1　网络适配器

双绞线是由按规则螺旋结构排列的两根绝缘导线组成,可以分为屏蔽双绞线(STP)和非屏蔽双绞线(UTP),它是一种最廉价也是最便于使用的传输介质。

同轴电缆是由内导体、屏蔽层、绝缘层以及外部保护层组成的。其具有抗干扰性强、传输距离远等特点,是一种带宽高、性价比高的传输介质。同轴电缆也分为两类,分别是基带同轴电缆和宽带同轴电缆。

光纤是一种新型的传输介质,全称为光导纤维,是一种能传递光波的介质。光纤通过其内部对于光的全反射来传输一束经过编码的光信号。其特点是传输频带宽,传输信息量大,数据传输效率高,抗干扰性强,损耗低,误码率低,适合远距离传输,保密性强,但费用较昂贵。

在网络通信中,如果通信线路要通过一些高山或岛屿,有线传输介质有时很难施工。即使是在城市中,挖开道路敷设电缆也不是一件很容易的事。当通信距离很远时,敷设电缆既昂贵又费时。但利用无线传输介质在自由空间的传播就可以较快实现多种的通信。

无线传输所使用的频段很广,人们现在已经利用了好几个波段进行通信。紫外线和更高的波段目前还不能用于通信。无线电微波通信在数据通信中占有重要地位。微波的频率范围为 300MHz～300GHz,但主要是使用 2～40GHz 的频率范围。

常用的卫星通信方法是在地球站之间利用位于约 36 000 千米高空的人造同步地球卫星作为中继器的一种微波接力通信。通信卫星就是在太空的无人值守的微波通信的中继站。卫星通信的最大特点是通信距离远,而且通信费用与通信距离无关。同步卫星发射出的电磁波能够辐射到地球上的通信覆盖区的跨度达 18 000 多千米。只要在地球赤道上空的同步轨道上,等距离地放置 3 颗相隔 120 度的同步地球卫星,就能基本上实现全球的通信。

5. 集线器和中继器

集线器俗称 Hub,如图 6.2(a)所示,提供多台计算机连接的接口,一般用于使用双绞线的星型网络中,作为网络的中心来控制和管理信息的传输。

中继器如图 6.2(b)所示,是网络物理层上面的连接设备,适用于完全相同的两类网络的互连,主要功能是通过对数据信号的重新发送或者转发,补偿信号衰减,来扩大网络传输的距离。

(a) 集线器   (b) 中继器

图 6.2　集线器和中继器

6. 交换机

交换机如图 6.3 所示,是一种用于电信号转发的网络设备。它可以为接入交换机的任意两个网络结点提供独享的电信号通路。其主要功能包括物理编址、网络拓扑结构、错误校验等。最常见的交换机是以太网交换机,其他常见的还有电话语音交换机、光纤交换机等。

图 6.3　交换机

7. 路由器

路由器是用于连接多个逻辑上分开的网络,所谓逻辑网络是代表一个单独的网络或者一个子网。当数据从一个子网传输到另一个子网时,可通过路由器的路由功能来完成。由此可见,路由器具有判断网络地址和选择 IP 路径的功能。

　　近年来,无线路由器在局域网中得到广泛的应用。无线路由器如图 6.4 所示,是带有无线覆盖功能的路由器,它主要应用于用户上网和无线覆盖。无线路由器可以看作一个转发器,将家中墙上接出的宽带网络信号通过天线转发给附近的无线网络设备,如笔记本电脑、平板电脑、支持 Wi-Fi 的手机等。

图 6.4　无线路由器

6.3.2　常用的网络操作系统

　　目前,在局域网中常用以下几类操作系统。

1. Windows 操作系统

　　Windows 操作系统是全球最大的软件开发商 Microsoft(微软)公司开发的。由于它对服务器的硬件要求较高,且稳定性不是很高,所以微软的网络操作系统一般只是用在中低档的服务器中,高端服务器通常采用 UNIX、Linux 或 Solaris 等非 Windows 操作系统。在局域网中,微软的网络操作系统主要有 Windows NT Server、Windows 2003 Server/Advance Server 以及 Windows 2008 Server/Advance Server 操作系统,工作站可以采用 Windows 9x/Me/XP 等。

2. NetWare 操作系统

　　Novell 公司的 NetWare 操作系统对网络硬件的要求较低,对无盘工作站的支持较好。

3. UNIX 操作系统

　　目前常用的 UNIX 系统版本主要有两类,分别是由 AT&T 和 SCO 公司推出的 UINX SUR 4.0、HP-UX 11.0 和由 Sun 公司推出的 Solaris 8.0 等。这种操作系统的稳定性和安全性都非常好,但大多是以命令行方式进行操作的,不容易掌握,一般用在大型网站中。

4. Linux 操作系统

　　Linux 是一种新型的网络操作系统,其最大的特点是源代码开放,可以免费获得许多应用程序。它与 UNIX 操作系统有很多相似之处,目前中文版本的 Linux 操作系统已经在中高档服务器中得到广泛应用。

6.3.3　局域网的拓扑结构

　　计算机网络的拓扑结构是指网络的物理连接形式。把连接在网络上的通信线路视作连线,把连接在网络中的计算机以及用于连接这些计算机的集线器、交换机、路由器等网络设备均可视作网络上的一个结点,也可称为工作站。其中,每个结点都有自己的功能,比如,有的用于提供某种服务,有的用于连接其他结点,有的是提供服务的终端,这些不同功能的结点连接起来就形成了计算机网络。它们的连接方式有很多,这些连接形式称作网络的拓扑结构。计算机网络中常用的拓扑结构有总线型、星型、环型和树型等,如图 6.5～图 6.8 所示。

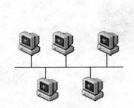

图 6.5　总线型拓扑结构

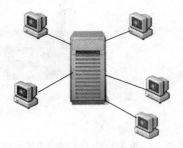

图 6.6　星型拓扑结构

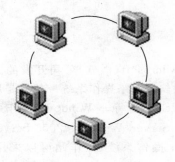

图 6.7　环型拓扑结构

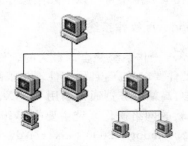

图 6.8　树型拓扑结构

1. 总线型拓扑结构

总线型拓扑结构的所有结点都连到一条主干电缆上,这条主干电缆称为总线。它是一种共享通路的物理结构。这种结构中任何一个结点发送的信号都可以沿总线传输,无须选择路由器,就能被其他结点接收。它具有信息的双向传输功能,普遍用于局域网的连接,一般采用同轴电缆作为总线型拓扑结构中的传输介质。

总线型拓扑结构的优点有很多,首先是安装容易,在安装时只需将总线连接到工作站上即可。其次是灵活性好,扩充或删除一个结点很容易,不需要停止网络的正常工作。另外总线型拓扑结构的布线简单,易于维护,安装费用少,可靠性高。而且,各个结点共用一根总线作为数据通路,信道的利用率高。

总线型拓扑结构也有必然的缺点,由于信道共享,连接的结点不宜过多。故障检测需要在各结点进行,不易管理,故障诊断和隔离比较困难,并且总线自身的故障可以导致系统的崩溃。

2. 星型拓扑结构

星型拓扑结构是一种以一台设备为中央结点,把若干外围结点连接起来的辐射式互连结构。各个外围结点之间不能直接通信,所有的数据传送必须通过中央结点进行转发。中央结点的正常运行对网络系统来说是至关重要的。中央结点一般是专门的连线设备,比如,交换机,集线器等,其他外围结点是服务器或工作站等。这种结构适用于局域网,特别是近年来连接的局域网大多采用这种连接方式,并大多采用双绞线作为连接线路。

星型拓扑结构的优点是增加或删除结点仅需对中央结点进行配置或接口变更,所以配置灵活,结构简单,容易安装。而且所有的数据传送都要经过中央结点,故障诊断与隔离比较简便,只需将故障结点从中心结点对应的接口移除,便于维护和管理。

星型拓扑结构的缺点是连接电缆长,安装费用高,网络运行依赖中央结点,可扩充性较差,可靠性低。

3. 环型拓扑结构

环型拓扑结构是网络结点通过一条首尾相连的通信链路连接起来的一个闭合环状结构。信号沿着一个方向从一台设备传递到另一台设备,每一台设备都配有一个收发器,信息在每台设备上的延时时间是固定的。这种结构特别适用于实时控制的局域网系统。

环型拓扑结构的优点是初始安装比较容易,按照传输环路进行连接,费用较低,电缆故障容易查找和排除。由于每个结点都有唯一对应的转发器,所以故障诊断定位比较准确,而且电缆长度短,成本低。有些网络系统为了提高通信效率和可靠性,采用了双环结构,即在原有的单环上再套一个环,使每个结点都具有两个接收通道。

环型拓扑结构的缺点是可靠性差,环路中的任何故障都将导致整个网络不能正常工作。在环路上增加或删除结点非常麻烦,需要对线路进行重新布置,对结点的前后连接点重新配置,扩展性和灵活性较差。

4. 树型拓扑结构

树型拓扑结构就像一棵树,是从根结点连接到分支结点,再从分支结点继续连接的一种结构。这种拓扑结构的网络一般采用同轴电缆,用于上、下界限严格和层次分明的部门。

树型拓扑结构的优点是树型结构可以延伸出很多分支和子分支,容易扩展。如果某一条线路或分支结点出现故障,只影响局部,故障也容易分离处理。

树型拓扑结构的缺点是整个网络对根结点的依赖性很大,一旦网络的根结点发生故障,整个网络系统就不能正常工作。

6.3.4　网络通信协议

网络通信协议是网络系统内部信息传递及系统间通信的各种规则。在计算机网络分层结构体系中,通常把每一层在通信中用到的规则与约定称为协议。协议是一组形式化的描述,它是计算机网络软硬件开发的依据。协议由语义、语法和定时三部分组成。语义规定通信双方准备“讲什么”,即确定协议元素的种类;语法规定通信双方“如何讲”,即确定数据的信息格式、信号电平等;定时则包括速度匹配和排序等。目前的网络协议主要有 ISO/OSI,IEEE802,X.25,TCP/IP 和 IPX/SPX 等。制定网络协议标准的机构主要有 CCITT(国际电报电话咨询委员会)、ISO(国际标准化委员会)和 IEEE(国际电子与电气工程师协会)。

1984 年,国际标准化委员会(ISO)公布了一个作为未来网络协议指南的参考模型,该模型被称为开放系统互连参考模型 OSI(Open Systems Interconnection)，这是指导信息处理系统互连、互通和协作的国际标准。OSI 参考模型如图 6.9 所示。

应用层
表示层
会话层
传输层
网络层
数据链路层
物理层

图 6.9　OSI 参考模型

参考模型从逻辑上把网络的功能分为七层，最低层为物理层，最高层为应用层。OSI 参考模型描述了信息流自上而下通过源设备，再经过中介设备，然后自下而上穿过目标设备的七层模型。这些设备可以是任何类型的网络设备，比如，连网的打印机、计算机、传真机以及路由器等。物理层通过机械和电气的方式将站点连接起来，组成物理通路，让数据流通过；数据链路层进行二进制数据流的传输，并进行差错检测和流量控制；网络层解决多结点传送时的路由选择；传输层实现端点到端点的可靠数据传输；会话层进行两个应用进程之间的通信控制；表示层解决不同数据格式的编码之间的转换；应用层则直接为端点用户提供服务。

OSI 七层参考模型有两个突出的优点：①清晰性，即各层功能之间界线清楚，可以使复杂的网络设计简化；②灵活性，即各层之间相对独立，可以实现模块化设计。如果修改某层的协议则不会对系统的其他部分造成影响。

由于 OSI 七层参考模型过于复杂，现在流行的因特网体系结构中已经不使用 OSI 的表示层和会话层了。局域网的标准化工作由国际电子与电气工程师协会(IEEE)组织的 802 委员会制定，自 1983 年开始，陆续公布了一些标准文件，形成了 802 系列。在 802 系列中，目前应用得较多的是 802.3 协议，它是以太网(Ethernet)的通信协议。

6.4　TCP/IP 协议及相关技术

6.4.1　TCP/IP 协议

Internet 是将全球各地的局域网连接起来而形成的一个国际网。TCP/IP 协议是 Internet 最基本的协议。然而在连接之前的各式各样的局域网却存在不用的网络结构和数据传输规则，将这些局域网连接起来之后各网络之间要通过什么样的规则来传输数据呢？也就像世界上各个国家的人说各自的语言，不同国家的人要怎样才能相互沟通呢？如果全世界的人都能够说同一种语言(即世界语)，就解决了这个问题。TCP/IP 协议正是 Internet 上的"世界语"。

TCP/IP 协议起源于 20 世纪 60 年代末。TCP 协议和 IP 协议各有分工。TCP 协议是 IP 协议的高层协议，TCP 是在 IP 之上提供了一个可靠的连接方式的协议。TCP 协议能够保证数据包的传输以及正确的传输顺序，并且它可以确认包头和包内数据的准确性。如果在传输期间出现丢包或者错包的情况，TCP 负责重新传输出错的包，这样的可靠性使得 TCP/IP 协议在会话式传输中得到充分的应用。IP 协议为 TCP/IP 协议集中的其他所有协议提供"包传输"功能，IP 协议为计算机上的数据提供一个最有效的无连接传输系统，也就是说 IP 包不能保证到达目的地，接收方也不能保证按顺序收到 IP 包，它仅能确认 IP 包头的完整性。最终确认包是否到达目的地，还要依靠 TCP 协议。

6.4.2 IP 地址

Internet 把全球无数个网络连接起来形成一个庞大的网络,在某个网络上的两台计算机之间相互通信时,在它们所传送的数据包里都会含有某些附加信息,这些附加信息就是发送数据的计算机地址和接收数据的计算机的地址。也就是说,为了通信的方便,给每一台计算机都事先分配一个标识地址,即 IP 地址。一个 IP 地址是由网络标识符和主机标识符两部分组成的。它不仅指出了计算机属于哪个网络,而且还描述了同一网络中不同计算机在逻辑位置上的差异性。根据 TCP/IP 协议规定,IP 地址是由 32 位二进制数组成的,而且在 Internet 范围内每个 IP 地址都是唯一的。例如,某台接入 Internet 计算机的 IP 地址为:

11010011 01001010 10001101 00000011

显然,这些数字很不容易记忆。人们为了方便,将其分成 4 段,每段 8 位,中间用小数点隔开,然后将每 8 位二进制数均转换成十进制数。这样上述 IP 地址就变成了:211.74.141.3,其中,每一段数字范围在 0～255 之间。

由以上 4 段数字组成的 IP 地址包含两部分内容,一部分是网络地址,另一部分是主机(包括网络上工作站,服务器和路由器等)地址。IP 地址根据网络地址的不同分为 5 种类型,分别是 A 类地址、B 类地址、C 类地址、D 类地址和 E 类地址。最常用的是 B 类地址和 C 类地址。

A 类 IP 地址由 1 个字段的网络地址和 3 个字段的主机地址组成,网络地址的最高位必须是"0",地址范围从 1.0.0.0 到 126.0.0.0。可用的 A 类网络有 126 个,每个网络能容纳 1 亿多个主机。但是 A 类 IP 地址早已被瓜分完了。

B 类 IP 地址由 2 个字段的网络地址和 2 个字段的主机地址组成,网络地址的最高位必须是"10",地址范围从 128.0.0.0 到 191.255.255.255。可用的 B 类网络有 16 382 个,每个网络能容纳 6 万多个主机。

C 类 IP 地址由 3 个字段的网络地址和 1 个字段的主机地址组成,网络地址的最高位必须是"110"。范围从 192.0.0.0 到 223.255.255.255。C 类网络可达 209 万余个,每个网络能容纳 254 个主机。

D 类地址第一个字段以"1110"开始,它是一个专门保留的地址,并不指向特定的网络,目前这一类地址被用在多点广播(Multicast)中。多点广播地址用来一次寻址一组计算机,它标识共享同一协议的一组计算机。

E 类 IP 地址 以"11110"开始,为将来使用保留。全零("0000")地址对应于当前主机。全"1"的 IP 地址("255.255.255.255")是当前子网的广播地址。

6.4.3 DNS 域名系统

IP 地址的标记方法比较难记忆。为了使基于 IP 地址的计算机在网络通信时能够互相识别又便于记忆,也可以用域名来进行标识。域名和 IP 地址之间的翻译是通过域名服务器 DNS(Domain Name System)进行的,使得接入 Internet 的计算机都有自己的域名,它是 Internet 上主机的名字。域名采用层次结构,每一层构成一个域名,子域名之间用圆点隔开。

计算机的域名通常具有如下格式,如:www.sina.com.cn。

1．主机名

域名的第一段 www 代表具体的计算机主机名。其中,在 Internet 上有许多提供各种服务的主机,通常被称为服务器,用户接入 Internet 后就可以享受这些服务器所提供的服务。常见的 Internet 服务器有万维网(WWW)服务、文件传输协议(FTP)、电子邮件(E-mail)以及电子布告栏系统(BBS)等。主机名一般是根据主机所提供的服务类型来命名的,比如,提供文件传输的主机名为 FTP,提供万维网服务的主机名为 WWW。

2．机构名称及类别

域名的第二段 sina 代表机构名称,比如,新浪"sina"、百度"baidu"等;域名的第三段 com 指机构的性质,代表某一类机构名。

例如:edu 代表教育机构

com 代表商业团体公司

gov 代表政府机构

net 代表网络管理部门

org 代表非营利性组织

ac 代表科研机构

3．地理名称

域名的第四段 cn 代表该计算机所在的国家或地区的简称。

例如:cn 代表中国

ca 代表加拿大

fr 代表法国

jp 代表日本

ru 代表俄罗斯

uk 代表英国

us 代表美国

在我国,机构名有时用行政区域名代替。行政区域名为省、自治区和直辖市的拼音缩写,比如,tj(天津)、bj(北京)等。

我国最高层域名为 cn,但如果用户申请到的是顶级域名的话,则可以省略最高层域名。

计算机和计算机之间是用 IP 地址进行通信的,域名是为了记忆方便而与 IP 地址构成了对应的关系。而实际上,计算机只识别 IP 地址的二进制代码,只有将域名翻译成 IP 地址才能正常工作,而起翻译作用的主机是域名服务器。当你给出一个域名时,计算机会请求 DNS 服务器的帮助。从右边的第一级开始至左边,向 DNS 服务器查询地址,并负责完成网络通信时从域名到 IP 地址的转换,也就是解析。

6.4.4 统一资源定位器

统一资源定位器 URL(Uniform Resource Locator)是用来指示网上资源所在的位置和方法的,其格式为:

协议名称://主机域名或 IP 地址/路径/文件名

比如,新浪聊天室的 URL 地址为:

http://chat.sina.com.cn/homepage/inside.shtml

1. 协议名称

协议名称是指计算机之间采用何种通信协议。比如,WWW 所采用的是 HTTP(超文本传输协议),它是一种客户程序和 WWW 服务器之间的通信协议,通过它可由 Web 访问多媒体(超文本)资源,文件传输采用的协议为 FTP(文件传输协议)。

2. 主机域名或 IP 地址

主机域名或 IP 地址是指该资源所在的服务器的域名。比如,chat.sina.com.cn。

3. 路径/文件名

路径/文件名是指该资源在服务器主机中的路径以及文件名。比如,homepage/inside.shtml。

6.5 常见组网标准

局域网可以按照网络拓扑结构进行分类,不同拓扑结构的局域网的组网标准并不相同,本节将介绍几种常见的局域网的组网标准。

6.5.1 以太网

以太网(Ethernet)最早由 Xerox(施乐)公司创建,于 1980 年 DEC、Intel 和 Xerox 三家公司联合开发成为一个标准。以太网是应用最为广泛的局域网,包括标准的以太网(10Mbit/s)、快速以太网(100Mbit/s)和 10G(10Gbit/s)以太网,采用的是 CSMA/CD 访问控制法。

IEEE 802 委员会的 802 工作组于 1983 年制定了第一个 IEEE 的以太网标准,其编号为 802.3。IEEE 802.3 规定了包括物理层的连线、电信号和介质访问层协议的内容。以太网是当前应用最普遍的局域网技术,它很大程度上取代了其他局域网标准。如令牌环、FDDI 和 ARCNET。历经 100M 以太网在上世纪末的飞速发展后,目前千兆以太网甚至 10G 以太网正在国际组织和领导企业的推动下不断拓展应用范围。

6.5.2 令牌环网

令牌环网(Token Ring)是 IBM 公司于 20 世纪 70 年代发展的,在老式的令牌环网中,数据传输速度为 4Mbit/s 或 16Mbit/s,新型的快速令牌环网速度可达 100Mbit/s,其遵守的标准是 IEEE 802.5。令牌环网的传输方法在物理上采用了星型拓扑结构,但逻辑上仍是环型拓扑结构。其通信传输介质可以是无屏蔽双绞线、屏蔽双绞线和光纤等。

6.5.3　光纤分布数据接口

光纤分布数据接口 FDDI(Fiber-Distributed Data Interface),是于 20 世纪 80 年代中期发展起来的一项局域网技术,它提供的高速数据通信能力要高于当时的以太网(10Mbit/s)和令牌环网(4 或 16Mbit/s)的能力。FDDI 标准由 ANSI X3T9.5 标准委员会制定,为繁忙网络上的高容量输入输出提供了一种访问方法。FDDI 技术同 IBM 的令牌环网技术相似,并具有 LAN 和令牌环网所缺乏的管理、控制和可靠性措施,FDDI 使用的通信介质是光纤,这一点它比快速以太网及现在的 100Mbit/s 令牌网传输介质要贵许多,然而 FDDI 最常见的应用只是提供对网络服务器的快速访问。

6.5.4　宽带综合业务数字网

宽带综合业务数字网简称 B-ISDN(Broadband Integrated Services Digital Network)。B-ISDN 是在 ISDN 的基础上发展起来的,可以支持各种不同类型、不同速率的业务,不但包括连续型业务,还应包括突发型宽带业务,其业务分布范围极为广泛,包括速率不大于 64kbit/s 的窄带业务(如语音、传真),宽带分配型业务(广播电视、高清晰度电视),宽带交互型通信业务(可视电话、会议电视),宽带突发型业务(高速数据)等。

B-ISDN 的主要特征是以同步转移模式(STM)和异步转移模式(ATM)兼容方式,在同一网络中支持范围广泛的声音、图像和数据的应用。ATM 不仅能把话音、数据、图像等各种业务都综合到一个网内,它还具有实现带宽动态分配和多媒体通信的优点。

6.6　本章小结

本章对计算机网络进行了概述。在计算机网络基础知识部分,介绍了计算机网络的概念、特点、分类、功能,以及计算机的通信方式。在局域网部分,介绍了局域网的硬件构成、拓扑结构、常用的操作系统和一些重要的网络协议。第四部分详细介绍了 TCP/IP 协议、IP 地址的分类、域名服务器和统一资源定位器。最后一部分介绍了几种常用的网络类型以及它们所用的网络协议。

思考题

1. 简述局域网、城域网、广域网之间的区别。
2. 简述单工通信、半双工通信、全双工通信之间的区别。
3. 局域网的硬件构成都有哪些? 分别详细叙述。
4. 局域网常用的拓扑都有哪些,分别有什么样的特点?
5. IP 地址都有哪几种类型,如何区分?

第7章

Internet及其应用

7.1 Internet 基础知识

Internet 是全世界最大的计算机互连网络,遵循一定协议自由发展的国际互联网,它利用覆盖全球的通信系统使各类计算机网络以及个人计算机联通,从而实现智能化的信息交流和资源共享。

7.1.1 Internet 的起源及概念

互联网(Internet)始于 1969 年,是美军在 ARPA(阿帕网,美国国防部研究计划署)制定的协定下将美国西南部的大学 UCLA(加利福尼亚大学洛杉矶分校)、Stanford Research Institute(斯坦福大学研究学院)、UCSB(加利福尼亚大学)和 University of Utah(犹他州大学)的四台主要的计算机连接起来。这个协定由剑桥大学的 BBN 和 MA 执行,在 1969 年 12 月开始联机。1981 年 ARPA 分成两个网络,即 ARPANet 和 MILNet。1986 年美国国家科学基金会 NSF 使用 TCP/IP 协议建立了 NSFNet 网络。1990 年 7 月,NSFNet 取代了 ARPANet。1992 年美国高级网络服务公司 ANS 组建了 ANSNet。1997 年美国开始实施下一代互联网络建设计划。

互联网(Internet),即广域网、城域网、局域网及单机按照一定的通信协议组成的国际计算机网络。互联网是指将两台计算机或者是两台以上的计算机终端、客户端、服务端通过计算机信息技术的手段互相联系起来的结果,人们可以与远在千里之外的朋友相互发送邮件、共同完成一项工作、共同娱乐。同时,互联网还是物联网的重要组成部分,根据中国物联网校企联盟的定义,物联网是当下几乎所有技术与计算机互联网技术的结合,让信息更快更准地收集、传递、处理并执行。

7.1.2 Internet 的组成

在 Internet 中除了计算机及网络连接设备之外,同时在 Internet 上扮演重要角色的还有通信协议(TCP/IP)、Internet 服务提供商(ISP)以及 Internet 内容提供商(ICP)等。

1. TCP/IP

TCP(Transmission Control Protocol)即传输控制协议,IP(Internet Protocol)即网络互连协议。TCP/IP 是一组计算机通信协议的集合,因 TCP 和 IP 两个协议较著名而得名。

其目的是允许互相合作的计算机系统通过网络共享彼此的资源。它的最大特点是可以实现装有不同操作系统的计算机之间的信息交换,也就是说,可以独立于任何的操作系统。任何一台想连入 Internet 的计算机,无论使用什么样的操作系统,都必须安装 TCP/IP 协议。

2. ISP

Internet 服务提供商 ISP(Internet Service Provider),负责为人们提供计算机到 Internet 的连接服务。如果我们使用拨号上网时必须先通过电话拨通号码,比如,16900 等,也就是通过电话线把用户的计算机或其他终端设备接入 Internet。中国电信、中国移动和中国联通是中国三大基础运营商,它们都是 ISP,比如,东南网络、海泰宽带、中信宽带等公司也都是 ISP,它们都具备自己的平台,同时具备 Internet 的全部功能。ISP 是全世界数以亿计的用户通往 Internet 的必经之路。

要接入 Internet 需要租用国际信道,其成本对于一般用户来说是无法承担的。Internet 服务提供商为提供接入服务的中介解决了这个问题。它投入大量资金建立中转站,租用国际信道和大量的当地电话线,购置一系列的计算机设备,通过集中使用、分散压力的方式,把这些资源分成许多小块提供给 Internet 用户,这样 Internet 用户就可以花很少的钱接入 Internet 了。

3. ICP

Internet 内容提供商 ICP(Internet Content Provider),是向广大用户提供 Internet 信息业务和增值业务的电信运营商。国内知名的 ICP 有新浪、搜狐、网易等。它是 Internet 中提供各类信息内容的网站经营商,所提供的内容包罗万象,提供新闻、书籍、电子商品、医学知识、体育等信息。同时它们也负责网站的开发设计、网站维护、网站内容的更新等。它们是经国家主管部门批准的正式运营企业,享受国家的法律保护。

7.1.3　Internet 的功能

Internet 实际上是一个应用平台,它之所以能够吸引众多的用户,来源于它强大的服务功能。以下从五个方面来说明 Internet 的主要功能。

1. 信息的浏览与发布

Internet 是一个信息的海洋,它能为用户提供各种各样的信息。它提供了政府、学校和公司企业等机构的详细信息和各种社会信息。这些信息的内容涉及社会的各个方面,几乎无所不有。用户可以坐在家里浏览新闻,随时了解到全世界正在发生的事情,也可以将自己的信息发布到 Internet 上,使全世界的人都能看到自己发布的信息。

2. 电子邮件

电子邮件 E-mail(Electronic Mail)是利用计算机网络交换的电子媒体信件。它是 Internet 上应用最为广泛的一种服务。通过 Internet 可将邮件发送给任何一个有 E-mail 地址的用户,它可以发送和接收文件、图像、语音、视频等多媒体的信息,从发信到收信的时间很短,几乎在几秒钟内完成。使用电子邮件的首要条件是要拥有一个电子邮件地址,它是由电子服务机构在与 Internet 联网的计算机上为用户分配了一个专门用于存放来往邮件的磁盘存储区域。

3. 网上交流

Internet 是一个交互式网络,也可以视作是一个虚拟的社会空间,每个人都可以在这个网络社会中充当一个角色。用户可以利用它提供的工具在网上与别人聊天、参加讨论、玩网络游戏等。常用的网络交流工具很多,有腾讯 QQ 聊天工具、电子公告牌系统 BBS、网络新闻组等。网上交际已经完全突破传统的交友方式,互不相识的人,不管身在何处,都可以通过 Internet 进行各种各样的交流。

4. 电子商务

在网上进行贸易已经成为现实,而且发展迅猛,比如,可以开展网上购物、网上商品销售、网上拍卖、网上货币支付等。它已经在海关、外贸、金融、税收、销售、运输等方面得到了应用。随着社会金融基础设施以及网络安全设施的进一步健全,电子商务现在正在向一个更加纵深的方向发展,人们可以坐在电脑前进行各种各样的商业活动。

5. Internet 的其他应用

Internet 还有许多其他的应用,比如,远程教育、远程医疗、远程登录、远程文件传输、网络电话等。

总之,Internet 还在不断地发展,很多服务正在完善。随着科学技术的发展,Internet 的应用也将越来越广泛。

7.1.4 连接 Internet 的方法

接入 Internet 的方式有很多,通常利用现有线路,如遍布千家万户的有线电视网、公用电话网接入,这样既降低了安装成本,又使接入方便。有些企业、学校为了提高网速,往往通过专线直接与 ISP 相连接。对于普通用户来说,目前使用较多的是"电话拨号"上网、"局域网接入"、"ISDN"接入和正在迅速推广的"ADSL"宽带接入。除了局域网接入,另外三种都属于拨号网络,以下分别予以介绍。

1. 电话拨号

拨号接入是个人用户接入 Internet 最早使用的方式之一,它的接入简单。只要具备一条能打通 ISP 的电话线,一台计算机,一只接入的专用设备——调制解调器(Modem),通常称它为"猫"。并且办理了必要的手续后,拨号接通 ISP 就可以访问 Internet 了。

电话拨号方式的最大缺点在于它的接入速率慢。远远低于其他接入方式的 1Mbit/s、2Mbit/s、10Mbit/s,乃至每秒百兆、千兆的速率。

2. 局域网接入

如果已经架构了局域网并与 Internet 相连接,而且布置了接口的话,建议使用局域网接入 Internet。采用局域网接入非常简单,只要有一台计算机,一块网卡,一根双绞线,然后再去找网络管理员申请一个 IP 地址，再正确地安装配置就可以了。

使用局域网来接入 Internet，可以避免传统的拨号上网后无法接听电话的缺点，还可以节省电话费用。局域网可用于进行数据和资源的共享。随着网络的普及和发展，各个局域网和 Internet 接口带宽的扩充，使得高速度正在成为使用局域网的最大优势。但是，局域网接入 Internet 是受到用户所在单位的网络规划制约的。如果用户所在的地方没有架构局域网，或者架构的局域网没有和 Internet 相连而仅仅是一个内部网络，那么用户就无法采用局域网连网。

3. ISDN

综合业务数字网 ISDN(Integrated Service Digital Network)是一种能够同时提供多种服务的综合性公用电信网络。电话网是模拟式的，比如，语音、图像、文字等数据都是通过模拟方式传送的。ISDN 是由公用电话网发展起来的，它利用数字通信技术，综合各种电子通信服务，比如，电话、传真、计算机通信等，是为克服电话网速率慢、提供服务单一等缺点而设计，并成为一个完整的多功能网络服务系统。

它所提供的拨号上网的速率最高能达到 128kbit/s，能快速下载一些需要通过宽带传输的文件和 Web 网页，使 Internet 的互动性能得到较好的发挥。

拨号上网需要使用 Modem，ISDN 也一样需要终端设备。主要的终端设备有 NT1、TA 或 ISDN 卡。

ISDN 通信可以分成 A、B、C、D、E、H 这六种信道类型。现在，我国多采用 2B+D 的信道接口方式接入互联网络。2B 是指两个 B 信道，D 是指一个 D 信道。2B+D 的传输速率为 144kbit/s。

ISDN 的速度比普通 Modem 快很多，尤其是在下载大的文件时更显优势。而且有一点是普通 Modem 做不到的，就是上传速度。因为 ISDN 使用的是数码线路，可以保证上传和下载速率都一样，为 64kbit/s 或 128kbit/s。而普通的 Modem 即使是 56kbit/s 的，上传时最高的也只有 33.6kbit/s。

如果对于 ISDN 设备不了解的话，可以到当地的电信部门去申请接入账号，并在他们的指导下购买和安装 ISDN 的接入设备。按照产品说明书上的提示，把这个设备同计算机数据线连接起来，插好电源和电话线，并在计算机上安装驱动程序。

4. ADSL

ADSL 是一种新的高速宽带技术，它是非对称数字用户环路（Asymmetrical Digital Subscriber Loop）的英文缩写。它主要运行在原有的普通电话线上，所谓非对称主要体现在上行速率（最高为 640kbit/s）和下行速率（最高为 8Mbit/s）的非对称性上。ADSL 与 ISDN 都是目前较有应用前景的接入手段。与 ISDN 相比，ADSL 的速率要高得多，下行速率可达 8Mbit/s，它的话音部分占用的是传统的 PSTN 网，而数据部分则接入宽带 ATM 平台。

ADSL 的最大特点是速率高，一些只有在高速率下才能实现的网络应用对于 ADSL 来讲就显得绰绰有余了。比如一个 5MB 的 MP3 文件只需要几分钟或者几十秒钟就可以下载完毕，同时由于 ADSL 有较高的带宽及安全性，它还是通过局域网互连进行远程访问的理想选择。

ADSL 接入 Internet 有虚拟拨号和专线接入两种方式。使用虚拟拨号方式的用户采用类似 Modem 和 ISDN 的拨号程序,在使用习惯上与原来的方式没有什么不同,使用专线接入的用户只要开机即可接入 Internet。所谓虚拟拨号是指用 ADSL 接入 Internet 时同样需要输入用户名和密码(与原有的 Modem 和 ISDN 接入相同)。与前两者不同的是,使用 ADSL 拨号接入 ISP 是激活与 ISP 的连接而不是建立新连接。使用 ADSL 只有感觉快或慢的情况,不会产生接入遇忙的问题。

安装 ADSL,是在原有的电话线上加载一个复用设备,用户不必再增加一条电话线,也无须改动电话线,只有在安装调试过程中才会略受影响。在使用 ADSL 浏览 Internet 时,不再收取电话费,只需缴纳 ADSL 月租费就可以了。

7.2　浏览器的使用

Internet 连接了全球数千万台 WWW(World Wide Web,简称 3W 或 Web)服务器。网上浏览、网上冲浪的网都是指 WWW。WWW 的优势在于用户可以通过简单易学的方法,迅速获取各种不同的信息,比如,文字信息、图形图像信息、声音等多媒体信息。目前,WWW 服务器遍布世界的每个角落,是 Internet 上发展最迅速的服务,也是利用率最高的资源。

WWW 是由许多“页”组成的,这些页分布在世界各地称为“网站”的服务器中,这就是网页。一个网站中有很多网页,网页是由不同的人编写出来的,目的是让更多的人浏览到这些网页。人们用不同类型的计算机来浏览网页的文件,为了保证所有人都能读出这些网页文件所携带的信息,描述网页文件就都用统一的标准——HTML“超文本标记语言”。这些文件是纯文本文件,可用常用的文件编辑软件打开并编辑它们。但如果不用浏览器解释,网页文件就很难理解。为此,用户要留言网页上的信息需要用一个客户端软件,称为浏览器。最常用的浏览器是微软公司的 Internet Explorer,此外很多用户也经常使用 Google 浏览器、Firefox 浏览器、360 浏览器等。

7.2.1　Internet Explorer 的启动与退出

1. 启动 Internet Explorer(IE)

启动 IE 和启动其他软件一样,可以单击任务栏中的 IE 图标,也可以在 Windows 桌面上双击 IE 图标,还可以单击“开始”→“程序”→Internet Explorer 菜单命令,可以打开 IE 窗口,窗口中将自动显示本系统设置的浏览器默认主页,如图 7.1 所示。

2. 退出 Internet Explorer(IE)

退出 IE 可以通过运行“文件”菜单中的“关闭”命令来实现,也可以单击窗口右上角的“关闭”按钮,还可以双击窗口左上角。

7.2.2　浏览器窗口的结构

与常用的 Windows 窗口类似,IE 浏览器的窗口也由标题栏、菜单栏、工具栏、工作区、状态栏构成。基本操作也基本相同,比如,最大化/最小化窗口,关闭窗口等,如图 7.2 所示。

图 7.1　启动 IE 窗口进入默认主页

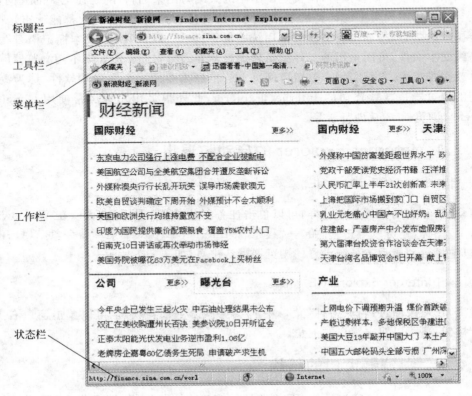

图 7.2　"浏览器"窗口

1. 标题栏

标题栏是 IE 浏览器最上端的区域,标题栏左边显示的是当前 Web 页中定义的名称,显示了当前页的标题或对当前页的说明。右边分别为"最小化"按钮、"最大化"按钮和"关闭"按钮,控制 IE 浏览器窗口的显示大小。

2. 工具栏

工具栏位于标题栏之下,包括"返回、前进"按钮、"刷新、停止"按钮、"地址"栏、"搜索"栏等。

"地址"栏用来输入浏览 Web 页的地址,一般显示的是当前页的 URL 地址,单击"地址"栏右侧的向下箭头,将弹出一个下拉式列表框,其中列出了曾经输入的 Web 地址,单击其中一个地址即可登录到相应的 Web 站点。"搜索"栏是 IE 浏览器中的一个插件,内嵌了 Google、Baidu 等搜索引擎,可以方便用户进行快速的信息搜索。

"返回、前进"按钮,与 Windows 窗口的"前进、后退"按钮类似,单击"返回"按钮返回到当前页面的前一个页面,单击"前进"按钮返回到当前页面的下一个页面。它们旁边都有一个下拉按钮,单击右边下拉按钮,出现下拉列表,可以浏览上网浏览过的网页。

"刷新、停止"按钮,分别可以刷新和停止当前打开的 Web 页。"刷新"按钮用于再次打开网页,比如,当需要看某些网页的最新信息时,单击该按钮可重新从服务器上调用当前主页,常常在浏览网页速度很慢时,与"停止"按钮配合使用,重新为传输网页选择一条最佳路径。如果当前网页出现错误或显示结果不够完全,单击该按钮可重新传输,使内容完整。"停止"按钮的作用是可以停止系统正在进行的工作,比如正在打开某个网页。如果现在不想打开此网页,而想进入另一个网站,可以单击此按钮,以便能成功地打开某个网页。某个网页显示完全后会立刻被下一个网页取代,为了看清楚,可以单击"停止"按钮看明白。

3. 菜单栏

菜单栏可以实现对 Web 文档的编辑、保存、复制以及获取帮助信息等操作。它包括文件、编辑、查看、收藏、工具和帮助六个菜单项,并且包括了 IE 浏览器的全部功能。

4. 工作区

工作区显示了当前网页的内容,当然也可以是空白页。其内容大致可以分为文字和图形两类。当鼠标停留在上面时,如果变成小手状,就表示鼠标所指位置为"超级链接"。单击或双击某些文字和图形,就会打开另一个页面。有下划线的文字一般代表具有超级链接。

5. 状态栏

状态栏用于显示当前 IE 窗口的信息和工作状态,在 IE 浏览器的最下端。当正在打开网页时,在状态栏左端显示正在打开的网页的地址,中部显示打开网页的进度条,最左侧为当前工作区。如目前查看的是 Internet 上的内容,当前工作区为"Internet",如查看的是电脑硬盘上的内容,则当前工作区为"我的电脑"。

7.2.3　浏览 Internet

1. 通过主页浏览 Internet

启动浏览器后,通常会自动打开某个网站的主页。该主页是浏览其他网页的起点,可通过它所包含的各种超级链接访问其他网站或网页。网上浏览时,需要经常在看过的网页之间进行切换。"工具栏"上的"返回"、"前进"、"停止"、"刷新"、"主页"、"转到"六种,这些按钮都能够实现网页间的切换,当然这些按钮的功能也可以用菜单来实现。

2. 输入选择网址浏览网页

输入选择网址浏览网页的操作方法如下。

(1)由键盘输入网址。如果已经知道某个网页的网址,就用键盘在浏览器的"地址"栏输入该地址,比如,输入:http://www.sina.com.cn,按回车键即可,也可以省略 http://。如果输入或单击了错误的地址,IE 可以搜索相似的 Web 地址以查找匹配的条目或显示"该页无法显示的信息"。如果以前输入过某个网址,那么当再次输入时,会出现联想现象,也就是某个网址还没输入完,就会自动出现下拉列表,从列表中可单击所要选择的网址。如果下拉列表中列出的匹配地址过多,无法直接选取,可以在地址栏中输入若干字母,以减少与之匹配的个数。

(2)从"地址"栏的下拉列表中选择网址。单击"地址"栏的下拉按钮,出现下拉列表,它记录了最近输入的网址,可以从下拉列表中选择需要的网址,单击该网址即可打开。

(3)使用菜单。可以从菜单中打开网页,单击"文件"菜单,在弹出的下拉菜单中选择"打开"命令。在"打开"对话框中输入所要打开的网址。如果单击"浏览"按钮,可以从硬盘中打开网页。

(4)从历史记录中选择网址。IE 有一定的记忆功能,有些网页是通过链接的方法浏览的,这些网页也会被 IE 记录下来,需要时可方便地查看历史记录。在浏览器状态下单击菜单栏上的"工具"菜单,选择子菜单中的"Internet"选择窗口,选择"常规"选项卡,设置其中的"历史记录"栏。使用历史记录可以单击"历史"按钮,出现历史记录栏,其中记录了访问过的网站,在每个网站所浏览的网页都被收集在不同的文件夹中。单击文件夹,显示所包含的网址,可根据需要单击选择要浏览的网页。

(5)从收藏夹中选择网址。使用收藏夹可以快速地访问所需要的网页。单击标准工具栏上的"收藏"按钮,出现"收藏夹"窗格。单击"收藏夹"窗格上的任意文件夹,可以显示文件夹中的网页名称。单击所需的网页名称,即可打开网页。或者单击菜单栏中的"收藏"菜单,选择已经收藏过得网页,也可打开想访问的网页。

(6)从链接栏中选择网址。链接栏也保存着网址,单击"链接"旁的">>"图标,就打开了链接栏,从中选择所需要的网址。

7.2.4　保存网上的资源

在 Internet 上提供了大量的各种免费软件和共享软件。在浏览网页的过程中经常会遇到一些精美的图片,可以直接把它们保存在硬盘上,也可以复制到剪贴板上,在图画工具中打开并且对其进行编辑。网页上的图片还可以在 IE 中直接被设置为桌面壁纸。与图片相同，网页中的文字同样可以保存下来，具体方法如下。

1. 复制和保存图片

复制和保存图片的步骤如下。

（1）复制图片：在看到的图片上的任意位置单击鼠标右键，在弹出的快捷菜单中选择"复制"命令，就将图片复制到剪贴板上了。如果用户想在另一个应用程序中编辑或者打开这个图形的话，只需在窗口的"编辑"菜单中选择"粘贴"命令，剪贴板中的图形就复制到该窗口中了。

（2）保存图片：①在将要保存的图形上单击鼠标右键；②在快捷菜单中选择"图片另存为"，出现如图 7.3 所示的"保存图片"对话框；③在此对话框中选择想要保存的目录，文件名一般是不需要修改的，如果想修改，就在文件名对话框中输入想修改的文件名（文件格式一般有 JPEG 和位图两种）；④单击"保存"按钮。

图 7.3　"另存为"对话框

2. 复制和保存背景

由于背景图形覆盖了整个网页，所以很多网页都非常重视背景的选择。我们可以利用这些背景图形作为 Windows 的桌面壁纸。在 IE 窗口中将背景设置为壁纸是非常方便的，只要单击鼠标右键，在快捷菜单中选择"设为桌面背景"，IE 就会自动将网页的背景设置为 Windows 桌面壁纸了。

3. 保存网页中的文本内容

这里所讲的文本内容是指用户在网页中所能看到的文字，而不是 HTML 代码。保存页面上的文字可以有很多种方法，用户最常用、最简单的方法就是使用剪贴板。

先在窗口中选择想要保存的文本，如果想要保存网页中的所有文本，只需在"编辑"菜单中选择"全部选择"命令。选中想要保存的文本之后，在文本区的任意部分单击鼠标右键。

在快捷菜单中选择"复制"命令。在 Windows 中打开"写字板"或"记事本"等应用程序,在其中选择"粘贴"命令,将文本内容粘贴到这些应用程序中,选择"保存"命令,将其保存在磁盘中。

另外,IE 中提供了保存文本内容的功能。具体方法是,选择"文件"菜单中的"保存"命令,当出现如图 7.4 所示的"保存网页"对话框时,选择"保存类型"为文本文件,单击"保存"按钮,就保存网页中的文本了。

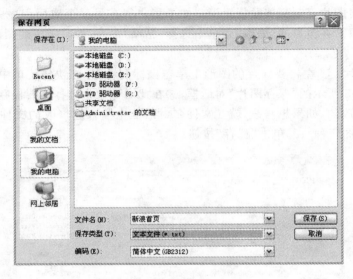

图 7.4 "保存网页"对话框

4．保存源文件

对于一些有兴趣制作自己的网页的用户来说,这是一项很有用的功能。通过研究优秀的网页的源代码可以提高自己的水平。

要查看源文件,可以在"查看"菜单中选择"查看源文件"命令,就可以在记事本中打开网页的源文件,如图 7.5 所示。源文件都是由一些超文本标记语言的代码和窗口中的文本所组成的,此时利用记事本就可以将源文件保存。

还有一种方法同样是选择 IE 中的"保存"命令,然后在"保存类型"中选择"网页,仅Html",这样所保存的内容就仅包括在查看源文件中所看到的部分。

5．保存整个网页

这里所说的整个网页包括网页中能看到、听到的内容,不仅仅是文本,还包括图形、视频文件、声音文件等。总之,在 Internet 上所能浏览到的东西全部都能保存下来。这个功能在IE 中很容易实现,即选择 IE 的"保存"命令,不过这次所选择的保存类型是"网页,全部",如图 7.6 所示。

选择之后单击"保存"按钮,就可以看到保存网页窗口。在这个窗口中,可以清楚地看到IE 在保存网页的所有内容。在保存的路径下,用户除了可以找到一个超文本文件外,这个超文本文件所链接的文件自动地全部保存在一个以次超文本文件命名的文件夹中。

图 7.5 打开网页的源文件

图 7.6 保存整个网页

7.3　网上信息搜索

7.3.1　搜索引擎的概念

随着 Internet 的迅速发展,网上信息不断丰富和扩展,如何在其中快速、准确地找到想要的内容是很重要的。一般情况下,是通过搜索引擎来完成这一工作的。搜索引擎是 Internet 上的一个 WWW 服务器,它的主要任务是自动搜索其他服务器中的信息并对其进行索引,将索引的内容存放在可供查询的大型数据库中,用户可以利用搜索引擎所提供的分类目录和查询功能查到所需要的信息。

在网上提供搜索引擎的站点很多,常用的有 Google、百度、搜狗、微软必应、Yahoo、中国、网易有道、新浪搜索等。相比而言,利用 Google 搜索引擎提供的搜索服务得到的结果更为全面、准确,它属于全文检索引擎,这类搜索引擎通过程序自动在网上提取各个网站的信息来建立自己的数据库,是真正的搜索引擎。而一些网站如雅虎、新浪等,它们属于目录搜索引擎,这类搜索引擎是把网站按性质进行分门别类,用户可以找到相关网站,而不能找到相关内容。它们也提供按关键字查询功能,但查询时只能按网站的名称、网址和简介进行查询,查询结果是 URL 地址,而且结果不一定准确。

7.3.2　搜索引擎的使用

信息时代的飞速发展使网络覆盖了人们日常生活的各个方面,网上购物、网上书店、网上银行等新兴事物不断涌现,用户不可能知道所有的网络地址,必须借助于搜索功能的使用。在 Web 中查找信息的方法有很多。

1．使用浏览器的搜索按钮

使用浏览器的搜索按钮有两个作用。第一,单击工具栏上的“搜索”按钮时,在窗口的左边就会显示出搜索浏览器栏,可为用户提供带有多种搜索功能的搜索服务,窗口右边是用来搜索结果所链接的主页。第二,在“搜索”对话框中输入想要查找的内容,每个字段中输入的信息越多,则显示结果的时间越长,但准确性越好。

2．搜索引擎的使用方法

搜索引擎的使用方法是搜索关键字。利用 Baidu 搜索引擎查询信息时,如果很清楚要找的信息主题,可以在查询框内直接输入想要找的关键字,然后单击“百度一下”按钮,如图 7.7 所示。通过关键字进行搜索虽然很简单,但是当搜索到上百万个搜索结果的时候,用户可能就体会到信息量太大也不一定是什么好事。下面介绍的几个技巧都是在关键字的基础上,对信息进行高级分类检索的查询方法。

1) 搜索单词序列

把需要检索的单词(关键字)加引号,比如,“the top of hill”,这样输入关键字后,大部分搜索引擎只搜索包含这个短语而不管那些只有其中一两个单词的站点。还可以利用＋、一

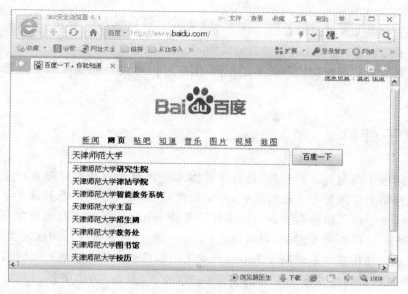

图 7.7　百度搜索引擎

号进行限定。利用"＋"号来限定关键字符串一定要出现在结果中,即查询结果中一定要出现"＋"后面的字符串(词组)。利用"－"号来限定关键字符串一定不要出现在结果中,即查询结果中一定不要出现"－"后面的字符串(词组)。

2)利用"高级搜索"选项

可以利用搜索引擎中的"高级搜索"功能对查询结果进行限定,比如,Baidu 搜索引擎的"高级搜索"功能如图 7.8 所示。

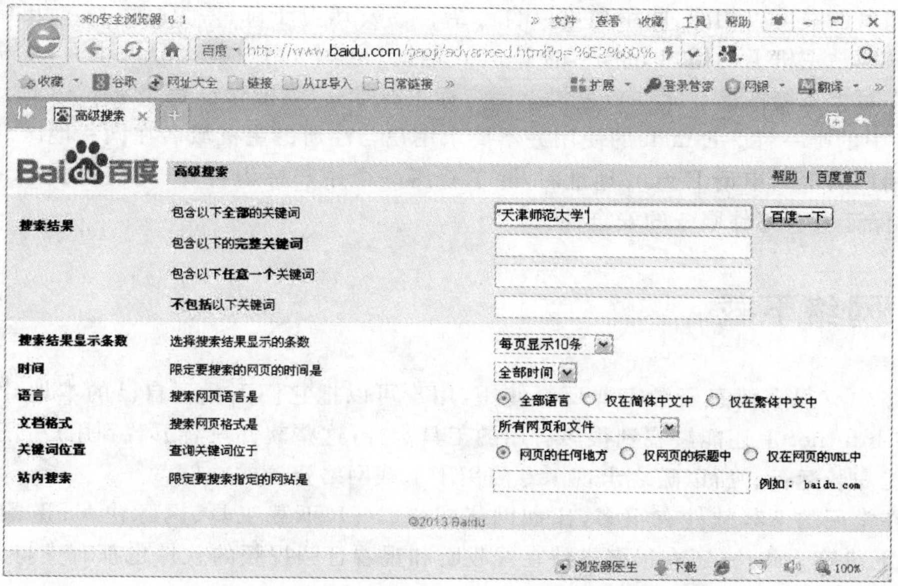

图 7.8　高级搜索

3）使用逻辑运算符

搜索引擎大多设置了逻辑查询功能。这一功能允许用户输入多个关键词,而且各关键词之间的关系可以是"与"(and)、"或"(or)、"非"(not)的关系。

根据搜索引擎实现查询的方式不尽相同,用户可以通过每种搜索引擎的帮助页找到各自不同的方法。

7.4 电子邮件

人们上网除了浏览各类网站外,还经常收发电子邮件。电子邮件是在以 Internet 为主体的计算机网络上实现的个人通信形式,英文简称"E-mail",是一种近似日常生活中邮政系统的 Internet 电子信息服务系统。电子邮件服务是 Internet 最重要的服务之一。当用户从 ISP 处申请到一个 E-mail 账号后,就可以通过 Internet 发送和接收任何数据类型的邮件了。它能更方便地传递信息。它借助于 Internet 除了可以传递文字的信息外,还可以传递声音、图像、动画等各种多媒体信息。它传递信息迅捷、经济、灵活、功能多样、可靠,为人们所青睐。目前,电子邮件已经成为人们交流的重要途径,是 Internet 上使用最广泛的一种服务,掌握这种交流方式是十分必要的。

收发电子邮件需要相应的软件,常用的软件有 Outlook Express、Foxmail 等。现在大多数网站都提供电子邮件业务,用户可以通过浏览器登录相应的电子邮箱,方便地进行邮件的接收和发送。

用户的电子邮箱是通过电子邮件地址来表示的,又称为 E-mail 地址。其格式为:用户名@主机域名。其中,用户名就是用户自己在申请电子邮箱时所取的名字。@表示 at(即中文"在"的意思),符号后面就是用户电子邮箱所在的电子邮件服务器的域名。电子邮件的接收端和发送端可以相同,即用户可以自己给自己发送电子邮件。比如,marry@163.com 就是网易网站主机上的用户 marry 的 E-mail 地址。其中,用户名区分大小写,主机域名不区分大小写。只要保证在同一台主机上用户标识符唯一,就能保证每个 E-mail 地址在整个 Internet 中的唯一性。E-mail 的使用并不要求用户与注册的主机域名在同一地区。

当用户向 ISP 申请 E-mail 地址时,除了获得一个用户标识符外,还应该设置一个用户密码,以保证电子邮件服务的安全性。

7.5 网络下载

网络中有很多信息资源需要反复使用,用户可以把它们下载到自己的本地计算机中。同时,在 Internet 上还能够找到很多有用的工具软件,这些软件只有下载到用户自己的计算机中才能安装运行。所以随之出现了专门用于下载网络资源的软件。

现在常用的下载软件有很多,比如网络蚂蚁、FTP 下载工具、网际快车、迅雷、网盘下载、QQ 下载等。此外,还有很多支持在线收听和观看音频视频的软件也都有支持下载音视频资源的功能,比如网络电视、酷狗音乐等。

7.6 本章小结

本章详细叙述了 Internet 的基础知识与使用。首先介绍了 Internet 的起源、概念、组成、功能，以及连接 Internet 的方法。其次以 IE 浏览器为例，介绍了其使用方法。之后介绍了搜索引擎的概念和使用方法。最后简要介绍了电子邮件和网络下载。

思考题

1. 连接 Internet 都有哪几种常用的方法？
2. 常用的搜索引擎都有哪些？
3. 在使用搜索引擎时，如果所要搜索的关键词为一个单词序列，该单词序列是否加引号，对搜索结果有何影响？
4. 举例说明电子邮件的地址格式。

参 考 文 献

[1] 黄国兴,陶树平.计算机导论[M].北京:清华大学出版社,2008.

[2] 刘学民.大学计算机基础教程[M].天津:天津大学出版社,2008.

[3] 贾宗福.新编大学计算机基础教程[M].北京:中国铁道出版社,2007.

[4] 卢湘鸿.文科计算机教程[M].北京:高等教育出版社,2008.

[5] 卜艳萍,周伟.计算机组成与系统结构[M].北京:清华大学出版社,2008.

[6] 九洲书源.Windows XP 中文版操作系统教程[M].北京:清华大学出版社,2007.

[7] 曾斌,陈斌.中文版 Word 2003 文字处理全新教程[M].上海:上海科技普及出版社,2004.

[8] 东方人华.Word 2003 范例入门与提高[M].北京:清华大学出版社,2005.

[9] 柴靖.中文版 Word 2003 实用教程[M].北京:清华大学出版社,2007.

[10] 柏松.中文版 Excel 2003 全能培训教程[M].上海:上海科技普及出版社,2004.

[11] 王诚君.中文 Excel 2003 应用教程[M].北京:清华大学出版社,2008.

[12] 高换之.新编计算机网络基础教程[M].北京:清华大学出版社,2008.

[13] 刘冰.计算机网络技术及应用[M].北京:机械工业出版社,2008.

[14] 莫卫东.现代计算机网络技术及应用[M].北京:机械工业出版社,2007.

[15] 雷建军.计算机网络实用技术[M].北京:中国水利水电出版社,2005.

[16] 刘若慧.大学计算机应用基础案例教程[M].北京:电子工业出版社,2012.